BIG
大數據行銷與
創業實戰

DATA

主編　張藜山 / 廖田甜 / 吳妮徽 / 曾心

著名財經作家	吳曉波
中國大數據領軍人物	周　濤
哈斯商學院高級講師	大衛・羅賓遜

聯袂推薦

崧燁文化

序言一

《大數據行銷與創業實戰》的主編張藜山是我最得意的 MBA 學生。在 MBA 課堂執教這麼多年，第一次遇到在讀 MBA 學生聲稱要寫一本教科書，這在全國也是非常少見的。記得 2017 年一次下課後，藜山和我交流他關於教科書的構思、框架和一些核心觀點，我感到比較震撼，沒想到在課堂上善於發表精闢觀點的同學，對市場行銷有著如此系統而透徹的理解。前幾天，他告訴我，他和其他編委花了一年多時間的研究和撰寫終於結束了，請我為這本書作序，作為老師，沒有什麼比學生取得學術成就更能讓我感到驕傲和幸福的事情了。我欣然應允。

關於市場行銷這個基礎課程的教科書可謂數量多多，唾手可得，讓初學者或者有一定行銷理論和實踐累積的人茫然不知所措，不知選擇哪一本學習為好。張藜山先生和其他學者不同，他作為創新創業指導專家，發現很多創業者在設計創業方案中共同存在的致命缺陷，即不清楚在互聯網和大數據時代怎麼規劃一個有效的明智的市場行銷方案。基於這個觀察，張藜山先生和其他編委把這本教科書目標顧客定位為夢想創業的在校學生，也就是說，相比普適性的市場行銷教科書，這本教科書的第一個特點也是最大特點是有更為清晰的目標顧客。

第二個特點是這本教科書從案例出發，把讀者帶入一個特定的場景，並在案例的後邊提出幾個思考題，把讀者置於一個特定的情境下思考理論問題。接著設計的具體章節勾畫出關聯的理論體系，基於理論框架重點講授解決問題的方法論。即按照「現實問題—理論—方法和工具」的邏輯線條，向讀者呈現出如何發現問題和如何解決這些問題的思維導圖，現實的指導性強。這種較強的現實指導性正好培養和訓練了創業者所需的技能。

第三個特點是強調從用戶和競爭者身上挖掘數據和分析數據，契合了經典行銷理論強調的顧客滿意導向和持續競爭優勢導向。在互聯網時代，用戶和競爭者在日常的活動中會留下行為痕跡，企業可根據這些痕跡刻畫他們的特性和傾向，在此基礎上制訂精準的行銷方案。同時，值得贊賞的是，這本教科書相比其他教科書而言，制訂的方案更強調創造

性、想像力、衝擊力，更強調顧客的融入感，由此提升了行銷方案的有效性。

《大數據行銷與創業實戰》為創業者而作，想必創業者一定會從這本教科書中吸取靈感和智慧，助力創業夢想的成功。

我為夢想者和奮鬥者作序：願夢想者夢想成真；願奮鬥者奮鬥成功。

是為序。

牛永革

序言二

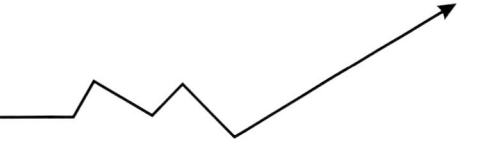

不行銷　無市場
無數據　不行銷

　　初見藜山是在商務廳辦公室，想像中一個嚴肅的場合，而我特意約在一個下班時間，為了讓會面更加輕鬆，還穿了一套休閒裝。藜山是本書的第一主編，也是美人魚雙創 CEO 張楊濤的 MBA 同學，他們年齡相仿一見如故，得知新書想請一位有雙創和投資經驗的專家作序，也就想到了最近活躍在「創青春」「互聯網+」「中國創翼」等大賽做評委和導師的我。更巧合的是，Safari 資本合夥人、強軍資本董事趙槿汐女士與第二主編廖田甜又是多年閨蜜，如此的緣分讓我對這本即將走進各大創客空間、課堂以及雙創教育工作者手中的「行銷聖經」充滿了期待！

　　田甜是本書的第二主編，作為天府諾創研究院最年輕的國際聯盟總監，她是一位極具領袖魅力的女性，主要負責海外專家引進工作。在與兩位主編聊到消費升級、醫養大健康、文化創意以及農村電商時，他們總能牢牢抓住該領域的核心關鍵點以及行業未來走勢。這絕對不是學院派論而做道又或是看幾篇報告就能有所見地的。從藜山對雙創教育的情懷，再到田甜對成果轉化的熱衷，我想離不開他們在市場一線的豐富經歷和雙創教育的紮實功底，我相信進入「全民天使投資」時代，他們也會成為一等一的投資人。

　　《大數據行銷與創業實戰》是以雙創教材為初衷撰寫的，但與其說是一本教科書，不如說是一本具備極強操作性的「範科書」。企業不用美團，沒訂單；用美團，利潤又被分掉。做淘寶不用聚划算，沒銷量；用聚划算廣告費比利潤還高；不用攜程，空房率高；用攜程入住率上去了，利潤也被「攜」走了。這些痛點都是中小企業怎麼也繞不開的問題──獲客成本。許多初入市場，甚至還在高校通過各類大賽參與實踐的同學們，就非常需要到市場一線，測算出獲客成本這個關乎企業生存命脈的核心指標。

　　在我創業的 3 年以及雙創孵化、輔導、投資的 5 年多時間裡，參與了至少 400 場項目輔導、創業大賽、投融資對接會、雙創峰會，所見企業也有 3,000 以上之多了。但 90% 以上的問題都在於對市場的理解不足和行銷手段的匱乏，尤其是那些得到投資機構青睞、極

具科研實力和技術壁壘的項目，行銷端缺乏思考、行銷崗人才匱乏。大數據只能協助我們做相對正確的決策，而企業真正的目的應該在降本增效上。都說創始人是企業唯一的「天花板」，其實一點都沒錯，甚至可以說創始人的認知是企業唯一的「天花板」。只有將「不行銷，無市場；無數據，不行銷」的理念深扎心底，在認知層面確定方向才是王道。

雖然外界對「大眾創業，萬眾創新」不乏有一些「毀了一代大學生」「大學創業靠譜嗎」等不同聲音，但如果站在高處看，除了成功地緩解階段性社會就業壓力外，其最偉大之處在於「這一方針前所未有地提高了一代人對商業的認知和創業的啓蒙意識」。當然，我更加贊同的是對這一代人敢闖敢創精神的支持！

用狄更斯《雙城記》裡所說的那一句話來結尾：「這是一個最好的時代！」

我還想說：「請抓牢它，不負青春吧！」

李文龍

專家推薦

該書緊跟時代趨勢，以大數據行銷為主線，每章列舉知名企業案例，不僅對高校學生是很好的參考書，對創業組和市場行銷人員也提供思考和借鑑！

陳元偉

海創藥業有限公司董事長、總經理

隨著以雲計算、物聯網、大數據為代表的新一代信息技術與現代製造業、生產性服務業的發展，大學生創業形式多樣，隨之而來的挑戰也逐漸增多。《大數據行銷與創業實戰》選題創新，以大數據行銷為主幹，以初創企業經營管理數據中需要解決的各類問題和創業實戰需要注意和防範的風險為支干，用案例和實踐指導大學生走上創新創業之路，這對初創團隊和沒有創業經驗的學生來說具有積極的參考和借鑑意義。

孟兆懷

隨著互聯網的普及和大數據的廣泛應用，「知識大遷移」的時代特徵愈加明顯，跨界整合、青年大學生創新創業，更加需要審慎思考和重新發現「知識的真正價值」。本書立足於大數據行銷和創業的主題，宣示基礎知識的元價值，以案例和實踐陪伴大學生走上創新創業之路。

周明聖

《大數據行銷與創業實戰》這本書並沒有將眼光局限於技術和產品之上，而是以初創企業經營管理過程為經線，以行銷為緯線，將大數據應用滲透理論和案例之中，尤其是對案例的獨到觀察和理解，對初創團隊的貢獻，都是促成本書成為一本佳作的重要原因。

屈　田

蝙蝠資本創始人、合夥人

　　撲面而來的大數據時代，正在改變我們的生產生活方式，無論我們想不想跟大數據進行關聯，各種數據都會找到我們。那麼我們應該如何利用大數據的相關理論和實踐經驗加速我們企業的成長？本書通過大量行銷模型的闡述和經典市場案例分享，明確指出了傳統行銷模式和大數據時代行銷模式的差異，總結出大數據時代的精準行銷之道，是一本不可多得的理論學習和實踐參考書目。

王　林

大數據集團副總裁

　　《大數據行銷與創業實戰》總結了很多最新的案例，並完整地融合了趨勢、理念、方法，體現了雙創教育的發展趨勢和教學特點。我相信本書會助推西部地區乃至中國創新創業教育的步伐。

曹　蕾

柯杰律師事務所合夥人

　　在當今互聯網+浪潮下，作為律師界的創業者，我們一直在思考如何利用互聯網、大數據來增強律師事務所的競爭力，並在激烈的競爭中脫穎而出。該書編寫團隊從不同行業視角來解讀大數據行銷之於創業實戰，給了我不少啓迪。該書具有眾多的實踐案例，是為數不多的高校實踐指導性教材。

田金隴

果然律師事務所創始合夥人

　　本書對於想快速瞭解大數據、瞭解如何運用最新技術手段在創業和行銷管理中持續創造價值的讀者有較強的指導和借鑑意義。

譚亞軍

數聯銘品（BBD）產品部總監

　　這是一本對於尚不太瞭解大數據、致力於開始創業或從事現代市場行銷管理工作的讀者來說綜合性較強、頗有啓發性的讀本。

張珧江

數聯銘品（BBD）研究總監

前言

　　大數據時代,我們生活、工作、學習的方方面面都在革新,大數據的應用如此廣泛,我們若要利用大數據助力行銷傳播, 在創新創業中充分運用大數據,就需要具備更科學的態度和專業的知識。國內外對大數據的研究大多停留在數據和企業產品層面,缺少大數據行銷與創新創業的融合,對雙創生力軍———學生而言, 急需一本緊跟時代腳步、備實戰經驗的參考用書。

　　創新創業大賽不僅全面推進了創新創業教育改革,也搭建起了大學生創新創業項目與社會投資對接的平臺;對於高教師,創新創業大賽緊扣發展戰略,不僅成為促進學生全面發展的重要平臺,也成為推動產學研用結合的關鍵紐帶;對於高校學生,創新創業大賽不僅激發了他們創新創業的熱情,也提高了他們的創業精神、創業意識和創業能力;對於企業管理者,新創業大賽不僅以創新引領創業、以創業帶動就業,形成了更高質量創業就業新局面,也推進了產業發展與專業教育、教學內容與職業標準、創新創業與就業擇業、歷證書與職業證書、素質教育與專業教育的融合。

　　《大數據行銷與創業實戰》編委的學科背景涵蓋經濟學、文學、工學和管理學。

《大數據行銷與創業實戰》共分10章，以用戶行為與特徵分析開篇，之後依次展開精準行銷信息推送、活動行銷、競爭對手監測與品牌傳播、品牌危機、重點客戶、大數據改善用戶體驗、SCRM中的客戶分級管理、發現新市場與新趨勢，最後以市場預測與分析決策作為結束章節。編排邏輯以用戶為出發點，以市場為切入點和支撐點，最後以企業管理為落腳點，迴歸創業的初衷和管理本質。

《大數據行銷與創業實戰》的編寫注重教育與教研的融合、創新與創業的融合、理論與實踐的融合、人才培養與社會經濟發展的融合。編寫形式注重互動性，本書融入了MOOC、二維碼等，師生在使用過程中能看到訪談視頻，重難點講解，案例分析等。

完成此次編寫，不僅是全體編委多年實戰經驗的總結，更是融合多方資源廣泛調研和深度思考的呈現。在此，我們需要感謝所有支持和幫助我們完成此書的專家、領導、老師和朋友，是你們的信任和幫助，本書才得以順利出版。

全體儘管進行了積極的工作和不懈的努力，但是書中難免存在一些疏漏和錯誤，敬請各位專家、廣大讀者給予指教和建議。

張藜山　廖田甜

目錄

第一章　用戶行為與特徵分析……………………………………………（001）
　　學習目標…………………………………………………………………（001）
　　開篇案例…………………………………………………………………（001）
　　思維導圖…………………………………………………………………（003）
　　本章提要…………………………………………………………………（003）
　　第一節　用戶行為分析…………………………………………………（004）
　　第二節　用戶特徵分析…………………………………………………（014）
　　第三節　用戶行為和特徵分析的應用案例……………………………（020）
　　創業問答…………………………………………………………………（026）
　　關鍵術語…………………………………………………………………（027）
　　本章小結…………………………………………………………………（027）
　　思考………………………………………………………………………（028）

第二章　精準行銷信息推送支撐…………………………………………（029）
　　學習目標…………………………………………………………………（029）
　　開篇案例…………………………………………………………………（029）
　　思維導圖…………………………………………………………………（031）
　　本章提要…………………………………………………………………（031）
　　第一節　什麼是精準行銷………………………………………………（032）
　　第二節　精準行銷的前提——大數據體系建設………………………（038）
　　第三節　精準行銷的信息推送…………………………………………（045）
　　創業問答…………………………………………………………………（050）
　　關鍵術語…………………………………………………………………（050）
　　本章小結…………………………………………………………………（051）
　　思考………………………………………………………………………（051）

第三章　活動行銷投用戶所好……………………………………………（052）
　　學習目標…………………………………………………………………（052）

開篇案例……………………………………………………………（052）
　　思維導圖……………………………………………………………（053）
　　本章提要……………………………………………………………（053）
　　第一節　活動行銷的內涵及價值……………………………………（054）
　　第二節　活動行銷的類型、形式與實施步驟………………………（058）
　　第三節　活動行銷的創新策略………………………………………（067）
　　創業問答……………………………………………………………（075）
　　關鍵術語……………………………………………………………（076）
　　本章小結……………………………………………………………（077）
　　思考…………………………………………………………………（077）

第四章　競爭對手監測與品牌傳播……………………………………（078）
　　學習目標……………………………………………………………（078）
　　開篇案例……………………………………………………………（078）
　　思維導圖……………………………………………………………（080）
　　本章提要……………………………………………………………（080）
　　第一節　競爭對手監測的內涵與外延………………………………（081）
　　第二節　品牌傳播的內涵與外延……………………………………（089）
　　第三節　競爭對手監測和品牌傳播在創業實戰中的應用…………（106）
　　創業問答……………………………………………………………（109）
　　關鍵術語……………………………………………………………（110）
　　本章小結……………………………………………………………（110）
　　思考…………………………………………………………………（110）

第五章　品牌危機與管理支持……………………………………………（111）
　　學習目標……………………………………………………………（111）
　　開篇案例……………………………………………………………（111）
　　思維導圖……………………………………………………………（113）
　　本章提要……………………………………………………………（114）
　　第一節　品牌危機的內涵與外延……………………………………（114）
　　第二節　品牌危機的產生及其影響…………………………………（118）
　　第三節　品牌危機的管理……………………………………………（129）
　　創業問答……………………………………………………………（137）
　　關鍵術語……………………………………………………………（138）

本章小結 ……………………………………………………………（138）
　　思考 …………………………………………………………………（139）

第六章　企業重點客戶篩選 ………………………………………（140）
　　學習目標 ……………………………………………………………（140）
　　開篇案例 ……………………………………………………………（140）
　　思維導圖 ……………………………………………………………（142）
　　本章提要 ……………………………………………………………（142）
　　第一節　重點客戶的內涵與外延 …………………………………（143）
　　第二節　篩選重點客戶 ……………………………………………（150）
　　創業問答 ……………………………………………………………（164）
　　關鍵術語 ……………………………………………………………（165）
　　本章小結 ……………………………………………………………（165）
　　思考 …………………………………………………………………（166）

第七章　大數據用於改善用戶體驗 ………………………………（167）
　　學習目標 ……………………………………………………………（167）
　　開篇案例 ……………………………………………………………（167）
　　思維導圖 ……………………………………………………………（169）
　　本章提要 ……………………………………………………………（169）
　　第一節　用戶體驗及測量概述 ……………………………………（169）
　　第二節　大數據應用於用戶體驗 …………………………………（172）
　　第三節　大數據分析提升用戶體驗 ………………………………（178）
　　創業問答 ……………………………………………………………（191）
　　關鍵術語 ……………………………………………………………（191）
　　本章小結 ……………………………………………………………（192）
　　思考 …………………………………………………………………（192）

第八章　SCRM 中的客戶分級管理 ………………………………（193）
　　學習目標 ……………………………………………………………（193）
　　開篇案例 ……………………………………………………………（193）
　　思維導圖 ……………………………………………………………（195）
　　本章提要 ……………………………………………………………（195）
　　第一節　SCRM 與客戶分級管理的內涵與外延 …………………（196）
　　第二節　SCRM 客戶分級管理模式 ………………………………（202）

  第三節　SCRM 客戶分級管理在創業實戰中的應用 ……………………（208）
  創業問答 ………………………………………………………………（216）
  關鍵術語 ………………………………………………………………（217）
  本章小結 ………………………………………………………………（217）
  思考 ……………………………………………………………………（217）

第九章　發現新市場與新趨勢 …………………………………………（218）
  學習目標 ………………………………………………………………（218）
  開篇案例 ………………………………………………………………（218）
  思維導圖 ………………………………………………………………（219）
  本章提要 ………………………………………………………………（220）
  第一節　從行業轉型看新市場與新趨勢 ……………………………（220）
  第二節　從企業發展看新市場與新趨勢 ……………………………（237）
  第三節　從用戶需求看新市場與新趨勢 ……………………………（242）
  創業問答 ………………………………………………………………（245）
  關鍵術語 ………………………………………………………………（245）
  本章小結 ………………………………………………………………（246）
  思考 ……………………………………………………………………（246）

第十章　市場預測與分析決策 …………………………………………（247）
  學習目標 ………………………………………………………………（247）
  開篇案例 ………………………………………………………………（247）
  思維導圖 ………………………………………………………………（249）
  本章提要 ………………………………………………………………（250）
  第一節　市場分析 ……………………………………………………（250）
  第二節　市場預測 ……………………………………………………（254）
  第三節　決策 …………………………………………………………（265）
  創業問答 ………………………………………………………………（274）
  關鍵術語 ………………………………………………………………（275）
  本章小結 ………………………………………………………………（275）
  思考 ……………………………………………………………………（276）

參考文獻 …………………………………………………………………（277）

後記 ………………………………………………………………………（279）

第一章　用戶行為與特徵分析

◇ 學習目標 ◇

通過本章的學習，我們可以：
- 掌握用戶行為分析的概念和意義
- 瞭解用戶行為分析的方法和工具
- 瞭解用戶特徵的基礎細分方式
- 熟悉用戶畫像的內容和優勢
- 瞭解用戶畫像在金融行業的具體應用

本章課件

◇ 開篇案例 ◇

從社區產品看用戶心理：豆瓣、貼吧、知乎的用戶心理與表現

社區類產品很多，這裡之所以選擇這三款產品，除了都有一定代表性外，其模式存在很大差異，這些產品所利用的用戶心理特點，是否存在某些共同的地方是值得研究的。

一、豆瓣、貼吧、知乎用戶群的心理及表現

（一）豆瓣

豆瓣根據用戶的口味幫用戶找到相應的東西。用戶群體年齡集中在18～35歲，學歷、收入較高。對用戶的識別不只是廣播日志，還有一系列標榜個人身分的標示，如電影、讀書、音樂、相冊等，用戶通常在找書或找電影時，會參考豆瓣的書評和影評。

豆瓣用戶大都有以下幾個特徵：自我炫耀的需要，尋找認同歸屬感，獵奇，空虛，窺探他人隱私。作為日常社交的補充，玩豆瓣的人很容易被貼上小眾文藝、小清新的標籤。

（二）貼吧

貼吧以某個興趣點為基礎，用戶可自由地表達和交流想法。以某個事物名詞為主題，

相對而言劃分更細、更純粹，分類比較全，用戶基數大。貼吧的用戶比較低齡化，大部分是「90後」和「95後」，這些用戶追求個性，興趣廣泛，對自己感興趣的事物會有較高的投入；另外這群人正處在價值觀和自我觀念形成的階段，加上群體效應，容易出現從眾跟風的現象。

貼吧中常見用戶狀態（行為及心理）以及表現：獲得成就感，情緒更容易激動，語言無下限，明星崇拜，社群的意見領袖。

（三）知乎

知乎是以話題為中心進行提問和回答，相較「百度知道」，問題及答案的質量都高出不少。這裡的用戶（早期）都是某些領域相對比較專業的人，所以社區的問題及回答質量都挺高。

使用知乎的群體大致有以下幾個特徵：自我提升心理，獲取認同感，知識共享，交流的需要。

二、滿足用戶心理共性所做的事情

各社區針對用戶以上心理特點，同時也為了更好地管理和運營社區，做了一些相應的努力（營運）來激發和維護。首先是滿足用戶安全感的需要，其次是滿足用戶歸屬感社交的需要，接著是自尊的需要，最後是自我實現。讓用戶覺得自己是有價值的，對社區能做出貢獻，同時通過一些激勵措施來強化用戶的這種貢獻行為，利用群體表現出來的從眾心理提升社區的熱度和參與度。[1]

從傳統互聯網社群平臺用戶行為特徵的分析，我們不難看出，同樣作為網絡社交媒體，不同的網站的功能和定位所對應的用戶群體，以及這些用戶群體的行為和特徵既有共性，又有差異。在當今以用戶需求為導向的商業模式創新的時代，討論任何商業模式的第一個問題就是你的客戶在哪裡，他們具備什麼樣的行為和特徵。

思考：1. 每個產品在初期是否只能針對某一類人群進行傳播？

2. 不同網站的用戶背後所代表的行為有哪些共性和區別？

3. 如何找到你的用戶並發現用戶的需求？

---

[1] 資料來源：從社區產品看用戶心理［EB/OL］.（2017-08-09）［2018-05-06］. https://www.jianshu.com/p/6ce5ceda00e5.

第一章　用戶行為與特徵分析

◇ 思維導圖 ◇

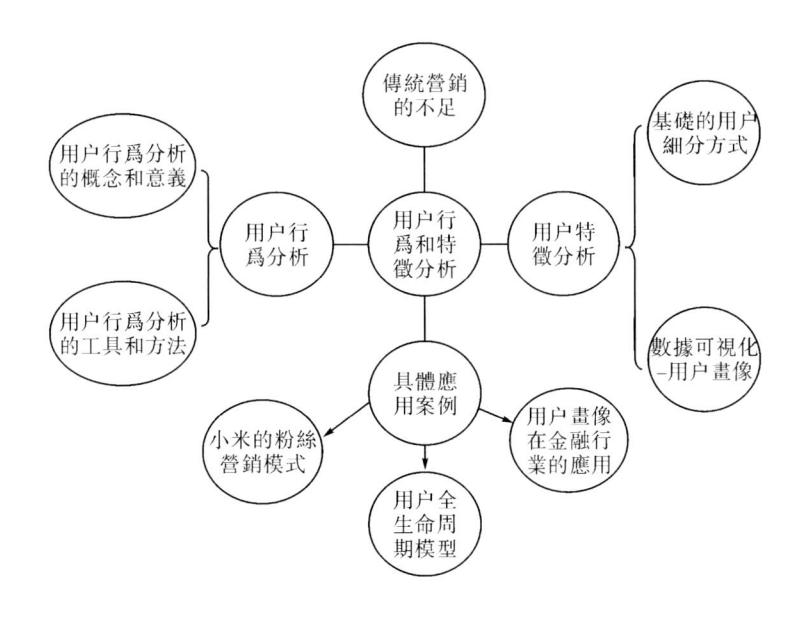

```
                      傳統營銷
                      的不足
                        │
 用戶行為分析              │              基礎的用戶
 的概念和意義              │              細分方式
       \                 │                /
        用戶行         用戶行         用戶特
        爲分析────────爲和特────────徵分析
       /             徵分析              \
 用戶行爲分析            │              數據可視化
 的工具和方法            │              －用戶畫像
                        │
                      具體應
                      用案例
                     /   │   \
            小米的粉絲    │    用戶畫像
            營銷模式      │    在金融行
                         │    業的應用
                      用戶全
                      生命周
                      期模型
```

◇ 本章提要 ◇

　　4P 理論的核心是產品，4C 理論的核心是客戶，然而傳統的行銷套路總是想出很多花招來引起消費者的注意、興趣、慾望，在達成產品的成交後，很少關注用戶的消費體驗。在傳統行銷的線下銷售中，產品需要經過龐大而複雜的銷售網絡，比如區域代理商和經銷商，最終消費者在零售商的網點買到產品。這就導致了生產廠家並不能及時瞭解到消費者對於產品的評價及建議、要求。因此在產品的銷售過程中廠家無法對客戶的購買行為進行瞭解和分析。如今「80 後」「90 後」「00 後」通過 PC 以及移動終端在網上購買產品，並將自己的消費體驗廣泛傳播，他們的購買行為在網絡都留下了數據。因此可以用 PV、UV、跳出率、訪問深度、停留時長、熱力圖等來分析用戶在網上的購買行為。除了這些統計指標以外，數據可視化技術的發展和應用，用戶在互聯網上的行為以及行為背後的各種特徵，通過不同的維度深度還原用戶消費能力、習慣、偏好和場景，構建出精細、完整的用戶畫像。提升廠家感知市場需求變化的能力，有利於廠家對產品和服務進行迭代和優化，提升用戶的消費體驗和品牌忠誠度。

第一節　用戶行為分析

一、傳統的行銷模式

　　在傳統的行銷模式下，為了滿足市場需求，開發一款熱銷產品，首先要組織專業的市場調查團隊對消費者進行調研，確認市場的需求；其次是對市場進行細分，分析目標市場的開發潛力，確認產品定位；再次是根據產品的定位，對產品進行設計和研發，新產品研發成功後，經過樣品試製和調試，小批量生產新品並投放市場試水，如果產品熱銷，才大規模生產，以降低產品成本；最後通過行銷策劃和推廣，配合行銷渠道對外銷售產品。想成功開發一款新品，需要準確的市場調研、高效的產品研發和生產團隊、完備的銷售網絡以及優秀的市場行銷策劃和銷售人員。然而如此繁瑣的開發過程和流通環節不僅會降低產品迎合市場需求的時效性，還會增加產品的流通成本。

　　工業化體系下發展壯大的企業，其市場行銷的本質是一種基於交易的行銷模式，將盡可能多的工業化標準商品和服務賣給消費者。傳統的市場行銷策略是 4P 理論——產品（Product）、價格（Price）、促銷（Promotion）、渠道（Place）。這種理論的核心是企業的產品、價格、促銷和渠道都是為行銷產品服務的手段。產品是否迎合消費者的需求並不重要，根據企業的實際情況制定相應的行銷戰術，利用消費者信息不對稱、容易被忽悠、愛占小便宜和從眾心理，總是能把產品賣出去。非常經典的傳統行銷案例就是「把梳子賣給和尚」，在沒有需求的目標市場去創造需求，從經濟學的角度，沒有實現資源最優配置，而是在浪費資源。如果其產品研發脫離了市場需求，忽視了消費者需求的變化，這樣的企業遲早要被市場淘汰。曾經占據全球三分之二攝影產業市場份額的柯達膠卷，擁有 1 萬多項專利技術，1975 年就發明了第一代數碼相機。然而在攝影市場的需求發生明顯變化，即攝影技術從膠片化向數碼化轉型時，柯達膠卷仍然專注於傳統膠片，故步自封，最後只能被數碼相機打敗，走向沒落。

　　隨著私人定制產業的擴大和市場個性化需求的增加，傳統行銷在對市場進行「STP」分析時，發現細分市場越來越多，想確定一個有開發價值的目標市場越來越難。傳統的工業生產為實現規模化帶來的低成本優勢，更傾向於提供標準化的產品。如果以增加產品線的方式去滿足不同目標市場的需求，那麼勢必會增加生產的成本和管理的難度，從而導致經營成本的上升。隨著時間的推移，消費者的需求個性化趨勢必然不斷增強，定制化產品的市場競爭力會遠高於標準化產品。除此以外，傳統市場行銷的另一大成本是銷售渠道的建設成本。傳統的市場受地理條件和交通工具的限制，構建一個覆蓋全國或地區的市場網

絡需要花費大量成本。許多上市公司的招股說明書中，上市融資的一項主要資金用途就是建設和擴張銷售網絡，刺激銷售收入的增長。

在利用大數據指導市場行銷之前，行銷的套路大同小異——相關人員只需掌握行銷的4P理論，把控好產品的質量，以限時降價促銷的方式刺激消費者購買，撰寫行銷軟文刷新消費者的認知，再用口語化的廣告詞不斷重複加深印象，簡單粗暴地完成銷售。在傳統的線下銷售商業模式下，廠家除了組織市場調研和接聽用戶投訴電話外，並不直接接觸消費者，所以廠家對市場需求的變化反應遲鈍，無法掌握用戶的購買行為數據。因此在產品的銷售過程中廠家無法對客戶的購買行為進行分析，只好採取如下策略：廣告轟炸（Promotion）——廣撒網，不斷重複，占領消費者心智；打價格戰（Price）——利用人們愛占小便宜的心裡搶占市場份額；拓寬渠道（Place）——構建完備的銷售網絡，快速鋪貨，同廣告形成聯動。

傳統行銷案例之洗腦式行銷

一提到腦白金，估計大部分人第一個想到的就是它的廣告：「今年過節不收禮，收禮還收腦白金！」這個廣告一直被當成傳統行銷的經典案例（圖1.1）。

圖1.1　腦白金電視廣告

傳統行銷是指企業對消費者單向輸出產品價值，通過洗腦式的宣傳方式獲取更多的現實客戶和潛在客戶。難道腦白金的成功僅僅是因為巨大的曝光量或者說讓人們天天聽廣告就能達到這樣的效果？其實在腦白金的電視廣告投放之前，史玉柱已經做了許多前期鋪墊。

第一步，在當年的報紙上，先是為「腦白金體」做大量的科普宣傳。腦白金在產品宣傳的初期在報紙上投放了非常多的軟文，最著名的是《兩顆生物原子彈》——將當時世界級的話題多利羊（克隆）技術，和腦白金相提並論，提高腦白金的學術地位。第二步，腦

白金的行銷軟文常常披著權威性的專題新聞或是公益化的健康報導的外衣，從而弱化廣告意圖，消除客戶心理的防備，比如在一篇名為《太空人服用的「腦白金」》的文章中這樣說道：「哥倫比亞號太空梭上的宇航員，採用大劑量腦白金幫助入睡，而且不會產生其他安眠藥產生的副作用。」第三步，饑餓行銷———雖然很多人通過平面媒體都聽說過「腦白金的神奇功效」，但他們根本不知道該在哪兒買。第四步，電視廣告轟炸———腦白金的產品週期開始脫離成長期時，媒體重心從平面轉向電視廣告；電視廣告每天滾動播出，形成了鋪天蓋地、狂轟濫炸的態勢，產生了無與倫比的傳播力度。第五步，快速鋪貨———為了占領終端市場，史玉柱在中國200多個城市設置辦事處，在3,000多個縣設置代表處，累計有8,000多個業務員。

腦白金的成功是由於在傳統行銷的時代企業掌握著媒體傳播的話語權，而且比消費者有更強的信息優勢。史玉柱通過對消費者的引導和教育，潛移默化地影響消費者的購買行為，培育出龐大的潛在消費市場。到了移動互聯網時代，信息的傳播從過去的「中心化」廣播模式轉變為「去中心化」的小喇叭傳播模式，因此傳統媒體的生存也日益艱難。傳統媒體只負責曝光，不知道背後參與和互動的人是誰，不能幫助企業確立市場行銷方向。因此洗腦式的廣告行銷的投入產出比越來越低。①

【案例分析】腦白金的行銷模式大致可以總結為以下四點：引起注意，誘發興趣，刺激慾望，促成購買。這種行銷套路在過去能成功，但在今天可不一定。傳統行銷的4P理論的核心是產品，4C理論的核心是客戶，時代在進步，傳統的行銷理論也在發展。如今「80後」「90後」「00後」使用電腦和手機移動終端的App網購消費。傳統媒體在信息傳播過程中的受眾被互聯網分流，通過互聯網的傳播形成產品口碑，似乎比傳統媒體的廣告更具公信力和參考價值。行銷學大師菲利普·科特勒對互聯網時代的市場行銷的定義是為客戶創造產品價值，才能實現產品價值的交換，獲取利潤，還要讓客戶成為粉絲，傳播產品和品牌價值。因此我們可以看到在移動互聯網時代，市場行銷已經從單純的廣告洗腦教育過渡到品牌和消費者情感共鳴的互動，再轉向行銷的價值傳播。換句話說，就是從「如何讓消費者知道我」變成「如何讓消費者主動幫我傳播出去並影響其他潛在的消費者的購買行為」。

僅僅停留在引發消費者主動參與產品的設計開發和傳播企業品牌這個層面，似乎已經觸碰到傳統行銷模式的天花板。那麼怎樣才能取得新的突破呢？當你在做市場調查、思考商業模式、設計針對目標市場的行銷方案時，你必須站在你所面向的消費者群體的角度去思考問題：他們是什麼樣的人？他們有什麼樣的性格？他們喜歡什麼？他們厭惡什麼？他

---

① 資料來源：你真以為腦白金是靠廣告做成的？［EB/OL］.（2017-07-21）［2018-06-06］. http://www.sohu.com/a/159004682_618348.

們的行為和他們的真實需求是什麼？他們的偏好和習慣是什麼？他們接收信息的方式是什麼？他們願意接受的價格是多少？他們喜歡的廣告和創意是什麼？他們的產品認知是什麼？他們憑什麼要購買我們的產品？

要回答這些問題，沒有客戶的購買行為數據的支撐，是根本得不到正確答案的。在消費者需求越來越個性化的環境下完成消費者洞察，需要依靠大數據對客戶行為的分析和挖掘，才能及時感知市場需求的變化，對產品和服務進行迭代和優化，降低企業的試錯成本，提升用戶的消費體驗。

二、用戶行為的相關概念

每一個使用互聯網的用戶，都會留下記錄。這些數據有用戶的瀏覽記錄、瀏覽時間、點擊率、地理位置、註冊情況、關注度、購買情況、個人信息和收貨地址等。互聯網每天產生的數據高達 1EB（即 10 億 GB），這些數據不僅龐大而且極其分散，維度眾多。對用戶行為的分析，可以從年齡、性別、職業、月收入、資產、負債、學歷、信用評分等角度進行，也可以從網上瀏覽的時間、登錄的頻次和點擊量進行。

用戶喜歡與否：其本質代表的是產品是否切合用戶的需求，用戶是否願意花時間和金錢使用你的產品。這是一個動態的過程，我們在具體考核用戶喜歡與否的時候可以通過考察用戶的使用頻率和使用間隔時間進行定量考核（表 1.1）。

表 1.1　　　　　　　　　　客戶分佈圖示

使用間隔	使用時間	花費金額	客戶類型
上	上	上	VIP 客戶
上	下	上	潛力客戶
下	上	上	重點維持客戶
下	下	上	努力爭取客戶

用戶用了沒有：是指用戶使用產品的具體過程體驗。具體目標是考察用戶對產品的參與度。具體可以按用戶平均使用時長和用戶關聯搜索進行定量考核。當然這不是單一指標，這背後有品牌和產品力等因素左右。在分析的時候，我們可以設置一個均值，以量表的形式進行考察。

用戶行為歸納起來可以用 5W2H 來表示：Who（誰）、What（具體行為內容）、When（具體時間段）、Where（地點）、Why（行為原因）、How（什麼樣的形式）、How much（用了多長時間、花了多少錢）。

用戶行為分析通過對用戶行為的零散信息進行歸集分類，變成結構化信息。按預先設

置的模型對數據進行清洗、篩選、分類、儲存。選擇相關數據進行分析挖掘，將數據分析的結果與企業的產品策略和行銷策略匹配。或是從用戶的行為數據中發現問題，並改良產品和服務，實現更精細和精準的營運，從而獲得良好的市場表現。

為什麼要進行用戶行為分析？

（1）新產品迭代開發。通過分析用戶行為，定位目標用戶人群，通過用戶畫像等手段挖掘用戶需求，提高開發新產品的成功率。

（2）精準行銷，為已生產的商品定位目標客戶。在記錄用戶的行為數據時，給用戶貼上標籤，向特定的用戶群體推送廣告。比如某個用戶在某個時間曾購買嬰兒車和奶粉，從這個時間點開始該用戶就被貼上「有小孩」的標籤，然後商家就能以定向廣告的方式給用戶推薦其他母嬰產品。

（3）數據挖掘。聚類分析是一種比傳統的市場細分更準確的分類方式，按電腦設定的參數將關聯度最接近的用戶分為一類，將多維數據降維。關聯分析的一個典型例子就是分析電商網站的購物籃中不同物品之間的聯繫，判斷用戶的消費習慣和偏好是否一致，哪些產品的組合下單的頻次最多，這種產品之間的相關性可以幫助制定行銷策略。這類似於沃爾瑪超市放嬰兒尿布的貨架旁會放啤酒一樣，當用戶的某個購買行為發生後，用大數據預測下一個購買行為是什麼。

（4）個性化推薦。當用戶使用過百度搜索商品和服務，或者瀏覽過相關商業網站、購買過某些商品，這些瀏覽記錄和關鍵字就會儲存在電腦的瀏覽器 cookie 中，當你在訪問某些網站時，這些網站的廣告位會讀取你的 cookie 數據，從而實現精準化的廣告推送。

（5）獲客成本提高。互聯網在普及過程中，網民數量一直保持增長，大家在獲取用戶和促進 DAU（每天的活躍用戶）是比較容易的。2012 年，一個 App 用戶的獲取成本平均為一角錢，而現在的獲客成本飆升到 30~50 元；2014 年公眾號獲取粉絲的成本為幾角錢，現在也上漲到 5 元錢一個粉絲。近幾年隨著移動互聯網用戶增長的紅利消退，競爭越來越激烈，幾乎所有互聯網公司都感受到了流量的壓力。每個流量渠道，都是一個池塘，池塘裡的用戶數是一定的，最先進入的互聯網公司獲客成本最低，收益最大，後進入的公司邊際收益遞減。

圖 1.2 只是有效點擊進入網頁帶來的流量成本，從流量到註冊的轉化率過去能達到 10%，現在的比例大約為 7‰。對於互聯網平臺來說，傳統的數據分析主要針對結果類的數據進行分析，而缺乏對產生結果的用戶行為過程的分析，因此數據分析的價值具有局限性，這也是近幾年很多企業感覺做了充分的數據分析，但卻沒有太大效果的原因。通過對用戶行為進行 5W2H 分析可以掌握用戶從哪裡來、進行了哪些操作、為什麼流失、從哪裡流失等等，從而提升用戶體驗，加強用戶與平臺的粘性，用精細化營運實現業務增長，才能覆蓋高昂的行銷成本。

圖1.2 百度的關鍵詞搜索的推廣成本

三、用戶行為分析的工具與方法

(一) 用戶行為分析的工具

以前只有 IBM、Google、微軟這樣的公司有能力做大數據的挖掘，現在已經有越來越多的創業公司進入這個領域，下面讓我們來介紹一下國內外的大數據分析平臺。

1. Google Analytics Mobile（GA，谷歌分析）

(1) 優點

Google Analysis 工具是當前網站的營運商使用最多的網站統計工具，Google Analysis 在免費工具中提供了可以和收費工具媲美的功能。分析人員可以根據自己的需要對數據進行轉化和組合，過濾篩選出自己需要的數據。工具的學習門檻較低，Google 的官方網站上有大量的用戶指引，方便用戶瞭解數據分析工具的使用方法。過去，GA 最實用的功能是用戶細分功能，如今該功能更加強大，並且還完善了其他一些數據分析功能，比如用戶訪問路徑分析、用戶行為回放、自定義變量（維度和指標）、數據的輸入輸出等等。GA 已經逐漸成為一款實用的網站用戶行為數據分析平臺。

(2) 缺點

Google 已經退出了中國市場，且 GA 服務器不在國內，使用不方便，容易出現數據丟失；在使用免費版的時候，數據的訪問量過大，GA 會對整體數據採樣，輸出基於採樣的數據分析結果；另外，它的高級功能要求分析人員掌握計算機編程和數據挖掘的專業化技能，高級應用的使用門檻較高。

2. 百度統計

百度統計提供幾十種圖形化報告，可以全程跟蹤訪客的行為。同時，和 Google 分析一

知識點講解視頻

樣，百度統計也集成百度推廣的數據，幫助用戶及時瞭解百度推廣效果並優化推廣方案。

（1）優點

其他平臺看不到百度的關鍵詞流量情況，百度統計可以看到，所以這個工具在做百度投放優化上非常實用，而且免費。

（2）缺點

百度的維度之間的交叉分析功能很差。功能全面性還有所欠缺，沒有歸因分析，也沒有電商設置等。

3. 數極客

數極客是一家由曾服務於阿里集團的產品與研發人員創辦的專門針對用戶行為數據分析的平臺，採用即時多維細分、用戶群分析、漏鬥分析、對比分析等超過十種數據分析方法為互聯網經營者提供獲客、活躍、留存、轉化、用戶行為等分析數據，是國內同類產品中最先支持 SAAS[①] 的平臺。

（1）優點

數極客在用戶行為分析方面是很強的，在漏鬥分析、獲客、活躍、留存、轉化等用戶行為數據分析上支持所有平臺的整體分析。尤其是數極客的五大轉化率分析工具，通過高級漏鬥、用戶流向、智能路徑等宏觀轉化工具，可以發現影響轉化的環節，而通過表單分析、五大熱圖分析、行為視頻回放可以找出發生問題的原因，是目前國內做得最好的轉化率分析工具。數極客對用戶數據的分析做到了極致，可以直接查看用戶明細和用戶的所有瀏覽行為，並附帶用戶瀏覽視頻，數據可視化的功能極強。與其他收費的數據分析平臺相比，數極客的性價比很高。

（2）缺點

事件分析中擁有全維度的選擇，分析體系比較強大，因此數極客適合擁有一定基礎知識的高級營運人員和產品人員，初學者還不能充分認識到這款產品的價值。[②]

（二）數據指標與名詞含義

（1）流量來源：流量來源的意思是網站的訪問來源，比如用戶是來自知乎還是來自微博等，主要用來統計分析各渠道的推廣效果。

（2）PV（Page View）：頁面瀏覽量或點擊量，指頁面刷新的次數，每一次頁面刷新，就算作一次 PV 流量。

---

① SAAS（Software As A Service）：中文簡稱「軟體即服務」，指廠商將軟件部署在自己的服務器，客戶可以根據自己的需求向廠商訂購應用軟體服務，按訂購的服務和使用時間向廠商支付費用。類似於軟體服務的租賃，客戶不用購買服務器和維護軟件的運行。

② 盤點國內外主流用戶行為分析工具［EB/OL］.（2017-10-25）［2018-06-06］. http://www.kejixun.com/article/171025/384237.shtml.

（3）UV（Unique Visitor）：獨立訪客數。在同一天內，UV 只記錄第一次進入網站的具有獨立 IP 的訪問者，同一個 IP 地址的重複訪問只計一次。PV 與 UV 的比值在一定程度上反應產品的粘性，比值越高表明網站或產品的粘性越高。

（4）IP 數：I 即獨立 IP 的訪問用戶數，指 1 天內使用不同 IP 地址的用戶訪問網站的數量。IP 數與 UV 之間有一定的區別（可大可小可相等）。

（5）日活/月活：每日活躍用戶數（DAU）/每月活躍用戶數（MAU），反應的是網站或者 App 的用戶活躍程度，代表用戶粘性。

（6）用戶留存：在單位時間內符合有效用戶條件的用戶數與實際導入的用戶流量的比率。

（7）次日留存/次月留存：次日留存、次月留存反應的是網站或者 App 的用戶留存率。

（8）轉化率/流失率：轉化率一般用來統計兩個流程之間的用戶的轉化比例。其中用戶流失率＝總流失用戶數/總用戶數。

（9）跳出率：指用戶打開網站後，僅瀏覽了一個頁面就離開的訪問次數（PV）與所有訪問次數的百分比。跳出率越高說明用戶對網站的產品和服務越不感興趣。

（10）退出率：對某一個特定的頁面而言，從這個頁面離開網站的訪問數（PV）占這個頁面的訪問數的百分比。跳出率適用於訪問的登錄頁（即用戶訪問的第一個頁面），而退出率則適用於任何訪問退出的頁面。

（11）使用時長：每天用戶使用的時間。對於游戲或者是社交產品來說，使用時間越長，說明用戶越喜歡。

（12）熱力圖：以特殊高亮的形式顯示訪客熱衷的頁面區域和訪客所在的地理區域的圖示。有時訪客經常會點擊那些不是連結的地方，那麼你就應該在那個地方放置一個資源連結。比如：如果你發現人們總是在點擊某個產品圖片，你能想到的是，他們也許想看大圖，或者是想瞭解該產品的更多信息。

（13）ARPU：Average Revenue Per User，在一定時間內每個用戶帶來的平均收入，ARPU＝總收入/用戶數。

（三）用戶行為的分析方法

1. 內外因素分析

該方法有助於快速定位問題。例如一款金融類產品 UV 下降，快速分析相關原因。內部可控因素：改變銷售推廣渠道，或者調試剛上線的新版 App，改善用戶體驗；內部不可控因素：公司戰略變更。外部可控因素：銷售淡旺季；外部不可控因素：政府監管。具體請參見圖 1.3。

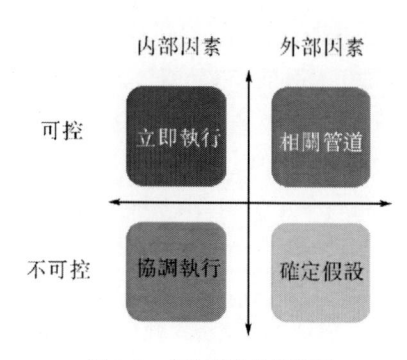

圖 1.3　內外因素分析模型

2. 事件分析

事件維度：用戶在產品中的行為以及業務過程。

事件指標：訪客的數量、地址、瀏覽量（PV、UV）、停留時長。

趨勢分析：分析各個事件指標的趨勢，比如分析用戶的在線時長、點擊事件、下載事件等等，然後描繪用戶的行為趨勢，從而對用戶的行為有初步的瞭解。

具體請參見圖 1.4。

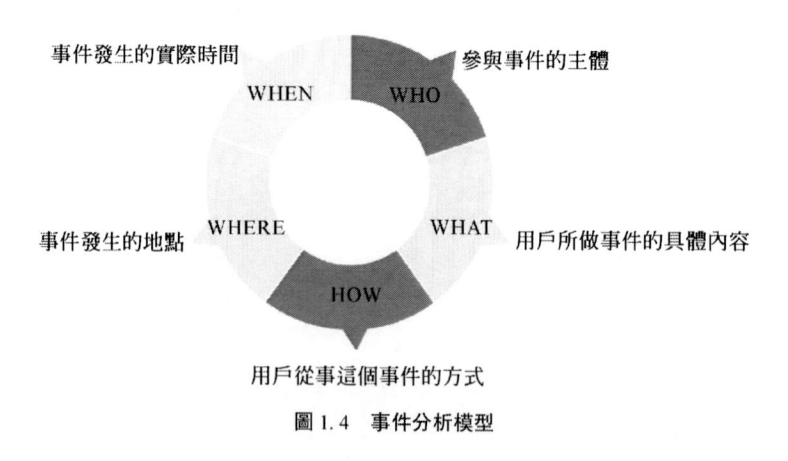

圖 1.4　事件分析模型

3. 漏斗模型

漏斗模型是最常用的分析方法，可以廣泛應用於流量監控、產品目標轉化等日常數據營運工作中。哪些業務場景需要用到漏斗分析呢？比如用戶註冊過程、下單過程和支付訂單這些主要流程，就需要用漏斗模型進行分析，應重點分析用戶在哪個環節流失最嚴重並找到問題，對業務流程進行優化和改進，提高用戶的轉化率。

具體請參見圖 1.5。

图1.5 漏斗分析模型

4. 留存分析

留存分析是一種用來分析用戶參與情況和活躍程度的分析模型，統計首次訪問或購買的用戶有多少人會進行重複訪問和購買的行為。這是用來衡量產品對用戶價值高低的重要方法。

具體請參見圖1.6。

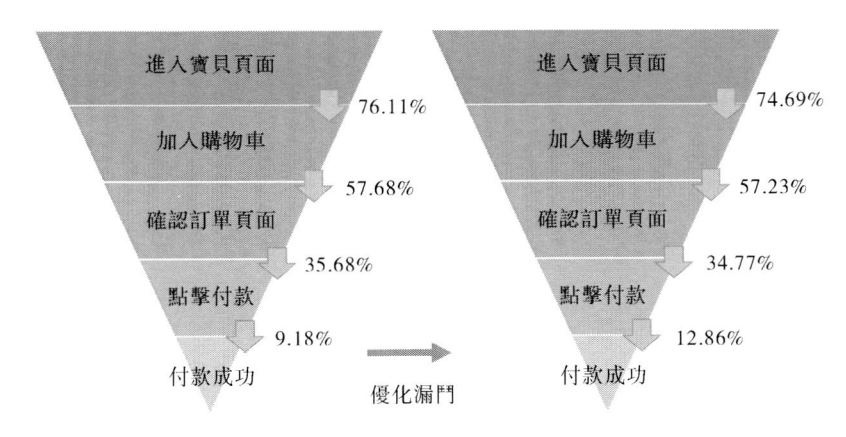

日期	新用戶	第2人	第3人	第4人	第5人	第6人	第7人
2018-3-22	50	24%	18%	22%	14%	16%	22%
2018-3-23	43	20.93%	18.60%	11.63%	13.95%	16.28%	16.28%
2018-3-24	43	20.93%	11.63%	11.63%	16.28%	20.93%	20.93%
2018-3-25	52	13.46%	13.46%	15.38%	19.23%	13.46%	15.38%
2018-3-26	34	17.65%	23.53%	17.65%	20.59%	17.65%	20.59%
2018-3-27	36	22.22%	13.89%	16.67%	19.44%	22.22%	16.67%
2018-3-28	38	18.42%	21.05%	18.42%	23.68%	26.32%	15.79%
2018-3-29	41	19.51%	14.63%	26.83%	14.63%	7.32%	17.07%
2018-3-30	33	30.30%	27.27%	24.24%	15.15%	24.24%	0%

圖1.6 留存分析模型

留存分析可以幫助回答以下問題：一個新客戶在未來的一段時間內是否完成了你期待的用戶行為，比如客戶下單並支付訂單就是商家期待的客戶行為；某個社交產品改進了新註冊用戶的引導流程，期待改善用戶註冊後，用戶註冊數量是否上漲，如何驗證此次改進是否有效，比如3月份改版前，該月註冊的用戶7天留存只有15%，但是4月份改版後，該月註冊的用戶7天留存提高到了20%，這表明此次註冊流程的改善卓有成效。[①]

[①] 產品經理如何做用戶行為分析 [EB/OL]. (2017-12-18) [2018-06-06]. http://www.sohu.com/a/211180014_554380.

四、用戶行為分析的展望

用戶行為分析是一門科學，不僅需要掌握不同的分析方法，還要熟悉業務，將數據與業務相結合才能給出有價值的分析結果。用戶行為數據分析，往往是在行為發生之後進行，而產品、營運都是通過經驗進行決策，一旦決策失誤就會造成難以挽回的結果。因此如果能在產品、營運方案上線前，通過用戶分流 A/B 測試進行小範圍驗證，選擇其中最優的方案發布，就可以大大提高決策的科學性。Google 每年通過運行數萬次 A/B 測試優化產品、營運，為公司帶來了 100 億美元的收益。

用戶行為分析的另一個目標是提高經營效率。目前在利用這些分析工具發現問題、分析問題、解決問題的過程中還需要人工制定營運策略；當策略改變時，需要重複這一過程，影響營運效率。如果未來的人工智能通過深度學習代替數據分析的重複工作，自動診斷和分析，並給出解決方案，那麼營運人員可以將工作重心轉移到制定行銷策略上。

第二節　用戶特徵分析

互聯網已經滲透人們生活的方方面面，就像水和電一樣成為我們生活的必需品。我們每天都在享受網絡提供給我們的各種各樣的服務，可以在網上購物，看網上的新聞，玩網絡游戲，用微信和 QQ 進行社交互動……我們在網上的一切行為都是可以被記錄的，所以互聯網時代沉澱了許多工業化時代不易獲得的客戶行為數據，就像工業化時代的石油，但大數據是另一種類型的綠色能源，不會像石油那樣終會枯竭而不可再生。大數據技術能夠把用戶大量碎片化的行為數據進行整合分析，使得企業能夠通過互聯網便利地獲取用戶更為廣泛的特徵信息，快速地分析用戶行為習慣，實現精準行銷。

一、用戶特徵分析的概念

用戶數據中包含用戶行為特徵。用戶行為特徵分析就是從累積的海量用戶歷史數據中挖掘出用戶的特徵規律。[①] 用戶特徵分析的過程就是根據用戶的行為差異劃分的客戶集合，它是客戶關係管理（CRM）的重要組成部分。

根據用戶的行為特徵將用戶細分成各種類型，因為用戶行為各異，行為統計指標各異，分析的角度各異，所以如果要對用戶做細分，可以從很多角度根據各種規則進行各種不同的分類，對用戶特徵進行分析的維度不同，得出的結果也就不同。但如果要讓數據分

[①] 武冠芳，崔鴻雁. 基於大數據的用戶特徵分析

析的結果對企業做行銷決策有幫助，就要在做用戶細分前確定分析的目的，明確業務層面的需求才能明確某些用戶分類群體的特徵與其他用戶群體的差異。

二、基礎的用戶細分方式

電子商務的發展大大降低了企業收集用戶行為數據的成本，使企業對用戶的分類變得更準確。傳統的用戶細分的類別有很多：當前用戶、新老用戶、活躍用戶、流失用戶、留存用戶、回訪用戶等（表1.2）。

表 1.2　　　　　　　　　　　基礎的用戶細分類別

用戶細分的類別	內容和作用
當前使用用戶	這就是我們平常所說的 UV，也就是網站的登錄或者使用用戶數。用於體現網站的當前營運狀況
新用戶	首次訪問或者剛剛註冊的用戶，那麼不是首次來訪的用戶就是老用戶。用於分析網站的推廣效果或者成長空間
活躍用戶	活躍用戶的定義千差萬別，一般定義有關鍵動作或者行為達到某個要求時的用戶為活躍用戶。每個網站應該根據自身的產品特性定義活躍用戶
流失用戶	流失用戶是指那些曾經訪問或者註冊過的用戶，一段時間內未再次訪問或登錄過的用戶。不同網站對於流失的定義可能各不相同，比如微博和郵箱的用戶，超過 1 個月未登陸就視為流失；而對於電子商務，可能 3 個月未登錄或者半年內沒有任何購買行為的用戶才被認定是流失用戶。而那些未流失的用戶叫作留存用戶，可以通過總用戶數減去流失用戶數計算得到
回訪用戶	指那些之前已經流失但之後又重新訪問你的網站的用戶。用於分析網站對挽回流失用戶的能力。比如你常常會收到某些招聘網站給你發的郵件，提醒你有 HR 給你發來了面試邀請，你登錄後發現自己被忽悠了。這些措施就是招聘網站在挽留那些很久沒有登陸的用戶

通過統計以上這些用戶類別的數據，經過計算可以得到一些關鍵的用戶指標：活躍用戶數、新用戶比例和用戶流失率。

活躍用戶數是真正對這個網站或者產品感興趣、有意向去使用或者持續關注的用戶的數量。但需要注意劃分活躍用戶的標準，比如寬鬆的標準是訪問頁面數超過 2 頁或者停留時間超過 30 秒就視為活躍用戶；而嚴謹的定義會導致活躍用戶「減少」，比如微博將平均每天發送微博數量超過 2 條的用戶定義為活躍用戶。所以，不同的標準影響著活躍用戶的數量，嚴謹的定義讓數據顯得更加真實可信。

新用戶比例反應著網站或產品的推廣能力。新用戶比例是評估市場部門績效的一個關鍵指標，但只看新用戶比例是不夠的，需要結合用戶流失率一起分析。兩者的差值反應了網站或者產品保留用戶的能力，即新用戶比例反應的是用戶「進來」的情況，用戶流失率反應的是用戶「離開」的情況。結合這兩個指標會有下面 3 類情況——分別代表 3 種不同

的產品發展階段；新用戶比例大於用戶流失率，代表產品處於發展成長階段；新用戶比例與用戶流失率持平，代表產品處於成熟穩定階段；新用戶比例低於用戶流失率，代表產品處於下滑衰退階段。

三、用戶畫像

在高度標籤化的商業社會，消費者越來越追求「小眾」而不是「大眾」趨同。隨著大數據技術的發展，企業對用戶特徵分析提出了更高的要求，為了實現精準行銷服務，進而深入挖掘用戶細分市場的商業價值。於是，「用戶畫像」的概念應運而生。用戶畫像（Persona）的概念最早由交互設計之父 Alan Cooper 提出：「Personas are a concrete representation of target users.」它是指真實用戶的虛擬代表，是建立在一系列屬性數據之上的目標用戶模型。用戶畫像，即用戶信息標籤化，就是企業通過收集與分析消費者社會屬性、生活習慣、消費行為等主要信息的數據之後，完美地抽象出一個用戶的商業全貌，是企業應用大數據技術的基本方式。用戶畫像為企業提供了足夠的信息基礎，能夠幫助企業快速找到精準用戶群體以及用戶需求等更為廣泛的反饋信息。提取用戶畫像的成本很高，但是為了適應市場行銷環境的變化，打破傳統行銷的極限，許多公司還是花費大量時間和人力，對自己企業的用戶數據進行處理、收集、儲存和分析。

（一）用戶畫像的好處

1. 精準行銷

行銷推薦的途徑有電子郵件、短信、App 消息推送、個性化廣告等，而精準行銷就是研究在恰當的時間（When）把什麼內容（What）發送給誰（Who）。用戶畫像是實現精準行銷的基礎，京東和阿里通常基於用戶瀏覽、點擊、諮詢、加關注、放購物車等一系列動作為用戶貼上多維度標籤，然後以郵件、短信、Push、站內信等方式將適合的信息發送給用戶。

我們通常會遇到以下場景：用戶想買的商品剛好沒貨，用戶設置了到貨提醒，我們在提醒到貨的時候該如何推送？用戶瀏覽了某類目的商品卻遲遲沒有購買，為了促成購買，我們該如何推送？

我們可以根據用戶平時購買的商品品類、使用代金券的情況、購物車的商品分析用戶的性格，對價格的敏感程度、是否理性消費等，採用有針對性的行銷策略向用戶推送，促使用戶下單購買；或者在提醒到貨的時候加上一些從用戶畫像的分析得到的、與客戶的潛在需求相關的商品網頁連結，適當的推送不僅會讓用戶點擊、促進成交，也會因為幫助用戶節省時間、獲得更優的產品體驗而使他們增加好感並產生依賴。

2. 用戶研究

指導產品優化，甚至做到產品功能的私人定制。用戶研究就是根據大量的用戶行為數

據，將相關性很強的人群進行歸類。比如通過購買口罩、空氣淨化器等類目的訂單表和用戶表可以得到不同的霧霾防範指數，這些行業分析報告就是為網民提供描繪電商大數據的成果，迎合相應的 IP 熱點和社會效應可以加強品牌影響力的傳播。其中京東指數和阿里指數就是基於大量的數據而生成的用戶信息、行為數據、媒體標籤數據等，幫助品牌、店鋪更瞭解自己產品的受眾人群，明確在行業中的競爭關係和優劣勢。

3. 個性服務

個性化推薦、個性化搜索等。「喜歡什麼東西的人往往還會喜歡什麼」「或者做了這件事的人往往還會做什麼」這些場景為用戶進行恰當的推薦。這個功能在我們去京東或淘寶網購時都能看到。比如：「為你推薦」「有好貨」等推薦欄目，會根據用戶畫像為用戶私人定制相關的推薦商品、商鋪和文章。

(二) 用戶畫像的內容

用戶畫像的重點工作就是給用戶貼「標籤」。多維度的用戶數據記錄著大量的生活、消費、社交、愛好等行為，給這些維度的用戶行為貼上標籤，形成有價值的結構化數據並保存在存儲器。用戶畫像就是對這些數據的分析而得到的用戶基本屬性、購買能力、行為特徵、社交網絡、心理特徵和興趣愛好等方面的標籤模型（圖1.7、表1.3）。

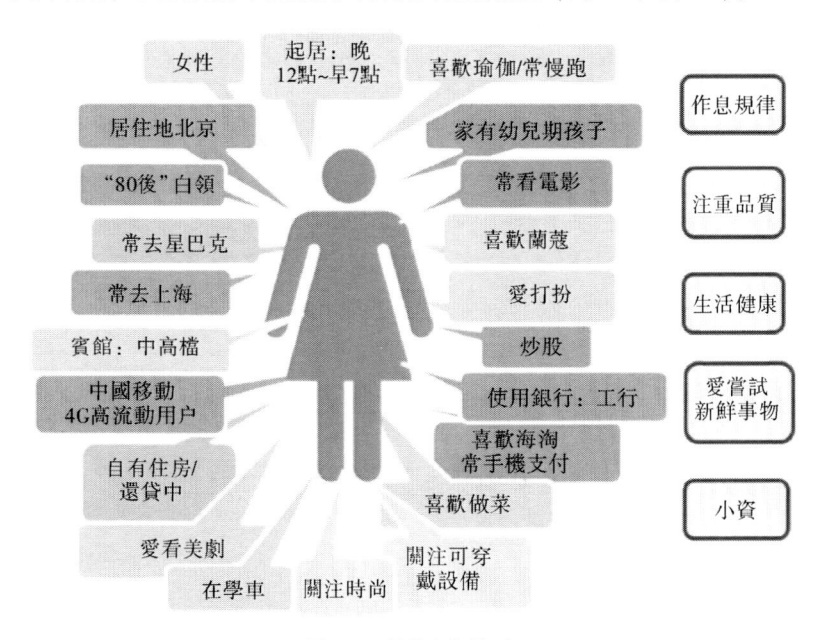

圖 1.7　用戶畫像模型

表 1.3　　　　　　　　　　　用戶畫像的數據標籤模型

用戶畫像的標籤類別	具體內容
基本屬性	性別、職業、月收入、有無車等標籤，通過用戶註冊信息和多維建模獲得
購買能力	用於描述用戶收入潛力和收入情況、支付能力。幫助企業瞭解客戶資產情況和信用情況，有利於定位目標客戶。客戶職業、收入、資產、負債、學歷、信用評分等都屬於信用信息
行為特徵	用於描述客戶主要消費習慣和消費偏好，尋找高頻和高價值客戶。為了便於篩選客戶，可以參考客戶的消費記錄將客戶直接定性為某些消費特徵人群，例如差旅人群、旅遊人群、餐飲用戶、汽車用戶、母嬰用戶、理財人群等
社交網絡	社交關係網、公司關係網等標籤，通過收貨地址、活動地址等信息來判斷，還有用於描述用戶在社交媒體的評論，這些信息往往代表用戶內心的想法和需求
興趣愛好	用於描述客戶具有哪方面的興趣愛好，在這些興趣方面可能消費偏好比較高。幫助企業瞭解客戶興趣和消費傾向，定向進行活動行銷。興趣愛好的信息可能會和消費特徵中部分信息重複，區別在於數據來源不同。消費特徵來源於已有的消費記錄，但是購買的物品和服務不一定是自己享用，但是興趣愛好代表本人的真實興趣。例如戶外運動愛好者、旅遊愛好者、電影愛好者、科技發燒友、健身愛好者、奢侈品愛好者等。興趣愛好的信息可能來源於社交信息和客戶位置信息

做用戶畫像不能閉門造車，要考慮業務場景、業務形態和業務部門的需求。從公司的產品和業務層面出發，為了理解消費者的決策和用戶的購買行為，才需要用戶畫像。用戶畫像一般按業務屬性劃分多個類別模塊。除了常見的人口統計、社會屬性外，還有用戶消費畫像、用戶行為畫像、用戶興趣畫像等。具體的畫像得看產品形態，在金融領域，還會有風險畫像，包括徵信、違約、洗錢、還款能力、保險黑名單等。用戶畫像的標籤可以通過兩種形式獲得：一種是基於已有數據的分類和組合構成事實標籤，一種是按一定規則加工形成模型標籤。圖 1.8 列舉了標籤的加工過程，最上層的策略標籤是針對業務場景的具體運用，營運人員可以挑選多個與業務相關的模型標籤找到目標用戶群，實現精準行銷。

（三）用戶畫像的價值

在過去傳統的生產模式中，企業始終奉行「生產什麼就賣什麼給用戶」的原則。這種閉門造車的產品開發模式，只會增加企業的試錯成本，降低新品開發的成功率，帶來糟糕的用戶體驗。如今，「用戶需要什麼企業才生產什麼」成為主流，眾多企業把用戶真實的需求擺在了最重要的位置。以用戶需求為導向的產品研發中，企業通過獲取到的大量目標用戶數據，進行分析、處理、組合，初步搭建用戶畫像，從而設計製造出用戶喜好、功能實用、更加符合市場需求的新產品，為用戶提供更加良好的體驗和服務。

圖 1.8　標籤生成模型

塔吉特的讀心術

美國第二大超市塔吉特百貨（Target）是最早玩大數據的零售商，他們早就在收集客戶信息了。幾十年來，塔吉特收集了海量的數據，記錄了每一位經常光顧其各分店的顧客數據。他們擁有專業顧客數據分析模型，可對購買行為精確分析出早期懷孕的人群，然後先於同行精準行銷商品。曾經一次精準行銷讓一個蒙在鼓裡的父親意外發現高中生女兒懷孕了，此事被《紐約時報》報導，轟動了全美（圖 1.9）。

圖 1.9　塔吉特門店

一天，一個男人衝進了一家位於明尼阿波利斯市郊的塔吉特商店，要求經理出來見他。他氣憤地說：「我女兒還是高中生，你們卻給她郵寄嬰兒服和嬰兒訂的優惠券，你們是在鼓勵她懷孕嗎？」而當幾天後，經理打電話向這個男人致歉時，這個男人的語氣變得

平和起來。他說：「我跟我的女兒談過了，她的預產期是 8 月份，是我完全沒有意識到這個事情的發生，應該說抱歉的人是我。」塔吉特公司怎樣在完全不和準媽媽對話的前提下，預測一個女性在什麼時候懷孕？事實上，塔吉特的「讀心術」是基於數據挖掘所做的用戶行為分析的結果，經過分析之後，系統對用戶進行了個性化推薦，因此他們給客戶推薦的商品總是他們所喜歡和需要的。

在這個案例中，那個高中生少女明顯是被歸為了孕婦那一類，因為她的行為特徵與孕婦是很相近的。塔吉特公司的分析團隊根據簽署嬰兒禮物登記簿的女性的消費記錄數據，注意到登記簿上的婦女會在懷孕大概第三個月的時候買很多無香乳液。幾個月之後，她們會買一些營養品，比如鎂、鈣、鋅。公司最終找出了大概 20 多種關聯物品，這些關聯物品可以給顧客進行「懷孕趨勢」評分。這些用戶的行為特徵使得零售商能夠比較準確地預測預產期，這樣就能夠對孕婦寄送相應的優惠券，實現精準行銷。

第三節　用戶行為和特徵分析的應用案例

一、傳統行銷模式的巔峰

傳統行銷理論的核心是產品和用戶。小米手機將這兩點做到了極致，是傳統行銷在互聯網時代的集大成者。小米非常重視企業與用戶的粘性，幾乎所有的用戶都是產品的粉絲，在和粉絲的交互中不斷對產品進行優化、升級和迭代，完全滿足了用戶的需求。古語有雲：得民心者得天下。對於小米來說，這句話也許要改為：得粉絲者得天下。

小米的粉絲文化

小米手機僅僅用了 3 年時間，就實現銷售收入破百億元；一家不花錢，甚至很少投放廣告的公司竟然能打造出一個全國知名的手機品牌。小米成功的精髓，就是創造獨具特色的「粉絲文化」。數量眾多的小米手機用戶是金字塔的塔基，他們從微博、微信、事件行銷等跟隨參與小米的活動，屬於跟隨者群體。金字塔的中間則是「米粉」，這是一個關鍵的群體。小米成功離不開「米粉」的大力支持。在小米成立之初，雷軍制定了三條「軍規」，其中最重要的一點就是「與米粉交朋友」。金字塔的塔頂是可以參與決策的發燒友。小米論壇裡有一個神祕的組織——榮譽開發組，簡稱「榮組兒」，這是粉絲的最高級別。「榮組兒」可以提前試用未公布的開發版，然後對新系統進行評價，鑑別新版本是好的還是不好的，甚至有權力跟整個社區說：「榮組兒」覺得這是一個爛版，大家不要升級。當榮組兒認定有些問題如果不改掉就判定為爛版時，小米的工程師們就會特別緊張，覺得特別沒面子，然後盡快採取行動解決問題（圖 1.10）。

圖 1.10　粉絲經濟

　　小米對粉絲的重視從一句「因為米粉，所以小米」就看得出來。在 2011 年蘋果 4 開始風靡世界時，高昂的價格也讓很多人望而卻步。基於這樣的考慮，小米將自己定位於為發燒而生的高性價比手機。將一群希望擁有智能手機而又付不起蘋果那樣昂貴的費用的人群聚集在一起，為智能而發燒。2011 年 5 月底，開始籌備小米手機的發布時，黎萬強接下了小米手機的行銷任務。為保守起見，黎萬強設計了一個 3,000 萬元預算的行銷計劃。對於要做 100 萬臺手機的目標而言，3,000 萬元已經是很少的行銷費用了，結果這個行銷方案很快被雷軍否決了。雷軍對黎萬強說：「你做 MIUI 操作系統推廣的時候沒花一分錢，做手機是不是也能這樣？」

　　在「零預算」的前提下，黎萬強第一板斧是建立小米手機論壇，通過論壇做口碑。黎萬強第二板斧是微博。最開始只起到客服的作用，但是後來發現微博的宣傳效果超出了想像。黎萬強是設計師和產品經理出身，是個攝影發燒友，早期的行銷團隊都是產品經理出身，能夠很快地去理解微博上這種以圖片、視頻為元素的事件型傳播方式，同時像做產品一樣對官方微博進行精細化營運。雖然小米放棄傳統的電視廣告、戶外廣告等強勢渠道，但是卻把「論壇+微博」等新行銷工具變成了殺傷級武器。第三板斧是全民客服，小米鼓勵員工用真正的方式近距離地接觸用戶。小米在微博客服上有個規定：15 分鐘快速回應，而且按時回帖也是小米全體員工一個重要的考核指標。從雷軍開始，所有員工會每天花一個小時的時間回覆微博上的評論。不管是用戶的建議還是吐槽，很快就有小米的人員進行回覆和解答，小米對用戶交互的重視，使得小米對市場的感知能力非常強大。

　　小米的這種粉絲文化，重視行銷，通過將粉絲流量變現的方式，實現了短期跳躍式的發展。但由於小米手機是代工生產的，只能採取以預售為主的饑餓行銷策略，不能滿足每個用戶的購買需求，這顯然會降低用戶的品牌忠誠度；另外，小米在手機的專利技術上遭遇侵權的訴訟，進一步制約了小米的發展。比如 2014 年 12 月 11 日，因涉嫌侵犯愛立信

所擁有的 ARM、EDGE、3G 相關技術等 8 項專利，小米在印度被愛立信起訴至新德里高等法院。小米手機早期的「饑餓行銷」模式及微博等口碑行銷模式，讓小米體會到了「直銷」或「輕渠道」模式的好處。不過，「粉絲經濟」或「在線直銷」模式的成功是小米傳統行銷理論能達到的巔峰。這一波極致的「產品口碑+傳播」的紅利不再高速增長後，小米的手機銷量開始進入下滑通道。

【案例分析】小米之所以可以將用戶轉化為粉絲，原因在於小米非常重視和用戶的溝通交互，這賦予了小米非常強大的市場感知能力。當小米從學生用戶的交互數據中瞭解到 1,999 元的手機定價偏高以後，立即開發出定位於學生用戶的 1,000 元價位的紅米手機；邀請「米粉」加入手機的研發中，做出極致的手機產品，給「米粉」帶來極致的消費體驗；定期舉辦「爆米花」和「同城會」等粉絲活動，提高粉絲的活躍度和參與度，從而提升固有粉絲的粘性。

小米過去重行銷輕專利的發展思路，在國際化的擴張道路上栽了跟頭；過去重線上的銷售忽視線下銷售網點的佈局，導致銷售渠道單一。當許多人開始唱衰小米的「粉絲文化」認為小米的神話即將終結時，小米卻逐步走出困境，重新崛起。在小米逆襲之前，世界上還沒有任何一家手機公司在銷量下滑之後能夠成功逆轉，除了小米！為什麼小米能實現逆轉？從表 1.4 我們可窺見一斑。

表 1.4　　　　　　　　　小米逆轉銷量的三「步」曲

第一步	在遭遇手機專利侵權的困境後，小米加大了研發投入，取得了豐碩的成果。自主研發的澎湃 S1 芯片，突破了手機芯片核心技術，並且小米最近三年在全球申請了 7,071 項發明專利，獲得了 2,895 項專利授權
第二步	新零售模式升級，線上線下成功聯動。小米作為一家互聯網公司，電商是立身之本。在線上持續改善小米商城的購物體驗，同時重視和其他平臺合作；在線下渠道建設方面，快速開設小米之家。小米之家是「粉絲文化」在線下的延伸，小米的產品始終貫徹高性價比的理念，得到了消費者的信任，用戶會優先選購小米之家的產品。因此小米之家的生意才那麼火爆，坪效（每坪面積上每天創造的銷售額）達到了 26 萬元。在整個零售行業內，這僅次於蘋果的 40 萬元左右，甚至高於奢侈品牌蒂凡尼的 20 萬元
第三步	全球化擴張。經過三年大力投入和不懈努力，2017 年小米國際化業務全面爆發。印度的手機市場份額排名第二，是印度最受歡迎的手機品牌，紅米 Note 4X 成為當地最暢銷的手機。同時，小米在印度尼西亞、俄羅斯、烏克蘭等國家的手機市場份額都進入了前五名

二、AARRR 模型

做好用戶行為分析，應該掌握「用戶行為全程追蹤」。在互聯網領域以數據分析驅動增長的 AARRR 模型已經比較成熟（圖 1.11）。

第一章　用戶行為與特徵分析

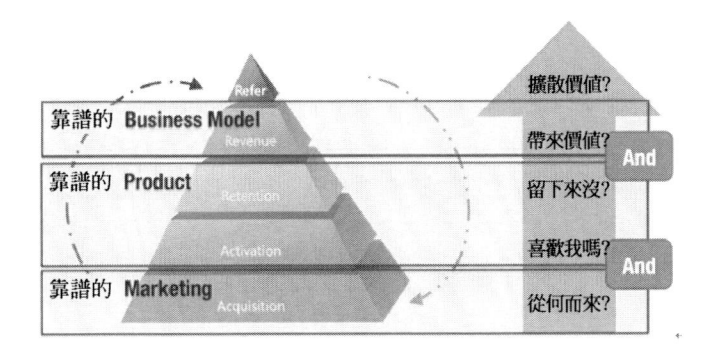

圖 1.11　AARRR 模型

　　AARRR 模型是基於用戶的完整生命週期來做用戶行為分析的應用。AARRR 是 Acquisition、Activation、Retention、Revenue、Refer 五個單詞的首字母縮寫，分別對應用戶生命週期中的 5 個重要環節（表 1.5）。

表 1.5　　　　　　　　　　　　　用戶生命週期中的 5 個環節

用戶的生命週期	內容和作用
獲取用戶 （Acquisition）	營運的第一步是獲取用戶，也就是大家常說的推廣。在行銷推廣中，首先要思考的是選擇什麼樣的渠道，這些渠道的流量轉化率、用戶的質量、每單位用戶的行銷成本如何。通過系統的訪問數據分析每一個流量渠道的留存、轉化效果，可以甄別優質渠道和劣質渠道，有效提高渠道的投資回報
激活用戶 （Activation）	好的推廣渠道可以精準作用於目標用戶，提高用戶的轉化率；另一個重要的因素是產品給用戶的第一印象，在最初使用的幾分鐘內以良好的體驗來抓住用戶。DAU（日活躍用戶）和 MAU（月活躍用戶）兩個數據代表當前的用戶群規模，而每次啟動平均使用時長和每個用戶每日平均啟動次數則代表用戶的忠誠度
用戶留存 （Retention）	激活用戶後，下一步的關鍵是如何留下用戶。如今一款產品要獲得成功的關鍵因素是提高用戶留存率。Facebook 平臺存在「40-20-10」留存法則。即日留存率應該大於 40%，週留存率和月留存率分別大於 20% 和 10%，所以留存率也是檢驗渠道的用戶質量的重要指標。每個行銷人員都知道保留一個老客戶的成本要遠遠低於獲取一個新客戶的成本。在老用戶可能出現流失之前，可以採取一些手段激勵這些用戶繼續使用。比如共享單車為了保障新用戶在註冊後不會白白流失，會採取一些激勵措施——每週騎行 3 天，每次 5 分鐘，即可領取 1.88 元支付現金紅包獎勵
獲取收入 （Revenue）	關於收入，最常用的觀察數據是 ARPU（平均每個用戶的月收入）。實現收入是每個公司生存的根本，即使對用戶免費，也需要考慮從第三方盈利的商業模式。對於不同的商業模式，獲取收入的來源有依靠廣告將用戶流量變現，電商通過收取交易佣金等。無論是以上哪一種，收入都直接或間接來自用戶。所以提高活躍度、提高留存率是為了擴大用戶的數量，用戶的基數與收入的增加成正比
自傳播 （Refer）	在獲客成本高昂的今天，產品在用戶中的良好口碑，通過社交網絡的傳播，已經成為獲取用戶的一個新途徑，可以給企業帶來較高的收益。基於社交網絡的病毒式傳播，不僅成本很低而且效果有可能非常好

023

AARRR 增長模型是一套工具方法論，但是我們不能忘記我們的數據分析的起點和初衷：產品和市場，業務持續增長（商業價值的持續變現以及客戶價值的平衡）。在產品生命週期中重點關注的指標如下：在產品成長初期，重點關注用戶激活率和留存率；在產品成長爆發期，重點關注用戶獲取率和留存率，追求高效增長；在產品口碑爆發期，重點關注傳播推薦，嘗試病毒式增長；在產品成熟收割期，重點關注用戶增加收入和留存率，維持客戶價值和商業價值變現的平衡。在這個週期中，我們需要保持和用戶的溝通交互，監控用戶的行為數據指標，並及時瞭解市場中競爭對手的變化，根據市場和產品的變化調整產品策略、營運策略。

三、用戶畫像的現實應用

進行用戶行為數據和特徵的分析，目的在於幫助企業找到用戶，驅動企業的業務擴張。金融企業內部信息較多，累積了大量的高價值數據，但是這些數據分佈在不同的信息管理系統中。例如人口屬性信息主要集中在客戶關係管理系統，信用信息主要集中在交易系統和產品系統，消費特徵主要集中在渠道和產品系統。為此，應參考金融企業的數據類型和業務需求，構建和利用用戶畫像尋找到目標客戶，並發現客戶個性化的需求，實現產品的精準行銷，挖掘數據中的商業價值。

（一）銀行用戶畫像實踐介紹

1. 銀行數據資源的特點

銀行的數據大部分是結構化數據，數據質量高於別的行業，因此數據清洗和甄別比較容易，只需要打通銀行內部的信息孤島，將數據結構標準化。這些大量的交易數據、個人屬性數據、信用數據和客戶數據，可以很好地勾勒出客戶的行為特徵。雖然銀行有客戶的交易數據，知道客戶在某個商家的消費金額，但是卻沒有具體的消費數據，不知道客戶消費的商品和服務是什麼，需要引入銀聯和電商的數據來豐富消費特徵信息。並且中國目前的徵信體系的數據還不完善，銀行還需要借助互聯網公司的數據收集和挖掘能力，補充徵信體系中缺失的用戶信用數據。最後銀行還缺少一些極具商業價值的外部數據，比如用戶的社交數據和興趣愛好等，需要引入移動大數據的位置信息來豐富客戶的興趣愛好信息。因此要構建較為完整的用戶畫像，銀行還需要和外部的第三方數據平臺合作，引入外部信息來豐富客戶畫像信息。

2. 銀行的用戶畫像構建和數據場景變現

銀行的業務需求主要集中在消費金融、財富管理、融資服務，在構建用戶畫像時要從業務需求出發，從強相關數據出發，從業務場景應用出發。用戶畫像涉及數據的緯度不是越多越好，需要同業務場景結合，這些數據維度主要以人口屬性和信用數據為主，其次是強相關信息和定性數據。信用數據是用戶畫像中重要的信息，人口屬性數據可以幫助金融

企業聯繫客戶，將產品和服務推銷給客戶。強相關信息就是同業務場景需求直接相關的信息，可以是因果關係信息，也可以是相關性很高的信息。比如客戶的年齡、學歷、職業、地點對收入的影響較大，所以和收入數據是強相關關係，而用戶的身高、體重、姓名、星座等數據，很難從概率上分析出其對消費能力的影響，這就是弱相關信息。構建用戶畫像的目的是為產品篩選出目標客戶，但是定量的信息不便於對客戶進行篩選，需要將定量信息轉化為定性信息，通過信息類別來篩選人群。例如可以按年齡段對客戶進行分類，18~25歲定義為年輕人，25~35歲定義為中青年，36~45定義為中年人；也可按個人收入的情況將客戶定義為高收入人群、中等收入人群和低收入人群。

銀行的客戶數據很豐富，數據類型和數量多，內部管理系統也很多。可以先利用數據倉庫將數據集中，篩選出強相關信息，對定量信息定性化，生成DMP[①]需要的數據。利用DMP進行基礎標籤處理和應用定制，結合業務場景需求，進行目標客戶篩選或對用戶進行深度分析。同時利用DMP引入外部數據，完善數據場景設計，提高目標客戶精準度。選擇接觸客戶的方式，對客戶進行行銷，並對行銷效果進行反饋，衡量數據產品的商業價值。利用反饋數據來修正行銷活動和提高ROI，提高市場行銷的效率，實現數據商業價值變現的目的。

DMP翻譯為中文就是數據管理平臺，它負責收集、存儲、管理企業內部和外部的數據。數據的整合、價值評估和強大的分析能力是DMP的核心，如此便能根據不同的業務場景需要來開發設計產品。下面簡單介紹一些DMP可以做到的數據場景變現，詳見表1.6所示。

表1.6　　　　　　　　銀行業的DMP數據場景變現業務

業務場景	數據應用和行銷方式
尋找分期客戶	利用銀聯數據+自身數據+信用卡數據，發現信用卡消費超過其月收入的用戶，向用戶推薦消費分期償還業務
尋找高端資產客戶	利用銀聯數據+移動位置數據(別墅/高檔小區)+物業費代扣數據+銀行自身數據+汽車型號數據，發現在本銀行資產較少而在其他行資產較多的用戶，為其提供高端資產管理服務
尋找理財客戶	利用自身數據（交易+工資）+移動端理財客戶端/電商活躍數據，發現客戶將工資/資產轉到外部但是電商消費不活躍客戶，其互聯網理財可能性較大，可以為其提供理財服務

[①] DMP（Data Management Platform，數據管理平臺），是把分散的多方數據進行整合納入統一的技術平臺，並對這些數據進行標準化和細分，讓用戶可以把這些細分結果推向現有的互動行銷環境裡的平臺。

表1.6(續)

業務場景	數據應用和行銷方式
尋找境外旅遊客戶	利用銀行卡消費數據+移動設備位置信息+社交愛好等強相關數據，尋找境外遊客戶並為其提供金融服務
尋找貸款客戶	利用個人徵信（人口屬性+信用信息）+移動設備位置信息+社交購房/消費強相關數據，尋找即將購車/購房的目標客戶，為其提供金融服務（抵押貸款/消費貸款）

（二）保險行業用戶畫像實踐

保險行業的產品是一個長週期產品，保險客戶再次購買保險產品的轉化率很高，經營好老客戶是保險公司一項重要任務。保險公司內部的交易系統不多，交易方式不是很複雜，數據主要集中在產品系統和交易系統之中，客戶關係管理系統中也包含豐富的信息，但是數據集中在很多保險公司還沒有完成，數據倉庫建設可能需要在用戶畫像建設前完成。

保險公司主要數據有人口屬性信息、信用信息、產品銷售信息、客戶家人信息，缺少興趣愛好、消費特徵、社交等信息。保險產品主要有壽險、車險、保障險、財產險、意外險、養老險、旅遊險。保險行業 DMP 用戶畫像的業務場景都是圍繞保險產品進行的，簡單的應用場景如表 1.7 所示。

表 1.7　　　　　保險行業的 DMP 數據場景變現業務

數據應用的業務場景
利用個人屬性數據+外部養車 App 活躍情況，為保險公司找到車險客戶
利用個人屬性數據+移動設備位置信息–戶外運動人群，為保險企業找到商旅人群，推銷意外險和旅遊險
利用家庭信息數據+個人屬性數據，為用戶推薦理財保險、壽險、養老險、教育險
依據個人屬性數據+外部數據，為高端人士提供財產險和壽險服務

◇ 創業問答 ◇

Q：你的用戶是誰？哪些是你的種子用戶？

A：在你創業之前，要把這個問題想明白。比如小米在創業之初的定位就是為「發燒」而生，第一批用戶就是手機發燒友，他們追求更極致的體驗，但又希望通過自己的研

究探索與努力，盡可能提高手機的性價比。小米公司的工程師在推出第一代 MIUI ROM 手機操作系統時，一個一個地聯繫刷機愛好者和發燒友，經過不斷的努力，先後共有 100 名用戶成為 MIUI 第一版的首批內測體驗者。這 100 名用戶就是小米的種子用戶，他們的專業性強，喜歡交流和傳播，容易成為網上社交群體的意見領袖，帶來強大的自傳播效應。

Q：怎樣從網上獲取社交數據？

A：社交數據就是客戶在社交媒體上發表的言論和行為，可以是評論、文章、圖片，甚至可以是表情符號、音頻和視頻。社交數據可以依靠第三方平臺，在社交網站上利用爬蟲技術獲得（Spider）。

◇ 關鍵術語 ◇

用戶行為分析：通過對用戶行為的零散信息進行歸集分類，將其變成結構化信息。按預先設置的模型對數據進行清洗、篩選、分類、儲存。選擇相關數據進行分析挖掘，將數據分析的結果與企業的產品策略和行銷策略匹配，或是從用戶的行為數據中發現問題，並改良產品和服務，實現更精細和精準的營運，從而獲得良好的市場表現。

用戶行為特徵分析：從累積的海量用戶歷史數據中挖掘出用戶的特徵規律。

用戶畫像：其實質就是用戶信息標籤化，它是指企業通過收集與分析消費者社會屬性、生活習慣、消費行為等主要信息的數據之後，完美地抽象出一個用戶的商業全貌，它是企業應用大數據技術的基本方式。

AARRR 模型：AARRR 增長模型是一套工具方法論，包括用戶生命週期中的獲取用戶（Acquisition）、激活用戶（Activation）、用戶留存（Retention）、獲取收入（Revenue）、自傳播（Refer）5 個重要環節。

DMP（Data Management Platform）：數據管理平臺，是把分散的多方數據進行整合納入統一的技術平臺，並對這些數據進行標準化和細分，讓用戶可以把這些細分結果推向現有的互動行銷環境裡的平臺。

◇ 本章小結 ◇

用戶行為是由具體的行為人與環境、時間、空間、關聯人的互動。用戶行為分析通過對用戶行為的零散信息進行歸集分類，將其變成結構信息。在高度標籤化的商業社會，消費者越來越追求「小眾」。隨著大數據技術的發展，企業對用戶特徵分析提出了更高的要

求，通過預先設置的模型對數據進行篩選、分類，從數據中找到相應的規律，並且與企業的產品策略、行銷策略進行匹配，從中發現問題，提升用戶的消費體驗，更好地為用戶提供有針對性的服務，實現產品的精準行銷，為企業創造最大的商業價值。

◇ 思考 ◇

1. 用戶行為分析的概念和意義是什麼？
2. 用戶行為分析的工具和方法是什麼？
3. AARRR 模型是什麼？
4. 用戶畫像的概念和優勢是什麼？
5. 小米手機的核心競爭力是什麼？小米手機是如何從困境中崛起的？

第二章　精準行銷信息推送支撐

◇ 學習目標 ◇

學習完本章後，你應該能夠：
- 掌握精準行銷的定義
- 理解精準行銷的實施過程
- 瞭解「羊毛黨」對企業實現精準行銷的影響
- 瞭解阿里巴巴的大數據體系建設過程
- 熟悉互聯網廣告的模式和特點
- 掌握 Retargeting 廣告的原理

◇ 開篇案例 ◇

互聯網廣告行銷的進化史

傳統行銷有三寶——做廣告、價格戰和鋪渠道。菲利普·科特勒曾提道：「大部分促銷的費用都沒有產生效果，只有10%的促銷能得到高於5%的回應率。」傳統的廣告渠道有電視、報紙雜誌和戶外牆體等，那麼在互聯網上打廣告是否屬於傳統廣告的範疇呢？事實上在 Web 1.0 時代，廣告和新聞還沒有脫離傳統的信息生產模式，Web 1.0 網絡是信息提供者。用戶的訪問以獨立的、靜態的信息瀏覽為主，網站與網站之間存在信息的共享和交互。但這並沒有脫離傳統媒體的範圍，只是傳播的渠道是以互聯網網頁為載體。

Web 2.0 網絡的改變在於，信息的生產者不再以網站為主，用戶參與到網絡事件和文化的創造、傳播和分享當中。Web 2.0 時代的互聯網廣告有非常多的傳播渠道，比如百度的競價排名搜索、門戶網站的廣告、博客和微博、論壇、手機 App、網絡視頻、自媒體等，消費者面對數量眾多的廣告宣傳渠道，廣告的信任度和效用不斷降低，廣告的受眾市

場不斷細分，這是互聯網分眾媒體廣告帶來的改變。甚至每個網民都可以成為信息的傳遞者，這時互聯網的傳播過程從中心化的主流媒體網站向去中心化的微博和自媒體轉變，分眾傳播的力量已經開始改變傳統的互聯網信息傳遞模式。在這個階段的一些熱點事件和流行文化，都是互聯網廣告創作的素材，為了蹭熱度，互聯網廣告的創作以追求高點擊率的「標題黨」和吸引眼球的熱搜新聞為主，淡化了廣告的宣傳洗腦效應，提高了廣告的傳播話題性，引發了廣告主與受眾之間的交互（圖2.1）。

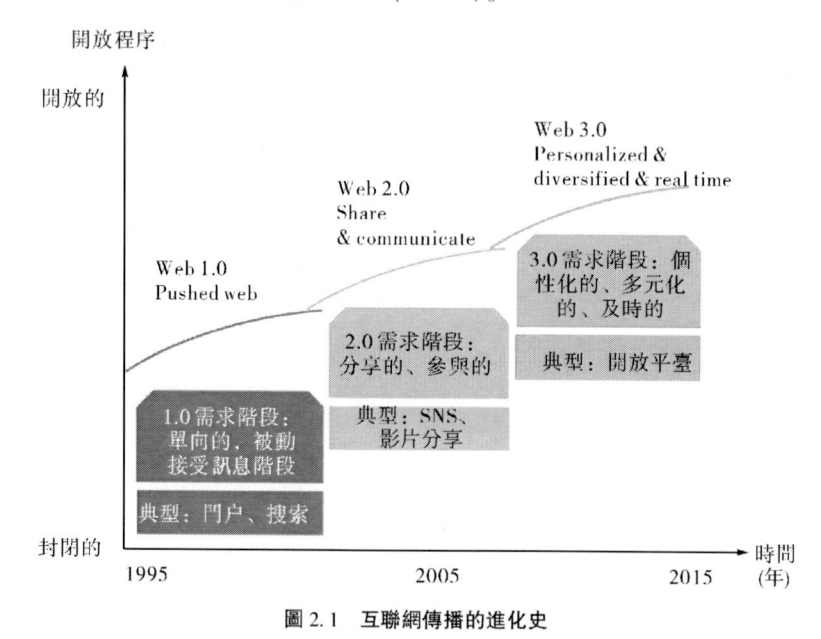

圖2.1　互聯網傳播的進化史

　　在Web 2.0的分眾媒體的廣告大戰之後，Web 3.0的互聯網廣告需要取得新的突破。誰能在互聯網廣告行銷的領域實現網絡精準行銷，誰就能獲得廣告主的訂單。Web 3.0時代的互聯網用戶需求更加個性化和多元化，不同媒體的用戶受眾的區別不再明顯，媒體的受眾越來越細分，難以找到有價值的目標市場群體去推送廣告。廣告推廣的投入產出比日益降低，如何提供針對不同用戶的個性化廣告服務，提高行銷的精準度，從而提升廣告主的行銷ROI，這是Web 3.0時代廣告商亟待解決的困難。利用大數據實現精準行銷為廣告商提供了一條打破瓶頸的解決之道——採集廣告受眾的關注習慣及使用偏好等數據，利用大數據的分析方法聚合相關信息。比如，瞭解是誰在瀏覽產品信息；用戶最關注的廣告內容是什麼；用戶喜歡在什麼時候瀏覽信息；用戶是通過什麼樣的途徑瀏覽信息。通過對用戶行為數據的分析和挖掘，廣告商就能在恰當的時間、恰當的地點，把恰當的廣告內容推送給恰當的受眾。Web 3.0時代的廣告不再千篇一律，不同的受眾看到的廣告一定是最貼

近用戶需求的廣告，這是網絡精準行銷的新機會和新革命——程序化廣告。基於對用戶特徵的智能識別，程序化廣告可以有針對性地抓取特定的廣告素材向受眾進行精準推送，不同性別、不同需求的用戶在同一個廣告位看到的廣告是不同的，這個可以由人工智能來實現，但廣告的素材還是需要人來創作。

思考：1. 傳統廣告的缺陷是什麼？
2. Web 1.0、Web 2.0、Web 3.0 的特徵分別是什麼？

◇ 思維導圖 ◇

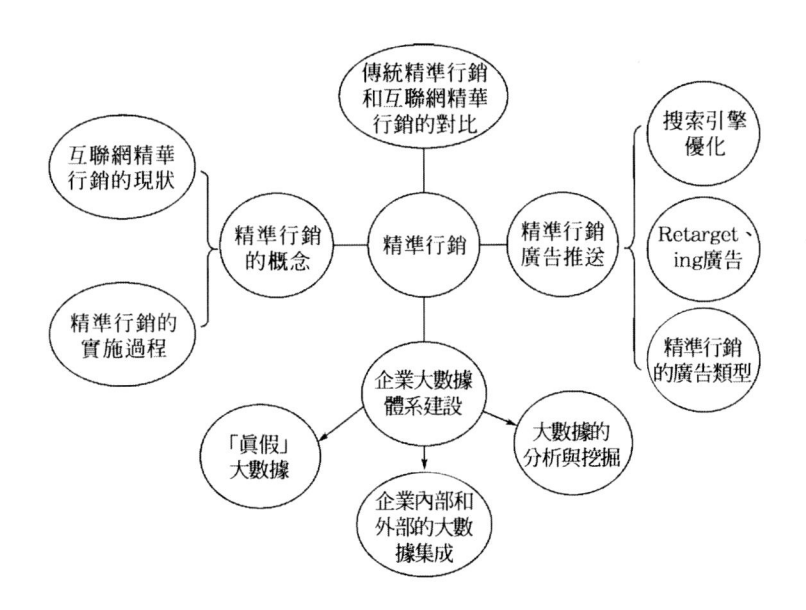

◇ 本章提要 ◇

傳統企業為了實現精準化行銷，會利用一些「特殊」渠道獲取目標人群的信息。然而這種精準行銷方式很多時候會讓人反感，因其對客戶的私生活構成了嚴重的騷擾。雖然互聯網廣告同樣會利用用戶的隱私數據來提高行銷的精準度，但卻把對用戶的侵擾降到最低。顯然，互聯網廣告的精準行銷效果更好。目前精準行銷的實現還面臨很多困難。比如：「羊毛黨」刷客製造的假數據和作弊流量；企業內部的數據孤島，大多數企業沒有建立 DMP 系統；大數據分析人才稀缺，數據挖掘的算法還有提升空間；沒有高質量的互聯

網全景大數據支持……然而不可否認的是，互聯網廣告走到今天，雖然還有很多不足，但確實提升了企業的獲客能力，減少了行銷費用的浪費。在 Web 3.0 時代，互聯網廣告行業的新生態是程序化廣告，而程序化廣告是企業實現精準行銷的主要途徑。

第一節　什麼是精準行銷

在 2005 年的時候，行銷大師菲利普・科特勒就曾提出精準行銷這個概念。他認為企業需要更精準、可衡量的行銷方式，需要制訂更注重結果的行銷傳播計劃，直達目標消費者，提高行銷的 ROI。

瞭解企業的市場和用戶是實現精準行銷的前提。傳統的行銷理論中企業通過消費者洞察與市場調查，瞭解消費者有哪幾類（市場細分，Segmentation），選擇對企業最有利的那一類消費者作為行銷目標（目標市場選擇，Targeting），企業的產品和服務要在這類消費者大腦中占據「最」什麼或「第一」什麼的位置（定位，Positioning）。當傳統行銷的 STP 理論做到極致時，同樣可以實現精準行銷。隨著大數據時代的到來，行銷洞察使用的是全樣本數據的分析結果，這使得企業在投放戶外廣告、電視廣告或網絡廣告時，會盡最大可能向目標人群推送，使轉化率達到最佳，降低行銷成本。

一、傳統的精準行銷

傳統行銷從 P(Probe) 開始，以市場調研的方式感知市場環境；按 STP 的行銷理論選擇目標市場，確定市場定位；結合 4P 的行銷戰術完成產品的研發、推廣與銷售。這是傳統行銷的基本流程。

行銷的目的是要讓企業產生可持續性收益。這個目的包含兩層意思：一是讓企業通過價值創造獲取利潤，二是能持續獲取正收益。從行銷的本質來看，就是要抓住用戶（消費者）的需求，並快速把需求商品化，為客戶創造價值。傳統行銷認為，消費者的購買決策過程需要經歷以下五個階段，如圖 2.2 所示。

確認需要 ⇒ 收集訊息 ⇒ 評價選擇 ⇒ 決定購買 ⇒ 購後行為

圖 2.2　消費者的購買決策過程

圍繞消費者的購買決策過程，成功的行銷主要由市場機會的識別、新產品開發、吸引客戶的注意力、培養客戶的忠誠度、完成交易這五個板塊組成。它們之間環環相扣，相互支撐，是實現行銷目標、快速將需求商品化的過程。

傳統企業為了實現精準化行銷，會利用一些「特殊」渠道獲取目標人群的信息。當你

買了車之後，一定會接到保險公司的電話；當你生了孩子一定會接到母嬰店的電話；當你的孩子要上學了，一定會接到各種教育機構和培訓班的電話。這些是線下的精準化行銷。從客戶的角度說，電話行銷對客戶的私生活構成了嚴重的騷擾。傳統時代的這種精準行銷方式很多時候會讓人反感，從而影響行銷的成功率。

所有人在網上都是「透明」的

互聯網的發展給人們的生活帶來極大便利的同時，也讓人與人之間變得越來越透明。在互聯網時代，用戶的隱私很難保密，在電腦上的每一個操作、每一個行為都被操作系統或應用軟件記錄。網上的廣告會根據你平時的行為習慣，給你推送你可能會感興趣的內容。雖然線上和線下的精準行銷都是利用用戶的隱私數據來達到目的，但是傳統精準行銷和互聯網精準行銷還是有著本質區別的，那就是前者對用戶的侵擾。互聯網精準行銷只是在你瀏覽信息的時候，順帶讓你看看廣告，將對用戶的侵擾的影響降到最低。這時候你不會感覺到自己的隱私被侵犯（圖2.3）。

圖2.3 網路時代何處安放我們的隱私

隨著搜索算法的優化、大數據挖掘能力的提升，廣告的精準推送理論上可以做到當你在搜索電子產品的時候，立刻推送本地電子產品門店的信息；當你在尋找美食的時候，廣告內容立刻提供符合你喜好的當地餐廳的信息。廣告的精準推送雖然需要用戶的隱私數據，但必須做好用戶隱私數據的保護。只要基於大數據的推送類廣告做到了跟「用戶相關」，就可以贏得用戶的回應，這種回應可能是購買意願，也可能是實際的購買行為。換句話說，用戶對這種「與自身相關」的精準行銷類廣告是不反感的，是有需求的。因為這些廣告少了對用戶的打擾，節約了用戶的時間，讓用戶直接找到自己需要的產品或服務。

二、互聯網精準行銷

1980年，「大數據」的概念由托夫勒在《第三次浪潮》的書中首次提出。隨著計算機和互聯網信息技術的發展，誕生了移動互聯網、物聯網、雲計算等一系列新興的技術，這些技術被廣泛應用於人類的工作和生活，以及企業的智能製造和創新型商業模式。企業生產管理產生的數據和人們日常生活中產生的數據可以被輕易地採集和記錄，這使得全球數據量呈爆發式增長態勢，這給大數據的發展帶來了機遇和挑戰。大數據挖掘和分析的工作

好比是在河沙中淘金一般，大約有 80% 的時間要用在數據的清洗和準備上，數據量越大難度越大，對計算機的算力要求越高，因此想挖掘大數據內在的商業價值，將數據變現，任重而道遠。

（一）精準行銷的現狀

第一章曾提到用戶畫像是實現精準行銷的基礎，京東和阿里通常基於用戶瀏覽、點擊、諮詢、加關注、放購物車等一系列動作為用戶貼上多維度標籤，然後以郵件、短信、Push、站內信等方式將適合的信息發送給用戶。

精準行銷的廣告推送並不精準

目前，許多推送類廣告是基於用戶瀏覽器中 Cookie 搜集的信息來完成的，比如通過 Cookie 可以追蹤瞭解到用戶訪問的網頁、用戶購買記錄，然後根據用戶的訪問和購買記錄給用戶推薦類似商品。比如你在淘寶上可能瀏覽過化妝品，網上的廣告位就會推送化妝品的圖片，這就算完成了精準推薦。如果用戶尚處於確認需要、信息收集和評價選擇這三個階段，這樣的廣告推送還有意義；如果用戶已經完成下單購買，用戶幾乎不會重複購買的，這樣的廣告推送就不屬於精準行銷。

基於用戶標籤的推薦只是根據用戶表面的網絡行為，只要跟用戶這種行為有關係的都推薦，並沒有挖掘用戶其他數據內在的邏輯關聯。所以，這只是讓廣告跟用戶的性別、網絡行為等做了簡單的關聯，談不上精準。有報導顯示新浪微博在精準行銷或精準廣告推送方面的確做得不盡如人意，並受到各方詬病。一方面是受訪用戶對推送類廣告的接受度很低；另一方面，新浪微博右側推送廣告的點擊率僅有 0.2%。自從阿里巴巴入股新浪微博以後，新浪微博在精準廣告上有天然的優勢：一端是微博平臺上的海量用戶數據，一端是海量的淘寶商家或產品。但是，如何將用戶數據跟產品建立關聯，卻是新浪微博面臨的最大挑戰。業內人士稱阿里的數據和新浪微博的數據對接還很好完成。微博還未開發出廣告優化的工具，這些頗有價值的用戶數據沒有發揮作用。因此微博在精準行銷方面還有很大的提升空間，把用戶群體的喜好、個性、消費行為等信息進行分類和細化，並將挖掘結果與電子商務廣告深度關聯，這是提高微博廣告精準度的一個解決方案（圖 2.4）。

圖 2.4　新浪微博的廣告推送模式

【案例分析】真正的精準行銷＝挖掘或滿足用戶需求，而非簡單的標籤數據關聯。在微博、微信等社交平臺上，如果推送的廣告信息能接近用戶的興趣和偏好，基本上做到人們對廣告不反感，這只是精準行銷的第一階段——「滿足相關」，在此階段只能說明你抓住了用戶的興趣或偏好，但你並不能確定用戶看到廣告後是否會在未來做出購買決策。如果你真正抓住了用戶的「真實需求」或「心理需求」，那麼你根據「用戶需求」進行的廣告推送就是在幫用戶做決策，當推送的廣告信息接近人們的內在需求時，此時人們可能會喜愛、依賴甚至信任這類廣告，並且會根據這些推送產生購買行為，此時才算是真正的精準行銷。

（二）精準行銷的定義

精準行銷，英文名為 Precision Marketing。Precision 的含義是精確、精密、可衡量的。精準行銷就是在精準定位的基礎上，依託現代信息技術手段建立個性化的顧客溝通服務體系，實現企業可度量的低成本擴張戰略。精準行銷模式可以概括為 5W 行銷分析框架，即在合適的時機（When），將合適的業務（Which），通過合適的渠道（Where），採取合適的行動（What），行銷合適的客戶（Who）。在整個過程中貫徹「以客戶為中心」的理念，實現行銷管理的持續改善。

精準行銷包含三個層面的意義：第一個層面是通過現代信息技術手段實現的個性化行銷活動；第二個層面是定量分析和個性化溝通技術（大數據分析和信息推送方式）；第三個層面是降低精準行銷的成本，提高行銷的 ROI。精準行銷的目標是提升企業的效益，表 2.1 是精準行銷實施的具體過程。

知識點講解視頻

表 2.1　　　　　　　　　　精準行銷實施的五個階段

序號	過程名稱	精準行銷實施的具體內容
1	客戶信息收集與處理	大數據是精準行銷的基礎。知己知彼，百戰不殆。一個合格的指揮官需要收集與戰場相關的天時、地利、人和等數據信息，做戰前準備，多算勝，少算不勝。商場如戰場，要將存在於企業內部各管理系統中的內部數據和企業外部數據（如市場調查、第三方數據等）整合後，做好數據安全的儲存，用 DMP 系統對大數據進行管理
2	客戶的細分與定位	大數據的用戶畫像技術，可以從不同的維度對客戶進行細分，結合企業的特定業務場景對不同的客戶細分群體開展差異化的行銷，甚至精確定位到每個用戶，提供滿足用戶個性化需求的私人定制產品或服務
3	行銷策略的制定	對用戶有了準確的細分和定位後，行銷人員需要結合公司戰略、公司的業務和資源優勢、市場環境等因素，找到能夠為用戶創造價值和獲取利潤的商業機會，為不同的用戶建立個性化的行銷方式，或者為目標用戶群體制定高效的行銷策略

表2.1(續)

序號	過程名稱	精準行銷實施的具體內容
4	行銷方案的設計	目標客戶是精準行銷的方向，行銷策略是實現目標的思路，行銷方案的設計是達成目標的操作過程。優秀的行銷方案必須聚勢聚焦，將行銷費用花在刀刃上。太陽表面的溫度在10,000度以上，照射到地球上點不燃一張紙，如果使用放大鏡將陽光聚焦就可以把紙點燃，區別就在於是否聚焦
5	行銷結果的反饋	行銷活動結束後，應對行銷活動執行過程中收集到的各種數據進行綜合分析，對行銷活動的執行、渠道、產品和廣告的有效性進行評估，總結經驗和教訓，尋找需要改進和優化的關鍵點，為下一階段的行銷活動打下良好的基礎。簡言之，評估是行銷活動的終點，也是下一輪精準行銷活動的起點

下面介紹一個案例。騰訊公司為了在手遊市場占領一席之地，在2015年下半年連續推出了兩款手遊：《王者榮耀》和《全民超神》。《全面超神》採用了社會化行銷策略，看似鑼鼓喧天，紅紅火火，最後卻泯然眾人；而《王者榮耀》採用了針對目標用戶的精準化行銷策略，最終成為一款現象級的手遊，擊敗《全民超神》。

《王者榮耀》VS《全民超神》

騰訊公司在開發新遊戲時，會成立多個項目組，通過內部競爭的方式，對所有項目組的新遊戲進行內部測試數據評級，評級高的遊戲才會匹配豐富的資源進行市場推廣。這種殘酷的競爭機制一直貫穿於遊戲的整個開發過程，《王者榮耀》在上市前的內部測試數據評級很低，為此《王者榮耀》還多次改名，最初叫《英雄戰跡》，後來改成《王者聯盟》，最後上市推廣前才確定叫《王者榮耀》。然而比《王者榮耀》先上市主推的《全民超神》的內部測試數據評級一直遙遙領先（圖2.5）。

圖2.5 王者榮耀 VS 全民超神

提前上市的《全民超神》採用的行銷策略是泛娛樂的社會化行銷。在上線之初，花了大價錢去做開黑普及，主題是不論你是在地鐵上還是在蹲坑的時候，你都可以開黑一下。以「給你一個300個開黑的理由」作為傳播素材去各種推廣平臺發文，製作各種各樣的漫畫素材，還邀請了韓國男子團體Bigbang代言。《全民超神》在首發初期的社會化行銷聲勢浩大，令人眼花繚亂，社會反響也很大。事實上開黑的宣傳主題確實抓住了MOBA用

戶的核心痛點，但卻不是《全民超神》所獨有的，所有的 MOBA 游戲都可以開黑。因此《全民超神》並不能收穫 100% 的增益。

《全民超神》的市場策略主打社會化行銷。而《王者榮耀》卻反其道而行之，從最核心的精準用戶圈做起。《王者榮耀》首發團隊的工作人員很堅定地走精準游戲用戶行銷這條路。MOBA 游戲用戶的基本畫像特徵是：用戶至少有兩年以上的游戲經歷，並且偏愛操作性強、團隊配合的游戲，更注重游戲的公平性。根據大數據用戶畫像的分析結論，《王者榮耀》團隊以 5V5 公平競技的理念設計游戲，抓住了這些核心用戶的痛點。而這類用戶最愛看游戲高手對比賽形勢的預判、神一樣的操作走位、團隊之間的配合等，每次英雄聯盟（LOL）大賽的時候都有非常多的游戲用戶去在線收看職業戰隊的比賽。《王者榮耀》首發後的第一輪行銷活動就策劃了「OMG 戰隊」與「萬萬沒想到戰隊」的直播大戰。當年的「OMG 戰隊」是英雄聯盟關注度最高的戰隊，因此這場直播大戰取得了非常好的行銷效果，目標用戶觀看直播後對這款游戲的核心玩法一目了然。沒有售賣數值，游戲的平衡性很好，通過核心用戶的口碑傳播，《王者榮耀》一路逆襲，擊敗了《全民超神》，成為一款現象級的手遊。

【案例分析】 社會化行銷與精準行銷的 PK 中，精準行銷大獲全勝。《全民超神》失敗的原因有兩點：①社會化行銷可以提升產品的社會知名度和美譽度，但花了大量的行銷費用去做市場推廣，請娛樂明星來代言，這些明星的粉絲群體有多少是產品的核心用戶？有多少粉絲願意為了偶像去下載游戲？顯然，社會化行銷並不能精準直達產品的核心用戶群，粉絲群體的轉化率低，轉化成本很高。②兩款游戲在首發時期選擇的市場行銷策略不同，這說明兩個團隊對目標用戶的定位不一樣，這個差異同樣體現在游戲的開發和設計上。《全民超神》的目標用戶是願意付費的「人民幣玩家」，在游戲對戰中付費的大 R 玩家秒殺普通玩家，一場戰局的勝負主要看團隊裡有沒有土豪玩家，穿著花錢買的好裝備就能左右戰局，根本不需要團隊配合，無法吸引普通玩家繼續玩下去。而《王者榮耀》的目標用戶是所有喜歡 MOBA 游戲的玩家，游戲的平衡性基本參照《英雄聯盟》（LOL），為游戲的角色購買皮膚的付費玩家只比普通玩家多出攻擊力+10 的優勢，因此對戰的結果主要還是看團隊配合和意識。

實現精準行銷的前提是大數據的質量，大數據的分析結果對用戶的細分和定位目標用戶影響很大；此外，用戶的隱私數據商業價值很高，同樣會影響精準行銷的效果。為了有效整合企業的內部數據和外部數據，清洗無用的垃圾數據，採集有價值的數據，需要在 DMP 的框架下實現統一標準的大數據管理，保證大數據存儲的安全性。第二節會重點闡述企業如何構建自己的大數據體系，企業大數據的質量高低會直接影響精準行銷的準確程度。

第二節　精準行銷的前提——大數據體系建設

一、「真假」大數據

流量是過去互聯網時代商業模式的核心。一切互聯網商業模式和思維，本質上都是在爭奪用戶，爭奪流量。而互聯網和移動互聯網催生的大數據時代，到底有多少大數據是真實可信的呢？

曾經在淘寶搜索「刷流量」等關鍵詞，可以輕易找到報價 1～5 元/萬次播放量的刷量產品。比如：騰訊、樂視 2 元 1 萬次；搜狐 5 元 1 萬次；優酷 8 元 1 萬次；愛奇藝 20 元 1 萬次。從刷量產品的報價上，可以大致估計各平臺對刷量行為的打擊力度，其中以優酷和愛奇藝最為嚴格。不過，現在淘寶已經將所有刷量產品的關鍵詞屏蔽（圖 2.6）。

某淘宝店各大视频网站刷量价格一览	
视频平台	价钱（元/万次）
爱奇艺	20元/万次
优酷	8元/万次
搜狐视频	5元/万次
腾讯视频	2元/万次
乐视视频	2元/万次
芒果TV	2元/万次

圖 2.6　刷量產品的報價明細

假的流量並不是真正的目標客戶，而是被黑客操縱的「僵屍粉」。這對於想獲取真正目標客戶的企業主來說，虛高流量產生的大筆廣告費沒有任何效果。企業並不能從這樣的流量數據中獲得任何有價值的用戶信息，也無法轉化成商品銷售收入，這是大數據時代實現廣告精準行銷推送的一大障礙。

揭秘「羊毛黨」① 的黑色產業鏈

互聯網企業之間進行商業鬥爭，主要是為了爭奪流量。它們採取用戶補貼、紅包、抽獎等各種拉新方式，「燒」錢換流量催生出一條特殊的產業鏈。這條產業鏈是由黑客、卡商、刷客自發組成的利益共同體。前端，刷客負責搜集信息，尋找平臺漏洞，並處理違法所得；中端，卡商提供手機號；後端，黑客編寫軟件，攻擊互聯網公司的漏洞，通過平臺公開招募刷客利用軟件刷補貼和紅包。這條黑色產業鏈每年產生百億級別利潤，至少有百萬人參與其中，組成了互聯網時代最大的黑產軍團。他們手頭有幾千萬個手機號碼，流竄在各大互聯網平臺，每次去互聯網平臺刷單，少則十萬，多則上千萬，分秒間就榨干一家平臺的行銷費用。他們是互聯網時代的畸形產物，各大平臺已經注意到他們的存在，和安全公司聯合絞殺。但是刷客軍團的生命力也很頑強，利用人機配合，刷單技術不斷發展和迭代，現在仍然活躍在互聯網上（圖 2.7）。

圖 2.7 「羊毛黨」刷客的設備

「羊毛黨」在互聯網的發展過程中，曾經有兩大輝煌時期。第一個輝煌時期是在電商時代。電商平臺為了拉新用戶，新人註冊就送優惠券、代金券、打折卡等，刷客通過軟件批量註冊後，獲得獎品，再以打折的價格往外售賣，從中賺取差價。比如聚美優品曾推出一次「零元購」活動。活動開始後，正常的用戶幾乎都無法擠進活動頁面，禮品不到一個小時便被搶空。而這僅僅是針對電商平臺很普通的一次攻擊。第二個輝煌時期是互聯網金融的興起。P2P 網站最瘋狂的時候，幾乎每天都有幾家平臺成立。早期，P2P 為了獲客，動輒幾十上百的紅包和代金券贈送。剛開始的時候，互聯網金融平臺對於刷客軍團一點防

---

① 「羊毛黨」：運用黑客技術將特殊的軟件系統和物理設備結合，以全自動或半自動的方式參與電商優惠、信用卡優惠、信用卡積分、網貸優惠等各種網上的促銷活動，並以此來獲利的群體。

範都沒有，刷客註冊後只需要綁定銀行卡就可以將錢取出來。刷客大軍就如蝗蟲過境，一些 P2P 平臺的行銷費用瞬間蒸發。此後，互聯網金融平臺開始注意到「羊毛黨」的存在，重新設定規則來阻止刷客軍團的攻擊，比如：身分證和銀行卡的姓名必須相同、同卡同出、投入資金後才可使用代金券等，規則越多，機器批量操作的可能性就越小（圖 2.8）。

圖 2.8　薅 P2P 公司的羊毛

　　存在即是合理，「羊毛黨」和互聯網平臺之間既有鬥爭，也有合作，即使這種合作是不能見光的潛規則。有時候互聯網公司會故意留下漏洞，就是為了增加註冊量和業務量，因為每個公司內部都有兩股勢力在博弈：有時候是營運部門和高層，他們需要給領導上交一份「完美的數據」；有時候是高層和風險投資人，他們需要向投資人證明業務增長超出預期，以提高公司的估值。互聯網公司會主動找到刷客，讓「羊毛黨」幫忙完成一定的註冊量。這些「羊毛黨」刷出來的客戶和流量數據，全是沒有價值的垃圾數據，給大數據的採集和清洗工作帶來了極大的麻煩，影響大數據的整體質量，從而影響行銷的精準程度。

　　【案例分析】隨著互聯網對人們生活的滲透，新的商業模式不斷創新。「羊毛黨」在這些新商業模式中總能找到「商機」，當「羊毛黨」轉戰互聯網打車領域，他們可以偽造 LBS（定位）位置叫車，待刷單的司機接單後，關閉定位並完成行程，隨後支付車費，給與司機五星評價。幫助司機瘋狂刷單，司機會將車費返還給「刷客」，但互聯網平臺在行銷中給予用戶的補貼則被「刷客」和司機共同瓜分。另外「羊毛黨」的數據造假能力也很強，有些廣告平臺幫助互聯網金融平臺引入的客流下載 App 的數量存在很大的水分，最多只有 30%~40% 的下載量是真實的客戶。

　　在互聯網平臺和「羊毛黨」的鬥爭中，互聯網公司普遍採取將「羊毛黨」操縱的手機號等信息納入黑名單，當這些號碼出現，系統就自動攔截。但由於卡商不斷地給「羊毛黨」提供新的手機號，這些手機黑號有 80%~90% 是物聯網卡，就是被廣泛應用在共享單

車上的手機卡。這種卡月租極低，以公司的名義能批量購買和註冊，從而繞過了嚴格的手機卡實名制。除了大量的物聯網卡之外，還有大約10%的海外卡。從2016年下半年開始，大量來自緬甸、越南、印度尼西亞等東南亞國家的手機卡開始進入國內手機黑卡產業。這些卡進入國內後可以直接使用，無須實名認證，而且是零月租，免費接收短信，非常適合手機黑卡產業使用。再加上互聯網平臺的黑名單數據庫並沒有實現合作和共享，所以黑名單數據庫對「羊毛黨」的影響並不大。

在互聯網平臺和「羊毛黨」的反詐欺鬥爭中，精準行銷的實現與大數據的質量息息相關，企業的行銷費用帶來了多少真正的流量？精準行銷的轉化率到底有多少？要提升企業大數據的質量，這需要企業建立自身的大數據管理系統，整合內部和外部的數據，同時與專業的黑產情報公司合作，獲取手機黑號識別服務，從自身的企業大數據中剔除虛假數據。

二、企業的大數據建設

大數據精準行銷要解決的首要問題是數據整合匯聚。企業目前運用大數據實現精準行銷的一個重要挑戰是數據的碎片化，即內部的管理信息系統各自為政。

（一）打通企業內部的數據孤島

企業內部的管理信息系統和生產設備產生的營運數據都可以算作企業內部的大數據。管理信息系統的數據包括CRM的用戶數據，傳統的ERP數據，庫存數據等；生產設備產生的數據包括呼叫記錄、工業設備傳感器、設備日誌等。傳統企業的內部數據所面臨的最大問題是數據孤島的問題。

數據孤島是指企業內部的管理信息系統各自為政，各個部門之間的數據無法共享，因此每條業務線的數據庫像孤島一樣不兼容，不能為企業的營運和決策提供實質性的幫助。數據孤島主要有兩種：

（1）邏輯性數據孤島：公司內部各業務部門各自定義數據內容和結構，沒有統一的數據標準，限制了跨部門的數據合作。

（2）物理性數據孤島：數據在不同部門間獨立存儲，獨立維護，彼此間相互孤立。

因此許多公司內部的數據都是碎片化的信息，難以挖掘價值。面對這些靜態、孤立的「原始」信息數據，企業信息部門只有將這些孤立且不兼容的數據庫打通共享、統一數據標準，才能夠進一步去分析和挖掘大數據的內在價值。

（二）尋求企業外部的大數據

社交和互聯網數據就是企業外部的大數據，通常情況下屬於結構化數據的內部數據占比為20%，而外部的非結構化數據占比為80%。企業的很多外部數據大部分都被BAT三家數據平臺包攬，這三家互聯網公司的數據質量都很高。從數據挖掘來看，騰訊和百度的

大數據更具價值，但阿里的數據更容易變現。下面我們簡單介紹一下這三家平臺的數據特徵（表2.2）。

表2.2　　　　　　　　　　　企業外部大數據的特徵

企業外部的大數據	數據特徵
百度的用戶搜索數據	搜索巨頭百度圍繞數據而生。它對網頁數據的獲取、網頁內容的組織和解析，通過語義分析對搜索需求的精準理解進而從海量數據中找準結果，以及精準的搜索引擎關鍵字廣告，實質上就是一個數據的獲取、組織、分析和挖掘的過程，商業價值高
阿里巴巴的電商數據	電商的交易數據和信用數據，商業價值很高，容易變現，而且阿里的數據源很廣泛，從交易數據到瀏覽數據和購物車數據，還有商家的信用數據和評價信息，除此之外阿里還通過對外投資掌握了部分社交數據和移動數據，比如新浪微博和高德地圖
騰訊公司的用戶關係數據	QQ和微信的用戶社交網絡關係數據是非常精準的用戶隱私數據。騰訊公司在初創時期就很重視用戶行為的分析，而如今騰訊公司擁有的8億多用戶所產生的大數據，已足夠分析人們的生活和行為，從中挖掘出政治、社會、文化、商業、健康等領域的信息

（三）企業內部和外部的大數據集成

　　數據孤島的存在導致很多企業對數據的利用程度很低，只有財務經理會簡單分析財務數據和報表，撰寫財務報告給領導層匯報公司的整體經營情況，缺乏企業內部數據的管理和規劃，缺少專業的數據挖掘人才。為此，需要打通企業內部的數據孤島，實現企業內部數據的有效管理，整合企業外部的大數據資源，加快企業內外部的數據融合，保障數據安全，實現企業大數據的集成管理。阿里巴巴是怎麼從一家電子商務平臺向大數據科技公司轉變的？

　　阿里巴巴作為一家大數據科技公司，在大數據的應用上已經取得了不少成果。它自己研發的互聯網架構和軟件、數據應用成就了「雙11購物狂歡節」。在充分保證數據安全的前提下，深度應用了人工智能、機器學習、虛擬現實、雲計算、移動互聯網等技術，讓電商平臺能夠精準地滿足商家和消費者的需求。2017年的「雙11」，天貓的銷售額高達1,628億元，全天訂單數達到8.12億，支付寶的支付峰值已經達到25.6萬筆/秒。大數據是阿里巴巴的底層基礎，大數據也幫助阿里巴巴建造了世界上最大的零售平臺。淘寶網大約有30億個網店，10億件在線商品信息，平均每天數以千萬計的訂單和上千萬次的用戶搜索請求，而淘寶的網頁瀏覽和商品搜索可以做到20.8毫秒內回應。

　　阿里的數據工程師每天要處理百萬級規模的離線數據。如何建設高效的數據模型和體系，避免重複建設，保證數據和規範性；如何做好數據質量保障；如何保證數據服務的穩定，保證其性能；如何設計有效的數據產品以服務於網店商家和公司內部員工……企業應

如何構建自己的大數據體系？

2013 年，阿里巴巴成立了大數據委員會，成員包括底層數據負責人、支付寶商業智能負責人、無線商業智能負責人和一名數據科學家。數據委員會主要以統籌和協調的方式來指導各個部門形成合力，實現從大數據管理到大數據應用的轉變（表 2.3）。

表 2.3　　　　　　　　　　阿里巴巴的大數據建設之路

企業大數據建設過程	具體內容
成立數據委員會	阿里巴巴的數據來自各個部門，無論是數據的質量、數據的分析，還是數據安全，都不是單個部門能完成的，需要全局性安排，需要一個組織結構進行管理和維護。阿里巴巴的數據委員會成立後，從確保數據安全、保證數據的質量、統一各個部門數據的標準到獲得外部數據，完成了企業內外部數據的系統集成
數據清洗	保障數據質量是大數據體系建設的第一步，數據的準確性和穩定性是數據科學管理的基礎，如果無法滿足這兩點，在業務決策上就會存在很多問題。淘寶網早期的數據質量良莠不齊，存在很多虛假數據。過去，同一個用戶通過手機號、郵箱、信用卡等可以創建多個淘寶帳號，導致數據庫中的用戶數量虛增；還有模擬器刷量、「羊毛黨」刷量製造的大量噪音數據。這需要做產品界面測試，以鑑別出不活躍的帳戶和虛增的帳戶；還要進行反作弊識別，將刷客製造的垃圾數據過濾掉；最後將清洗的數據按統一的標準和規範上報，審核通過後傳輸到大數據平臺
統一數據標準	阿里巴巴下屬各個部門業務重點不同，對數據的理解不同，因此數據標準往往各不相同；為了規範數據的口徑和各部門數據的兼容性，就必須統一標準。阿里內部將這種統一的數據體系和工具簡稱為「OneData」，阿里巴巴的大數據工程師在這一體系下，構建統一、規範、可共享的全域數據體系，避免數據的冗餘和重複建設，規避數據茫茵和不一致性
引入外部數據	在阿里巴巴平臺上，大多時候收集的是顧客的顯性需求數據，如購買的商品和瀏覽等數據，為了獲取公司外部很多有價值的社交大數據，阿里進行了一系列的股權投資。2013 年 4 月，阿里巴巴收購新浪微博 18% 的股權，獲得了新浪微博幾億用戶的社交數據。5 月，阿里巴巴收購高德軟件 28% 的股份，分享高德的用戶手機地理位置、交通信息數據以及用戶行程數據。還有阿里對墨跡天氣、友盟、美團、蝦米、快的、UC 瀏覽器等互聯網企業的戰略投資，構建了一幅囊括互聯網與移動互聯網、涵蓋用戶生活方方面面的全景數據圖
數據安全	很多淘寶網店希望阿里巴巴能加大數據開放的步伐，事實上這並不是一件容易的事情，因為這關乎商家和消費者的隱私。商家不希望競爭對手獲得自己的機密信息，消費者也不希望被更多干擾。企業有哪些種類的數據，這些數據的安全等級是怎麼樣的、是否和個人信息相關……阿里內部專門成立了一個小組，來判斷數據的公開與否，把握數據使用的權限——「誰應該看什麼，誰不應該看什麼，哪些數據可以下載，哪些數據禁止下載」

三、大數據庫分析與挖掘

圖 2.9 是企業大數據建設的基本框架，為了讓數據發揮價值，企業應對大數據進行深

入的挖掘和分析。數據挖掘是從大量的、不完全的、有噪聲的、模糊的、隨機的真實數據中提取人們不知道的但又是潛在有用的信息和知識的過程。利用大數據的力量，我們可以直接得到答案，打破了常規的邏輯思維定式，直接識別出用戶的需求偏好。

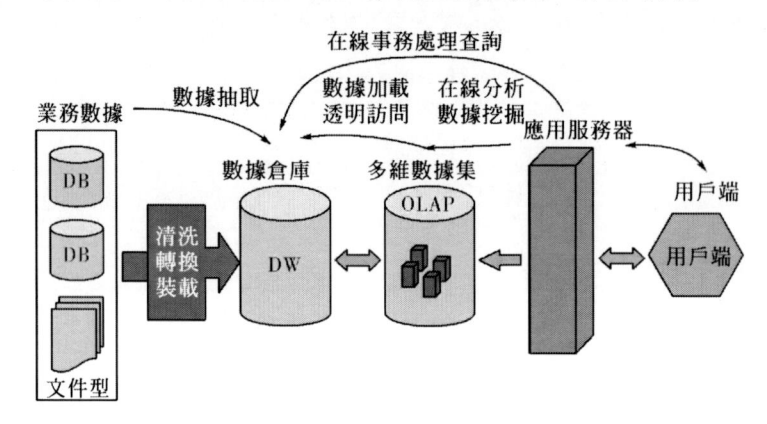

圖 2.9　企業大數據的基本體系框架

數據挖掘是一種新的商業信息處理技術，其主要特點是對商業數據庫中的大量業務數據進行抽取、轉換、建模分析處理，從中提取輔助商業決策的關鍵性數據。按企業既定業務目標，對大量的企業數據進行探索和分析，揭示隱藏的、未知的或驗證已知的規律。比如阿里巴巴針對消費者購物行為的研究，進行商品的個性化推薦（圖 2.10）。

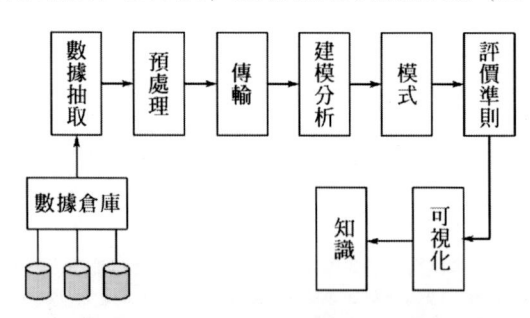

圖 2.10　大數據分析和挖掘的一般流程

目前數據挖掘方法主要有兩類：一種是機器學習，如神經網絡、決策樹等；另一種是數理統計，如迴歸分析（多元迴歸）、判別分析（貝葉斯判別）、聚類分析（動態聚類）等。傳統的大數據建模分析結果晦澀難懂，所以應當利用大數據可視化技術將複雜的大數據分析結果圖像化，借助人腦的視覺思維能力，指導大數據分析和挖掘的方向，揭示出大量數據中隱含的規律和發展趨勢，提高大數據的預測能力以實現精準行銷。

第三節　精準行銷的信息推送

一、利用大數據實現精準行銷

當顧客在沃爾瑪超市結帳時，收銀員會提醒顧客：「有幾種餐飲佐料正在促銷，在商場的某某位置，您是否要購買？」這時，顧客也許會驚訝地說：「是的，剛才一直沒找到，我現在就去買。」為什麼收銀員會知道顧客的需求？這是因為沃爾瑪超市的 POS 機連接著大數據分析系統，當顧客的購物車中有不少啤酒、紅酒和食物時，根據企業大數據的分析結果，該顧客大概率還需要購買餐飲佐料和小菜，那麼大數據管理系統就會向 POS 機發送提示信息，收銀員看到後就會向顧客提出建議，此時既滿足了顧客的需求，又促進了商品的銷售。這就是利用大數據實現精準行銷的方式之一。

對互聯網社群的「意見領袖」[①] 的行銷也屬於精準行銷。通過對社交大數據的分析，挖掘用戶的社交關係，行銷人員可識別社交網絡中的「意見領袖」、跟隨者以及其他成員，將行銷的目標定位在「意見領袖」，利用「意見領袖」在社交圈的影響力提升產品的銷售額和市場口碑。這同樣是利用大數據實現精準的行銷洞察。談到對大數據的分析和應用，亞馬遜應當是世界第一。作為一家長期以來都未實現盈利的大數據公司，亞馬遜的股價一直被廣大投資者看好，這是因為亞馬遜致力於大數據的研究，以數據驅動公司營運，現已佔據美國大數據分析市場 60%的份額，擁有非常強大的大數據分析能力。對數據的長期專注讓亞馬遜能夠持續提供優質的服務，創造良好的用戶體驗。

大數據公司——Amazon

Amazon 創辦於 1995 年，靠網上銷售書籍起家，從表面上看似乎是一家電商公司，實際上 Amazon 是一家大數據公司。如果要問全球哪家公司從大數據發掘出了最大價值，截至目前，答案可能非亞馬遜莫屬。作為一家「信息公司」，亞馬遜不僅從每個用戶的購買行為中獲得信息，還將每個用戶在其網站上的所有行為都記錄下來：頁面停留時間、用戶是否查看評論、每個搜索的關鍵詞、瀏覽的商品等等。這種對數據價值的高度敏感和重視以及強大的挖掘能力，在你下單之前，亞馬遜早已使用「讀心術」並做出預測，例如「願望清單」「為你推薦」「瀏覽歷史」「與你瀏覽過的商品相關的商品」「購買此商品的用戶也買了」，亞馬遜保持對用戶行為的追蹤，為用戶提供卓越的個性化購物體驗（表 2.4）。

[①] 意見領袖：在互聯網的信息傳播過程中，經常為社交群體成員提供建議、對他人的行為施加影響的「積極分子」。

表 2.4　　　　　　　　　　　亞馬遜重要的大數據應用

大數據應用	功能介紹
亞馬遜推薦	亞馬遜的各個業務環節都離不開「數據驅動」的身影。在亞馬遜上買過東西的朋友可能對它的推薦功能都很熟悉，「買過 X 商品的人，也同時買過 Y 商品」的推薦功能看上去很簡單，卻非常有效，這是大數據關聯分析得出的結論
亞馬遜預測	用戶需求預測是指通過歷史數據來預測用戶未來的需求。對於書、手機、家電等亞馬遜內部稱之為「硬需求」的產品，亞馬遜的預測是比較準的，甚至可以預測到相關產品功能屬性的需求。但是對於服裝這樣「軟需求」產品，亞馬遜用了十多年都沒有辦法預測得很好，因為這類產品受到的干擾因素太多了。比如：用戶對顏色款式的喜好，穿上去合不合身，愛人、朋友喜不喜歡……影響購買決策的因素很多，計算量更大，需要更為複雜的預測模型
亞馬遜測試	你會認為亞馬遜網站上的某段頁面文字只是碰巧出現的嗎？其實，亞馬遜會在網站上持續不斷地測試新的設計方案，從而找出轉化率最高的方案。整個網站的佈局、字體大小、顏色、按鈕以及其他所有設計，其實都是在多次審慎測試後的最優結果

「數據就是力量」，這是亞馬遜的成功格言。亞馬遜推薦和亞馬遜預測都是利用大數據實現精準行銷的方式，亞馬遜測試是不斷優化網頁界面的信息瀏覽和相關廣告推送機制，作為一家完全以數據驅動公司營運的互聯網公司，亞馬遜還有很多值得學習的地方。

二、精準行銷的信息推送方式

（一）搜索引擎優化

在本章的開篇案例中，Web 1.0 時代不存在互聯網廣告的精準行銷，然而進入 Web 2.0 時代以後，首次真正意義上實現的精準行銷廣告是百度的搜索競價排名廣告。根據用戶的搜索關鍵字去匹配廣告，此時廣告的推送會更加精準。

百度的盈利模式

自從 Google 放棄中國搜索引擎市場後，百度成為網民使用搜索引擎的第一選擇。當你使用百度搜索時，點開一個網頁連結，此時也許你就幫百度公司賺了一筆廣告費。因為不管搜索什麼關鍵詞，百度搜索的前 3 頁都會出現商業廣告的網站連結地址，排名越靠前的商業廣告費用越高，哪怕是你誤點擊，商家也要付廣告費給百度。百度的盈利模式具體有哪些呢？請看表 2.5。

表 2.5　　　　　　　　　　百度主要的盈利模式介紹①

盈利模式	內容
競價排名	競價排名是一種按效果付費的網絡廣告推廣方式，由百度在國內率先推出。企業在購買該項服務後，通過註冊一定數量的關鍵詞，其推廣信息就會率先出現在網民相應的搜索結果中。每一個潛在客戶有效點擊和訪問一次，企業就需為此支付一次點擊的費用
火爆地帶收入	在競價排名的基礎上推出的火爆地帶是將企業的廣告文字鏈展現在百度搜索聯盟網站搜索結果頁中的黃金位置，讓企業的網站和產品最大限度地展現在網民面前。火爆地帶使企業的網站和產品獲得更多的關注，達到更好的宣傳和推廣效果
圖片推廣收入	百度圖片推廣是一種針對特定關鍵詞的網絡推廣方式，按時間段固定付費，出現在百度圖片搜索結果第一頁的結果區域，不同詞彙價格不同。企業購買了圖片推廣關鍵詞後，就會被主動查找這些關鍵詞的用戶找到並向其展示企業推廣圖片，給企業帶來商業機會
網絡廣告收入	精準廣告是通過分析網民在百度的歷史上網行為，根據用戶的行為數據與投放廣告的相關性的大小，由系統來確定投放對象。精準廣告系統會從時間、用戶行為和交互的維度去鎖定投放的受眾
百度聯盟收入	百度聯盟一直致力於幫助合作夥伴挖掘專業流量的推廣價值，幫助推廣客戶推介最有價值的投放通道，是國內最有實力的互聯網聯盟體系之一

既然互聯網的各大搜索引擎公司能為企業帶來精準行銷的用戶流量，那麼在不花錢購買搜索引擎公司的競價排名的前提下，研究搜索引擎公司的排名算法規則，通過瞭解各類搜索引擎如何抓取互聯網頁面，如何進行索引，以及如何確定特定關鍵詞的搜索結果排名的研究，來對網頁內容進行相關的優化，使其符合用戶瀏覽習慣，在不損害用戶體驗的情況下提高搜索引擎排名，從而提高目標用戶對網站的訪問量，是提升企業業績的一種有效手段。

(二) 精準行銷的廣告類型

在 Web 3.0 時代，互聯網廣告行業的新生態是程序化廣告，程序化廣告是大數據精準行銷的必經之路。美國寶潔已將75%的數字廣告預算用於程序化廣告的購買投放，而美國運通甚至把這個比例提高到100%。在國內，一號店、海爾、陸金所也都或多或少地進行了程序化廣告購買的嘗試。

網絡廣告不斷發展，但廣告主的訴求其實一直都沒有發生變化——找到用戶，把商品賣出去。用戶是來自大媒體還是小媒體，廣告主並不是很關心，只要行銷的 ROI 符合要求就行。一家廣告商所擁有的用戶量是少的，無法滿足眾多不同行業的廣告主對流量的要求，因此就需要一個重要 Ad Exchange（互聯網廣告交易平臺），它聯繫著 DSP（買方平

---

① 百度的盈利模式 [EB/OL]. [2018-06-06]. http://www.wm23.cn/yangjiajin/436923.html.

臺）和 SSP（賣方平臺），各路媒體把自己空閒的廣告位在 Ad Exchange 中登記售賣，而廣告主則委託 DSP 在 Ad Exchange 中為在這些位置上展現自己的廣告而不斷競價。依託互聯網交易平臺誕生了四種廣告模式，如表 2.6 所示。

表 2.6　　　　　　　　　　　　互聯網廣告的模式和特點

互聯網廣告模式	特點
傳統的互聯網廣告	事先確定了廣告的排期計劃（位置和時間），然後談好價錢，廣告的效果就是「靠天吃飯」，雖然可以即時統計和查看廣告的產出，但卻無法進行干預
RTB 廣告	RTB 是「Real Time Bidding」的縮寫，意思就是「即時競價」。廣告主購買的是給受眾展示廣告的機會，RTB 的特點是不確定廣告位、不確定廣告價格，但是廣告效果可以即時干預。廣告位上出現什麼廣告，取決於互聯網用戶的特徵。比如，理論上說如果某人正懷著孩子，那麼網頁的廣告位就會出現嬰兒奶粉的廣告
PDB 廣告	PDB 是「Private Direct Buy」（私有直接購買）的縮寫，這與傳統的廣告採買方式大致相同，但與傳統廣告的區別在於廣告素材的展現邏輯不同。PDB 就是你購買的廣告位採用程序化的方式進行廣告展現，針對不同的人來展示不同的廣告素材，系統自動通過用戶標籤來抓取素材，DSP 會評估向用戶展示的廣告是屬於有效流量還是無效流量
PD 廣告	PD 是「Preferred Deal」（優先購買）的縮寫，這是 PDB 廣告的縮減版。廣告費用比 PDB 低，廣告位的流量是 PDB 廣告流量使用完以後的剩餘流量，但 PD 的流量推廣優先級高於 RTB

　　為了加深對程序化廣告的理解，簡單舉個例子。某快消品公司有一款新洗髮水上線，且新洗髮水分為男款和女款。使用 RTB 的購買方式，可以實現跨媒體定向廣告投放，通過技術手段實現針對男性推送男款洗髮水廣告，針對女性，推送女款洗髮水廣告，但是廣告推送的前提是在 PDB 的廣告位流量使用完畢且在非 PD 的廣告位才能看到這款洗髮水的廣告。如果使用 PDB 的廣告，就有專屬的廣告位，但 PDB 的廣告和手機的流量套餐一樣有上限，凡是符合廣告要求的有效流量都會減少專屬廣告位的流量餘額，直到 PDB 的流量推廣限額使用完畢。所謂無效的流量是指廣告的受眾不是廣告主要求的目標用戶，比如廣告主要求不推送廣告給 18 歲以下的群體，那麼 18 歲以下的網民的有效點擊和瀏覽就不扣減專屬廣告位的流量。如果使用 PD 的購買方式，功能和 RTB 類似，只是廣告推廣的優先級高於 RTB，有可能和 PDB 的廣告主共享一個廣告位，但是廣告的優先級低於 PDB。不過 PD 廣告的優勢是推廣流量沒有上限。

　　（三）精準行銷廣告應用

　　1. Retargeting 廣告

　　Retargeting 廣告的原理很簡單。每個人上網的時候或多或少都點擊過廣告，有時是出於對廣告的興趣，有時是誤點擊，但都會進入廣告所連結的網頁。這類用戶的點擊行為都

被理解為對廣告感興趣的人，一部分人會產生購買行為，而另外一部分人沒有任何表示就離開網站。Retargeting 廣告就是對這些默默離開的人反覆推送廣告。由於 Web 端有 Cookie 進行追蹤，Retargeting 廣告的服務商會在你的網站上加上他們的代碼，然後跟蹤這些人。當這些人在互聯網上打開了其他的網站，而這些網站上正好又有這個服務商的廣告位，那麼 Retargeting 廣告服務商就會給他們再次推送你的廣告。Retargeting 廣告的原理如圖 2.11 所示。

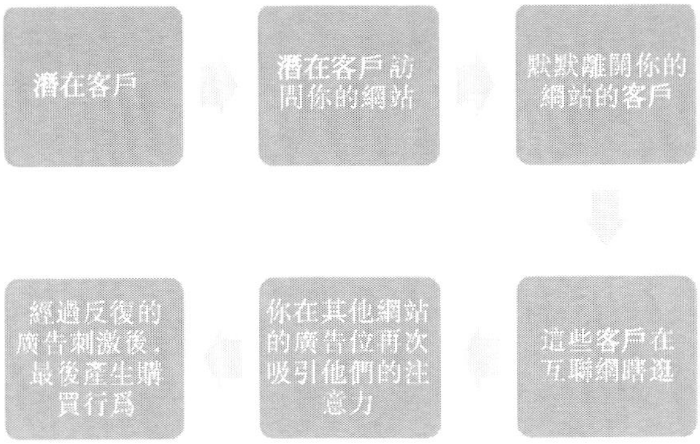

圖 2.11 Retargeting 廣告的精準行銷邏輯

2. 利用企業的 DMP 數據定向投放廣告

提取企業建立的 DMP 系統內用戶畫像的數據，利用大數據挖掘的算法，去互聯網上找跟用戶畫像相似的潛在客戶群體，稱之為 Look-Alike 的定向廣告投放。

定向廣告的精準投放效果，取決於很多因素的影響。這些影響因素包括但不限於：①企業的 DMP 系統內用戶畫像數據的質量，尤其是人口屬性、興趣和行為數據的準確性；②去互聯網投放定向廣告時廣告商提供的流量渠道，即廣大的受眾數據的真實性和準確性；③ Look-Alike 算法對潛在用戶的識別能力；④定向投放的媒體廣告的位置和數量。

三、總結

互聯網廣告走到今天，雖然還有很多不足，但確實提升了企業的獲客能力，減少了行銷費用的浪費。程序化廣告的優勢在於讓企業實現有選擇性地向不同消費者投放廣告。廣告主甚至可以不用提前做好所有的廣告創意文件，利用系統對用戶行為和數據的識別，就可以動態生成廣告創意並精準推送到自己的廣告位。雖然廣告創意的設計仍然需要廣告公司來完成，但當系統監測到某個企業的目標客戶出現的時候，用什麼樣的創意元素來組合成一個私人定制版的創意廣告，引發目標客戶的興趣，促使用戶做出購買行為，這才是真

正的精準行銷廣告推送。企業要實現真正的精準行銷，還需要互聯網全景大數據的支持，需要消滅作弊產生的虛假流量，以及更優秀的大數據算法。

◇ 創業問答 ◇

Q：在朋友圈和 QQ 群上面發表廣告是不是精準行銷？

A：很明顯這種想法是不正確的，雖然上文中的這種有針對性的行銷是正確的，但是朋友圈或者 QQ 群往往面對的是一個用戶群體，而且這些用戶的需求是有差異的，雖然你在某些 QQ 群或者微信朋友圈子裡面發布的廣告可以直達用戶，但這些廣告推送不一定剛好符合用戶的需求並讓他們做出購買的決策，這種廣告推送方式還可能會侵占用戶的碎片時間，引起用戶的反感，甚至直接被踢出 QQ 群。所以即便是針對朋友圈或者 QQ 群進行發布廣告，那也不能叫作精準行銷。只有對這些 QQ 群或者朋友圈的用戶進行了詳細的調查和瞭解，然後根據調查的結果進行有針對性的行銷，這才算是精準行銷。

Q：在相關的行業 QQ 群裡進行行銷是不是精準行銷？

A：很多行銷人員認為到一些行業 QQ 群裡進行行銷，屬於精準行銷。比如生產沙發的企業去家具行業群裡做行銷，這種方式看起來正確，但事實上在行業群裡面進行行銷並不能夠實現精準行銷，其行銷的效果並不好，你的行銷對象幾乎都是同行，只有在招募代理商和經銷商時可以使用這種行銷方式。

◇ 關鍵術語 ◇

精準行銷：在精準定位的基礎上，依託現代信息技術手段建立個性化的顧客溝通服務體系，實現企業可度量的低成本擴張戰略。

羊毛黨：運用黑客技術將特殊的軟件系統和物理設備結合，以全自動或半自動的方式參與電商優惠、信用卡優惠、信用卡積分、網貸優惠等各種網上促銷活動，並以此來獲利的群體。

數據孤島：當企業發展到一定階段時，各個部門各自存儲數據，部門之間的數據無法共享，這導致這些數據像一個個孤島一樣缺乏關聯性。

數據挖掘：從大量的、不完全的、有噪聲的、模糊的、隨機的真實數據中提取人們不知道的但又是潛在有用的信息和知識的過程。

意見領袖：在互聯網的信息傳播過程中經常為社交群體成員提供建議，對他人的行為

施加影響的「積極分子」。

搜索引擎優化：研究搜索引擎公司的排名算法規則，通過瞭解各類搜索引擎如何抓取互聯網頁面、如何進行索引以及如何確定特定關鍵詞的搜索結果排名的研究，來對網頁內容進行相關的優化。

◇ 本章小結 ◇

互聯網廣告走到今天，雖然還有很多不足，但確實提升了企業的獲客能力，減少了行銷費用的浪費。真正的精準行銷＝挖掘或滿足用戶需求，而非簡單的標籤數據相關。當你真正抓住了用戶的「真實需求」或「心理需求」時，你根據「用戶需求」進行的廣告推送就是在幫用戶做決策，當推送的廣告信息接近人們的內在需求時，此時人們可能會喜愛、依賴甚至信任這類廣告，並且會根據這些推送產生購買行為。互聯網廣告的未來是程序化廣告，程序化廣告可以讓企業實現有選擇性地向不同消費者投放廣告。然而程序化廣告想做到真正地精準推送，還需要互聯網全景大數據的支持，需要消滅作弊產生的虛假流量，以及更優秀的大數據算法。

◇ 思考 ◇

1. 精準行銷的定義是什麼？
2. Retargeting 廣告的原理是什麼？
3. 互聯網廣告的模式和特點分別是什麼？
4. 企業應當如何建立自身的大數據體系？
5. 請按照精準行銷的五個階段，實施一個產品或事件的行銷。

第三章　活動行銷投用戶所好

◇ 學習目標 ◇

學習完本章後，你應該能夠：
- 理解活動行銷的內涵
- 明確活動行銷對企業的意義
- 瞭解活動行銷的分類和實施步驟
- 學會在創業中使用活動行銷策略

本章課件

◇ 開篇案例 ◇

蘋果手機《三分鐘》微電影

2018年開端，蘋果手機的春節行銷廣告《三分鐘》在微信朋友圈刷屏了。

廣告以春運期間的火車站作為背景，講述了一個乘務員媽媽和她的兒子在春節值班期間，趁著火車途經站點停留的三分鐘見面的感人故事（圖3.1）。

圖3.1　蘋果手機《三分鐘》視頻截圖

春節期間，企業打「情感牌」進行行銷的事例很多，蘋果手機的這段廣告片能夠脫穎

而出，其重點並不在片子的內容，而在於它懂得造勢。不管是陳可辛執導，還是由 iPhoneX 新款手機拍攝，又或是根據真實故事改編，這些噱頭都為這個廣告的刷屏做足了鋪墊。作為蘋果手機公眾號的首篇文章，《三分鐘》一經發布，一夜之間就達到了 10W+ 的閱讀量。

儘管在這之後事情出現了反轉，有媒體報導稱，《三分鐘》背後有著 700 萬元身價的製作團隊來配合執行，但不可否認的是，這一次，蘋果手機贏得了流量。

思考：1.《三分鐘》微電影獲得成功的原因是什麼？
　　　2.《三分鐘》微電影的成功帶給我們什麼啟示？

◇ 思維導圖 ◇

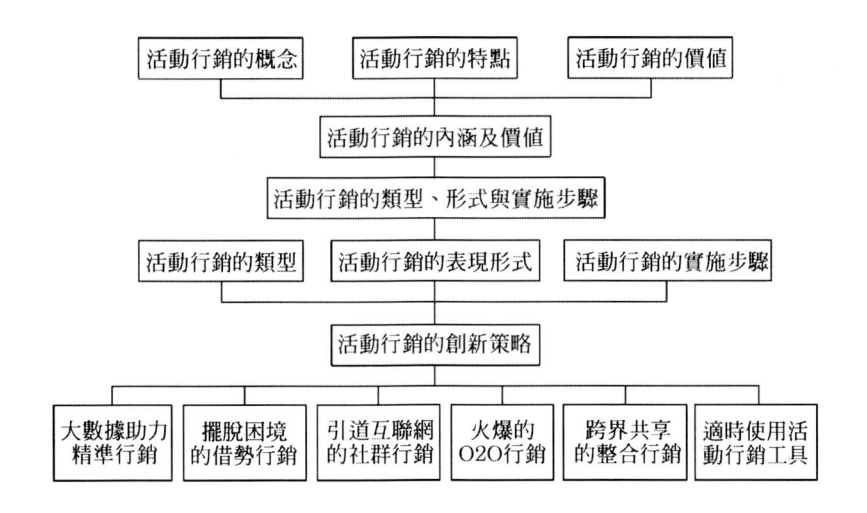

```
                    ┌───────────────┐  ┌───────────────┐  ┌───────────────┐
                    │ 活動行銷的概念 │  │ 活動行銷的特點 │  │ 活動行銷的價值 │
                    └───────┬───────┘  └───────┬───────┘  └───────┬───────┘
                            └──────────────────┼──────────────────┘
                                    ┌──────────┴──────────┐
                                    │ 活動行銷的內涵及價值 │
                                    └──────────┬──────────┘
                                    ┌──────────┴──────────────┐
                                    │ 活動行銷的類型、形式與實施步驟 │
                                    └──────────┬──────────────┘
              ┌─────────────────┬──────────────┴──────────────┐
     ┌────────┴────────┐ ┌──────┴──────────┐ ┌────────┴────────┐
     │ 活動行銷的類型   │ │ 活動行銷的表現形式 │ │ 活動行銷的實施步驟 │
     └─────────────────┘ └──────┬──────────┘ └─────────────────┘
                                │
                        ┌───────┴───────┐
                        │ 活動行銷的創新策略 │
                        └───────┬───────┘
   ┌──────────┬──────────┬──────┴──────┬──────────┬──────────┐
┌──┴───┐  ┌──┴───┐  ┌───┴────┐  ┌────┴───┐  ┌────┴───┐
│大數據助力│  │擺脫困境│  │引道互聯網│  │火爆的  │  │跨界共享│  │適時使用活│
│精準行銷  │  │的借勢行銷│ │的社群行銷│ │O2O行銷 │  │的整合行銷│ │動行銷工具│
└──────┘  └──────┘  └────────┘  └────────┘  └────────┘
```

◇ 本章提要 ◇

在當今激烈的市場競爭中，企業如何將品牌和產品推廣成為焦點、網紅，針對用戶特徵和需求實施精準的活動行銷顯得尤為重要。基於對活動行銷內涵的深刻理解，採取形式多樣的以用戶互動和參與為前提的活動行銷，通過創新行銷策略，達到加強用戶黏性，提高用戶忠誠度的行銷效果，從而實現企業有效建構關係、促進銷售和傳播品牌的最終目標。

第一節　活動行銷的內涵及價值

一、活動行銷的概念

隨著市場經濟的發展變化，企業的行銷戰略不斷調整，行銷觀念、行銷方式也在市場環境中加速創新，多維度拓展。作為行銷方式的重要分支，活動行銷與當下的社會市場行銷觀念高度契合，在這個新消費時代展示出獨特優勢。尤其在互聯網背景及社群語境下，企業成功策劃運作一次活動行銷，將收到非常顯著的效果。

（一）什麼是活動行銷

所謂活動行銷，是指企業圍繞行銷目標，通過介入社會重大活動，或整合自身資源精心策劃運作活動，達到契合社會熱點、帶動消費者參與熱情、引發強烈反饋效應的傳播目的，使得企業知名度、美譽度和影響力迅速提升，從而影響用戶購買行為、促進產品銷售的一種綜合性的行銷方式。

簡單地說，活動行銷是圍繞活動而展開的行銷，以活動為載體和手段，充分融入產品信息，以吸引目標消費群體關注，最終使企業獲得品牌的提升或者產品銷量的增長。在這個概念中，活動是行銷的實施形式，行銷是活動開展的最終目標，兩者相互依存、互為前提。

（二）活動行銷與事件行銷的不同

活動行銷的英文為 Event Marketing，與事件行銷的英文一樣，這讓很多人誤以為只是叫法不同，其實這是兩種行銷方式，從操作層面看，兩者有著本質上的不同。

事件行銷是借勢捆綁行銷，通過對某個突發的社會事件或者有名的歷史事件進行策劃，吸引公眾的關注，產生強烈的新聞效應，從而提升品牌的知名度和公眾對品牌的好感度。因此，事件行銷對時間點要求很高，策劃人要善於發現熱點事件，抓住活動時機，並根據事件的進展不斷改進活動實施節奏和方向。突發事件的不可控性，使得行銷過程缺乏互動和反饋，行銷效果更是深受事件本身效應的影響，具有較大風險。

活動行銷的發力點則是造勢。要開展一項有影響力的活動，企業需要經過長時間的醞釀，從調研、策劃方案到組織實施，充分準備才能確保實現之前制定的行銷目標。所以，活動行銷實施前有計劃性，在實際操作中有可控性，風險較小。總體來說，活動行銷與事件行銷在適用範圍、運作成本、互動參與、可控性、風險性等方面有著明顯的區別。

二、活動行銷的特點

（一）體驗性強

傳媒發展使得行銷信息傳播更加廣泛，但平面的、抽象的產品信息只能在消費者腦海中短暫停留，難以抵達內心。同時，行銷信息的直接傳播很容易引起消費者的反感情緒，難以收穫認同感。而活動行銷能給受眾帶來很強的體驗感，通過活動體驗，受眾的情感需求容易得到滿足，激發更多的參與熱情，立體地認知活動中融入的產品或行銷信息，感受企業的精神和文化，從而提高受眾對品牌的忠誠度。

（二）互動性強

活動行銷區別於一般行銷的最大特點，就是改變行銷信息的單向傳播形式，直接跟消費者互動。通過消費者數據分析鎖定目標受眾，策劃出獨具新意的活動以吸引他們主動參與，讓消費受眾與品牌零距離接觸。這種互動性有助於企業從情感上與受眾交流，引導受眾更積極地參與活動。在互動過程中，受眾能更直觀地認知產品，品牌也能直接收集到受眾的反饋意見，全面瞭解其參與感受，以便對產品或服務進行改善。因此，互動性成為判斷活動行銷成效的重要指標。活動行銷要發揮出最大效果，關鍵是要讓消費者廣泛參與，提升活動的互動性。

（三）傳播力強

活動是參與者體驗與分享的天然載體，能讓參與者成為自覺的傳播者，將企業要傳達的目標信息傳播得更準確、詳盡。如果消費者在活動中產生好的體驗，可能會通過社交媒體進行分享，這是一種有價值的口碑傳播，能夠產生連鎖傳播效應。因此，企業在活動行銷中要集中優勢資源進行策劃創意，觸動消費者的興趣點和情感區，引導消費者主動分享對品牌有利的信息。

為了加強受眾參與性，活動行銷的主題大多跟環保、節能等貼近群眾生活的內容相關，很容易獲得廣大消費者的認同。有的活動策劃還引入了公益性，既能帶給參與者精神層面的滿足，也將活動升級為具有傳播價值的媒介事件，在吸引公眾關注的同時大幅度提升了活動的傳播到達率。

三、活動行銷的價值

（一）提升品牌的影響力

一個好的活動行銷不僅能夠吸引消費者的注意力，還能傳遞出品牌的核心價值，進而提升品牌的影響力。活動行銷為品牌和消費者的持續互動搭建了平臺，讓品牌與消費者直接溝通，企業將品牌精神內涵融入活動行銷的主題中，讓消費者深切感受到品牌的核心價值，引發消費者共鳴，品牌的知名度和影響力自然就建立起來了。

一鏡到底，百雀羚逆天廣告來了！

老品牌百雀羚走上年輕化的道路後就一去不復返了。2017年5月，百雀羚憑藉一組「一鏡到底」的神廣告刷遍朋友圈。廣告劇情中，在1931年的老上海街頭，一位身穿旗袍的摩登女郎看似散步，實則是完成一項謀殺任務。讓觀眾沒想到的是片尾的神轉折——廣告植入，百雀羚的廣告出其不意（圖3.2）。

圖3.2　百雀羚廣告截圖

網友們驚呼腦洞大開，心服口服。幾乎同一時間，百雀羚在2017年上半年的微信熱搜指數也達到了最高峰值，又是一場漂亮的翻身仗！

（二）提升消費者的忠誠度

增強用戶的忠誠度與轉介紹力度，是活動行銷的一大目標。品牌與消費者之間感情的建立和互動，已成為消費者品牌忠誠度的關鍵所在。活動行銷專為消費者互動參與打造，通過吸引消費者廣泛參與，提高互動活躍度，強化其對產品和品牌的認同感，進而增加用戶黏性和忠誠度。維護用戶忠誠度，對於處於初創期或成長期的企業而言意義重大，用戶對品牌的忠誠度是事業上升的不二利劍。

大手筆行銷：1,000萬元郎酒免費喝

2017年3月，春季糖酒會在四川成都舉辦。在此次糖酒會上，小郎酒的行銷活動頗為亮眼。小郎酒為盡地主之誼，在成都市區、周邊及瀘州市各餐飲店內，同步開展「1,000萬元小郎酒免費宴賓客」活動，送出共計1,000萬元的小郎酒。活動期間，消費者到活動開展區域的飯店吃飯，只要按照規則參與活動，服務員都會免費送上一瓶小郎酒。

在此次活動中，小郎酒做足了免費行銷的文章。免費喝酒，誰能拒絕呢？這一「免費」行為提升了活動的參與度，使消費者對郎酒品牌產生好感。作為行銷大師的郎酒，精明程度不僅僅停留在送酒喝這個層面，它還在活動中植入了「發紅包」的游戲化、參與性、趣味性的功能，讓免費喝酒變得更有價值（圖3.3）。

圖3.3　2017年糖酒會小郎酒廣告截圖

　　活動期間，小郎酒準備了上萬個最高金額199元的微信紅包，消費者用微信掃描瓶身背後的二維碼，即有機會搶得紅包。活動推出後，小郎酒迅速刷屏，成為當年糖酒會的熱議話題。誰要是沒有免費喝小郎酒、搶紅包，就像沒到過成都一樣。而按照活動規則，參與免費喝小郎酒的人，通過拍圖分享朋友圈、QQ說說等形式，讓這一活動迅速刷屏社交網絡，將活動的影響力擴散到全國範圍。

（三）吸引媒體的關注度

　　互聯網的飛速發展給活動行銷帶來了巨大契機，通過網絡，一個事件或者話題可以更輕鬆地進行傳播和引起關注，成功的行銷案例開始大量出現，活動行銷的價值也得以彰顯。活動行銷作為行銷中的公關傳播與市場推廣手段，集新聞效應、廣告效應、公共關係、形象傳播、客戶關係於一體，為新產品推介、品牌展示創造了機會，有助於企業快速打響知名度。

第二節　活動行銷的類型、形式與實施步驟

一、活動行銷的類型

(一) 互動型活動

互動型活動的特徵表現為形式大眾化，潛在的參與對象多數有著相關經歷，而且需要和活動發起方針對主題進行互動交流。比如微博段子手經常發起的話題「你最想去的地方是哪裡」「你遇見的最奇葩的分手理由是什麼」等。

互動吧的成長優勢

互動吧是成立於2013年的一家互動型網站，經過5年的發展革新，已成為國內活動產業的領軍企業。目前，互動吧擁有超過7,000萬人的註冊用戶，數百萬人入駐主辦方，覆蓋全國各行各業。互動吧上活動類別非常豐富，涵蓋親子、戶外、教育、創業、交友、公益、大型論壇、行業峰會等等，每天都有數十萬人次通過互動吧報名參加各種活動。其優勢主要體現在：

(1) 智能編輯發布，零經驗寫出專業又精彩的活動方案；
(2) 智能視覺設計，讓活動海報、邀請函秀出顏值；
(3) 立體展示和傳播，讓活動人氣場場爆滿；
(4) 多維度報名/售票，徹底解決報名、收費難題；
(5) 大數據分銷統計，分析每條渠道的價值；
(6) 智能活動提醒，多渠道即時通知活動參與者；
(7) 趣味現場互動，讓活動氣氛輕鬆愉快；
(8) 高效粉絲管理，輕鬆盤活新老客戶。

(二) 獵奇型活動

獵奇型活動的特徵表現為活動內容和形式獨特、新奇甚至怪誕，用戶一看就有想要關注、參與的慾望，如2015年很火的「吳亦凡即將入伍H5」活動。

藍瘦香菇的爆紅之路

2016年，一個新的網絡流行詞語「藍瘦香菇」一夜爆紅，刷爆微博、微信、朋友圈，這則看似娛樂至死的網絡事件，在其背後實則蘊藏著一套完整的商業邏輯。任何火遍網絡的人物或產品，都離不開「品牌定制、內容策劃、製造事件、產生輿論、大V造勢、粉絲參與、引起共鳴」這個完整的產業鏈。但在這條產業鏈上，有持續優質內容輸出的才能獲得最持久的生命力。爆紅是個過程，但不是最終的結果 (圖3.4)。

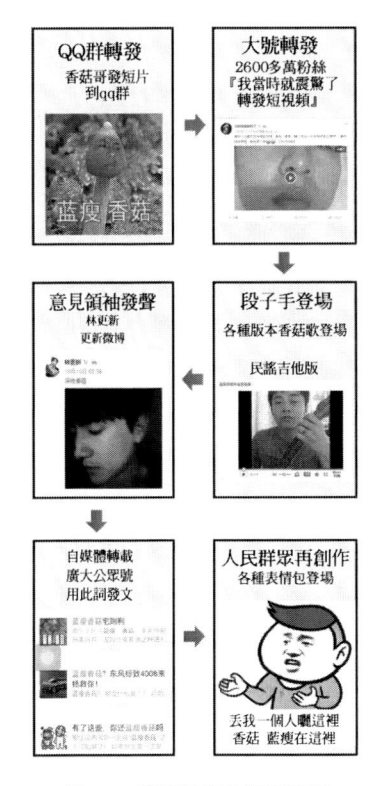

圖 3.4　藍瘦香菇的傳播路徑

（三）體驗型活動

體驗式行銷，是從消費者的感官、情感、思考、行動、關聯五個方面重新定義、設計行銷的思考方式。此種方式突破傳統上「理性消費者」的假設，認為消費者消費時是理性與感性兼具的，消費者在消費前、消費時、消費後的體驗，才是研究消費者行為與企業品牌經營的關鍵。

體驗型活動和互動型活動有一定的相似性，但互動型活動一般是參與用戶和活動方進行交流互動，而體驗型活動則是用戶在活動方創造的條件下展開體驗。

宜家在法國玩創意行銷

2014 年，為了慶祝宜家在法國的克萊蒙費朗店開張，宜家聯合當地的通信平臺 ubibene 合作安裝了一堵攀岩牆。為展現宜家的家具文化，該攀岩牆高 30 英吋（1 英吋 = 2.54 厘米，下同），岩石的構成元素有床、書架、桌椅等家具，吸引了各地的愛好者前來攀爬（圖 3.5）。

圖 3.5　法國宜家設置的攀岩牆

（四）隱私型活動

隱私型活動雖然飽受爭議，但傳播效果明顯這一特徵使很多企業對其愛恨交加。隱私型活動的關鍵是要注意分寸和尺度，如操作不當，很容易受到舉報和投訴。當然，充滿正能量的隱私活動還是很受追捧的。

隱私型活動大多與兩性話題或不便公開的內心隱晦相關。比如「洗澡洗到一半沒水了怎麼辦？」「七夕接吻大賽」「壓力釋放大賽」等。

（五）認同型活動

認同型活動抓住受眾的認同心理，在微信端相當活躍，通常以 H5 的形式出現。比如春節期間推出的「測測你今年的運勢」「今年的關鍵詞」「十年後的你將是怎樣的？」「預測你的前世」「你的朋友圈得分是多少」等。

二、活動行銷的表現形式

（一）留言回覆有禮

成都大學官微送票贏關注

成都大學官方微信公眾號在 2018 年 2 月 14 日推出了一篇文章《福利來了，大成請你看電影》，免費向全校師生送出 30 張電影票。文章發出後，吸引了全校近 2,000 名同學關注。這一活動的實施路徑為留言私信，前 30 名用戶獲得免費福利，同時在二維碼廣告頁面也提供了微信小程序「抽獎工具」的參與路徑（圖 3.6）。

圖 3.6　成都大學微信公眾號的 2018 年情人節活動推文

(二) 曬照有禮

四川 CIO 俱樂部與甲骨文公司通過新浪微博舉辦攝影大賽

2015 年 1 月，四川 CIO 俱樂部、甲骨文（中國）軟件系統公司成都分公司聯合舉辦了「牽手甲骨文正版化，尋找最美年味」第一屆攝影大賽，面向社會徵集記錄身邊美景、反應心中鄉愁的相片。獎項設置分為興趣「屌絲」組和專業大咖組，獎品豐厚，吸引了眾多參賽者。大賽採取網絡點贊投票和攝影專家評審相結合的方式進行，以在新浪微博發布博文並加入話題「甲骨柔腸 美鄉美畫」的方式進行投稿。在為期一個月的活動中，話題曝光量 11.4 萬，討論人次 1,030，吸引了全國各地 2,000 多名 CIO 的參與。大家在拍攝照片、分享年味的過程中，實現了甲骨文公司的品牌傳播以及全國 CIO 的大聯歡（圖 3.7）。

圖 3.7　大賽微博主頁截圖

（三）口令發紅包

「包你說」口令紅包的行銷價值

「包你說」小程序口令紅包開發，無論企業商家還是個人，都可以在微信語音口令紅包系統平臺輸入語音口令、紅包金額、紅包個數，一鍵支付即可生成個性化紅包海報，分享至微信好友、微信群、朋友圈，用戶只需說對設定的語音口令，即可獲得紅包（圖3.8）。

圖3.8 「包你說」語音口令紅包截圖

如果企業想通過微信語音口令紅包系統平臺做裂變式行銷，可以將語音口令設置為廣告語，並且紅包金額達到一定數值，還可在發紅包頁面點擊發布圖文廣告，並且可以加上網址，把領取紅包的用戶引流至活動頁面、商城頁面或文章頁面，讓產品和內容得到大量曝光和傳播。

（四）抽獎有禮

紅牛「二維碼紅包」圈粉無數

紅牛維他命飲料有限公司宣布，2017年在全國市場投放1.92億罐帶有實實在在「紅包」的原味型產品，總計約有1.978億元的「紅包雨」等消費者揭開拉環蓋掃碼獲取。紅牛品牌相關負責人表示，「喝紅牛，『碼』上送紅包」互動，迎合了消費潮流。紅牛公司的大動作，全面升級了產品的防偽方式，用一個二維碼實現了防偽+互動行銷+公眾號的聯結，成功圈粉（圖3.9）。

圖 3.9　紅牛 2018 年有獎促銷活動微信截圖

（五）互動游戲有獎

2015 年春晚微信搖一搖互動總量達 110 億次

2015 年 2 月 18 日，春晚直播期間，微信公布的數據顯示，除夕當日微信紅包收發總量達 10.1 億次；18 日 20:00—19 日 00:48，春晚微信搖一搖互動總量達 110 億次；春晚微信祝福在 185 個國家之間傳遞了約 3 萬億千米，相當於在地球與月球之間往返 370 萬次（取地球離月球的最遠距離 40.6 萬千米）；18 日 22:34 春晚搖一搖互動出現峰值 8.1 億次每分鐘（圖 3.10）。

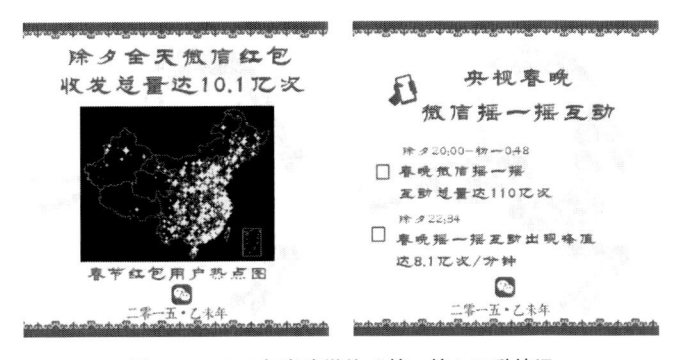

圖 3.10　2015 年春晚微信「搖一搖」互動情況

(六）病毒式 H5 互動

網易新聞畫風絕美的 H5

網易新聞為了傳播「民間手藝人」，製作了一個 H5「雍正去哪了?」這是個以畫風和互動見長的 H5，「一朝穿越回古代，卻不見，夢中思念的雍正!」「網易新聞 H5：雍正去哪兒了」，跟著小盛子穿梭在以夢幻西遊建鄴城作為背景音樂的漫畫界面中，與它一同普及民間文化藝術知識，找尋愛玩 Cosplay、愛吃爆米花的雍正聖上。聽說雍正正在徵集「中國手藝人」紀錄片，懸賞 2 萬，快來參與（圖 3.11）。

圖 3.11　網易新聞 H5《雍正去哪了?》頁面截圖

（七）用戶拉新有禮

招商銀行的拉新活動

2018 年 4 月 1 日至 4 月 30 日，推薦未持卡親友申請招行信用卡，親友在成功發卡後 30 天內激活實體卡片，推薦人即可獲得相應獎勵：

【推薦 1 人及以上】10 元搶購羅萊法蘭絨毯或 10 元換購 1,500 積分（2 選 1）；

【推薦 2 人及以上】10 元搶購 ELLE 箱包套裝或 10 元換購 3,000 積分（2 選 1）；

【推薦 4 人及以上】10 元搶購雙立人鍋具套裝或雷諾 20 寸折疊自行車或 10 元換購 5,000 積分（3 選 1）；

【推薦 8 人及以上】10 元搶購華為 nova 3e 手機或 10 元換購 10,000 積分（2 選 1）。

參見圖 3.12。

圖 3.12　招商銀行新用戶有禮活動截圖

(八) 其他形式

除了以上幾種形式，活動行銷還有投票評比、選秀比賽、微博搶沙發、徵文徵稿、用戶訪談、產品試用等形式，在此不再一一舉例。

三、活動行銷的實施步驟

活動行銷從策劃到執行，大體分為八個步驟（圖 3.13）。

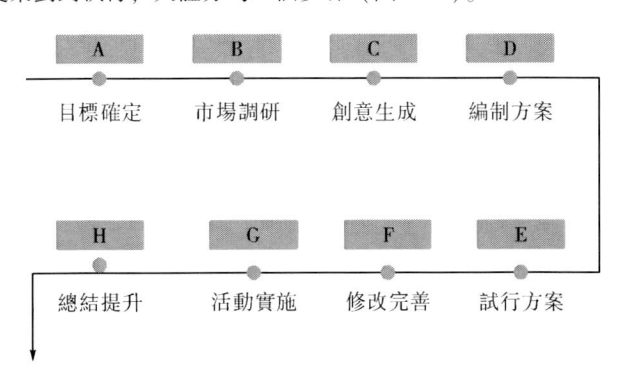

圖 3.13　活動行銷實施步驟示意圖

(一) 確定活動行銷目標

企業因為新產品上市、擴大市場份額或者清理庫存等目的開展活動行銷，那麼在活動開展前，一定要確認此次活動行銷的具體目標。這個目標不僅要具體，還要可量化，活動

行銷圍繞目標進行，才能達到預期效果。比如以新產品上市行銷造勢為目的的活動行銷，就要確認將要覆蓋的人群數量、人群細分以及行銷效果等關鍵 KPI 指標。

(二) 資料收集和市場調研

如何開展好活動？除了確定目標外，還要確定活動面向的對象，也就是目標用戶。通過充分收集數據資料對目標用戶進行細緻分析，瞭解其需求，策劃出既為用戶創造參與價值也讓企業產生商業價值的活動，這是活動行銷中的關鍵一步。

至於如何做市場調研，企業有各自不同的觀點和步驟，這裡援引微信教父張小龍的分享觀點。張小龍說，他是通過很多企業家都忽視的微博來感受用戶的潮流，瞭解用戶的需求。他認為，在微博上的用戶帖子，才是真實場景的反應。當然，這只是代表部分觀點，傳統的用戶調研一般由用戶分組（訪談對象）、訪談大綱、訪談報告（定性分析）、調查問卷、調查報告（定量分析）、調研報告（活動規劃）六個方面組成。

在掌握了大量用戶數據的基礎上形成的調研報告，能指導整個活動的策劃和執行，活動行銷就顯得遊刃有餘了。

(三) 生成活動行銷創意

創意是活動的靈魂、引入用戶的關鍵，活動行銷如果創新力度不夠，不能讓用戶廣泛地參與進來，不僅影響了行銷效果，還增加了行銷成本。在深研市場需求的基礎上，找準企業、受眾共同訴求的結合點，明確活動主題和實施環節。不論是公益活動還是商業類活動，活動主題都必須有衝擊力，並且在創意策劃階段就要對主題進行預判，讓後續活動的主題體現出延續性。活動實施環節要有針對性，以新穎獨特的創意吸引目標受眾關注，激發他們參與互動，最終實現行銷目標，這是創意的出發點和歸宿點。

(四) 編製活動行銷方案

當創意生成後，就要進入活動方案的寫作環節了。活動方案需要千錘百煉，起到承前啟後的作用：既能跟前期確定的量化目標緊密關聯，又能保證後期活動執行的過程順暢。好的活動方案，甚至可以直接帶來病毒式的傳播，為活動的宣傳預熱打下堅實的基礎。一個完整活動行銷方案應包括活動主題、宣傳文案、目標受眾、時間地點、活動流程、參與規則、人員安排、物資清單、經費預算、注意事項等內容。方案在編製的過程中，要盡量詳細、周全、具體，具備操作性和傳播度。尤其是活動的主題和宣傳文案寫作，需要精雕細琢，從用詞到內涵都得貼切、吸引人、亮點突出。

(五) 試行活動行銷方案

很多活動行銷沒有試驗運行這一環節，導致不少企業損失巨大。這和做程序需要進行測試一樣，精心製作的活動方案能否產生預期效果、是否接地氣、受眾是否喜歡，很有必要在小範圍內（或公司內部）進行測試。要確保活動行銷順利開展，取得實效，試行的步驟不能省略。

（六）完善活動行銷方案

在測試試驗的過程中，要是發現了具體操作環節與方案製作過程中存在差異的地方，那麼再次修改活動方案是必不可少的。如果方案通過測試，在實施過程中利大於弊，那麼方案繼續加以完善。如果方案經過測試預判，是弊大於利，而且也無法改進，那麼寧願放棄這一活動行銷，進入先期止損。如果形勢所需，必須實施活動行銷，那就要回到方案策劃階段，重新審視活動創意和策劃環節是否準確有效了。

（七）執行活動行銷方案

當活動方案通過上一階段改進完善後，經市場監測是完全可實施的，那麼接下來，就要按照最後執行方案來開展活動行銷了。完整、完美地執行是活動成功的保障，在這個階段要嚴格按照制訂好的方案來執行，在預算層面，也要按照預期的計劃來推進。執行階段需要全員的通力配合、上下一心，「上下同欲者勝」。活動的主要負責人還要不斷加強對活動的監督、指揮、協調和溝通，以保障活動行銷效果的達成乃至超越預期。

（八）總結提升與後續開發

在活動行銷完成後，「後行銷」是必要的。

首先是對活動的開展進行分析、總結、評估，更深入的就是復盤。復盤囊括了整個活動過程，包括準備階段、策劃階段和執行階段，逐一回顧分析：最初確定的活動目標是什麼；對照目標檢查方案執行的完整性與實效性；深入分析原因，總結經驗和教訓；為下次活動開展做有效的支撐和準備，以期提升類似活動行銷的成功率。

其次是注意活動行銷的延續性，注重活動結束後的商業開發。如果活動只在前期預熱和造勢，把活動逐步推向高潮，但之後卻再無下文，這就會造成巨大的資源浪費。成功的活動行銷應該是打組合拳，形成活動系列，通過持續舉辦活動累積品牌口碑、操作經驗與社會資源，為活動行銷提供延續的基礎。此外，完整的活動行銷除了事前策劃準備、事中組織實施，還要重視事後的價值開發。將活動的價值延伸擴展開，形成活動行銷的良性循環，這將有助於企業加強受眾黏性，提升品牌影響力。

第三節　活動行銷的創新策略

互聯網時代，市場行銷環境不斷變化，新的行銷渠道與行銷策略層出不窮，企業面臨著諸多挑戰。尤其是初創企業，大多存在行銷資源整合能力不足、行銷意識跟不上市場變化等行銷問題。如果盲目效仿大企業的活動行銷手法，不考慮自身企業情況和產品屬性，那麼試錯成本將會很高，資源浪費巨大。

當下的同質化活動很多，真正出彩的很少，雖然花費了大量資金、精力，結果卻不盡

如人意，沒有發揮出活動行銷的價值。策略性的品牌活動行銷，是和目標受眾在精神層面的互動與溝通，是對品牌核心價值的演繹和傳遞，絕不是一次性消費和簡單的促銷。因此，有效運用活動行銷的創新策略，滿足新時代的用戶變化需求，是企業實現產品銷售及品牌構建的首要任務。

一、大數據助力精準行銷

大數據對企業的重要性不言而喻，越來越多的企業開始借力數據分析的巨大商業價值，走向更廣闊的行銷舞臺。大數據行銷分析是整體取樣，綜合處理多種形態的信息，既能夠關注群體，又能夠關注個體，既宏觀又微觀。大數據應用到行銷的價值也得以體現，它能對整體行銷行為進行數據化、精準化的處理，使得行銷行動目標明確、可追蹤、可量化。不難預見，大數據應用處理將成為未來行銷市場的主流技術和推動力。

要開展有效的活動行銷，首先是確定目標受眾，充分瞭解其需求，投其所好，以吸引受眾廣泛參與。在大數據時代，誰掌握了用戶數據，誰就掌握了市場和主動權，數據的優勢就在於反應出用戶的真實行為和需求。活動前，要對用戶信息數據庫進行分析，按用戶需求、喜好、購買習慣分類，精準地覆蓋目標受眾，這是活動行銷的前提與起點。活動後，要注重數據的收集更新，分析不同受眾的數據指標，並以此為依據確定以後的活動項目，開展有針對性的活動來吸引並黏住不同圈層的用戶。

移動互聯網催生出新的消費模式，消費者行為在不斷變化，在消費者需求最高的「黃金時間」內及時展開行銷，收效最為顯著。大數據的技術手段能幫助企業充分瞭解用戶的需求，準確把握用戶心理，對活動行銷的時間、內容、形式等進行預判，有針對性地推廣行銷策略，真正施展出活動行銷在商業行銷上的作用，給企業帶來遠超以往的行銷效果。

趣多多利用大數據玩轉愚人節

愚人節因其蘊含的巨大商業潛力，成為眾多商家角逐的熱門行銷檔期。趣多多作為我們較為熟知的餅乾品牌，自身所帶的輕鬆詼諧的品牌文化屬性，正與愚人節主張的歡樂幽默態度不謀而合，這為它在愚人節的活動行銷奠定了良好基礎。趣多多從2013年愚人節運用大數據開展了一次成功的品牌行銷後，一發不可收，從「逗斯卡狂歡趴」到「趣你的無聊」，每年的愚人節重頭戲都備受關注，在用戶心中成功地建立起品牌形象，成為逗趣主張的新代言。

趣多多究竟是如何借力大數據進行活動行銷的呢？它首先利用社交大數據敏銳洞察，精準分析，鎖定18~30歲的年輕人為主流消費群體。明確目標人群後，趣多多開始聚焦於他們經常使用的主流社交和網絡平臺，如新浪微博、騰訊微博、微信、陌陌、各種社交App以及優酷視頻等。在愚人節當天，趣多多在各平臺進行集中性投放，圍繞品牌的口號展開話題，做到了即時、深入地與用戶溝通互動，使目標受眾獲得有趣的體驗，也使品牌

在最佳時機得到高頻曝光。趣多多採取網綜 IP 和互動行銷的軟性植入方式，為年輕消費群體打造了一個充滿逗趣的社交空間。在明星的號召力下，粉絲們廣泛發聲，讓趣多多的品牌關注度得到巨大提升。

2017 年的愚人節，趣多多在微博平臺上發起了新一輪的宣傳活動，用「送肖驍顏如晶上熱搜」打造了年輕人關注的熱門話題，引導受眾圍繞品牌產品深度互動，將視頻與熱搜話題串聯起來，不僅擴大了關注範圍，還衍生出形式豐富的二次創作。從互懟到鬥圖，聚焦在年輕人擅長的互動模式上，加速了這次愚人節活動的傳播，進一步深化了趣多多「一塊愚樂」的品牌主張。通過活動，趣多多以「有趣」為主題的品牌定位，得到進一步強化（圖 3.14）。

圖 3.14　趣多多 2017 年愚人節活動宣傳廣告截圖

二、擺脫困境的借勢行銷

　　初創企業和小規模企業都面臨著行銷資源與規模的劣勢，而行銷資源直接影響活動行銷成效和品牌塑造能力。因此，企業要擺脫困境，可以取巧的行銷手法，以小博大，爭取更好的行銷結果。在整合自身行銷資源的基礎上，善於借勢也是一種創新的行銷策略。大企業有著強勁的行銷資源，而中小企業在活動創新和作戰激情上有一定優勢，可與大企業形成單一角度上的互補效應。小企業借勢大企業，有助於達成活動行銷的高效性。

　　除了向平臺和大企業借勢，小企業還可以利用社會熱點借勢行銷。在網絡時代，豐富的載體讓社會熱點加速更新、傳播，特別是核心熱點，其爆發力超出想像。企業應該加強對社會熱點的關注和敏感程度，利用熱點為活動行銷的傳播助力。在借勢熱點行銷上，需要注意這幾個方面：一是熱點與活動行銷的有機結合。借勢熱點要符合行銷的基本準則和要求，不能為了借勢而借勢，這不僅失去了行銷的意義，也容易造成反效果。二是保持借勢行銷的高效性。互聯網時代下的熱點往往轉瞬即逝，抓不住勢頭，就會錯失最好的行銷機會。這要求企業提高對重要時間節點、行業、社會熱點及時謀劃的意識，以速度換結

果。三是運用好新的信息傳播模式。當受眾能夠在網絡上自由地表達意見後，一些積極活躍、善於表達觀點的人，逐漸成為多元化話語體系的中心節點，擁有眾多的追隨者。微博「大V」就是社交媒體的中心節點，他們擁有龐大的粉絲群，具有強大的號召力。在活動行銷中，企業需要關注社會網絡的中心節點，他們是群體間傳播的關鍵，利用中心節點的傳播力引曝目標受眾，能有效擴大活動的影響力。

走心的創業公司，如何玩轉借勢行銷？

Aika愛家，一家新銳的互聯網公司，以「智能宜家」作為產品定位，目標是為用戶設計精致生活。公司成立以來，在智能硬件領域累積了不錯的口碑。2017年聖誕節前夕，Aika愛家聯手甜心搖滾沙拉、熊貓傳媒、請出價、宜生到家、智車優行等公司，打造了一場充滿溫情的聖誕節活動。

活動當天，每家公司的創始人或者CEO裝扮成聖誕老人，為他們推選出的最勤奮上進的女員工頒獎，獎品就是由Aika愛家提供的、還處於眾籌階段的一款石墨烯智能披肩。當聖誕老人親手送上印有女員工姓名的披肩時，很多姑娘現場流下了感動的眼淚。活動還沒結束，深諳行銷之道的Aika愛家還推出了在線抽獎。在聖誕這一週，只要參與抽獎，就有可能獲得由生日管家、貓王收音機、老範家等創業公司提供的聖誕獎品。

Aika愛家作為初創公司，沒有足夠的資金進行傳統渠道廣告的投放，但借助此次聖誕節和其他企業共同發力，以別出心裁的活動執行贏得了受眾對初創品牌的好感。同時，在活動進程中也推動了新產品石墨烯披肩的眾籌轉化率。更重要的是，受眾通過活動瞭解到Aika愛家在黑科技方面的優勢，為下一階段產品的開發和行銷做好了鋪墊。

Aika愛家的此次活動行銷，不管是品牌宣傳，還是產品推介，都收穫甚豐，值得初創企業借鑑。相信隨著後期活動行銷的持續推進，Aika愛家這一初創品牌必將深入人心，搶佔屬於自己的目標市場。

三、引爆互聯網的社群行銷

在《認知盈餘》中，克萊·舍基曾這樣表述：「有趣的是，任何特殊團體內部關心的東西在外人眼中似乎都是毫無價值的，但對於有著共同興趣愛好的團體內部成員來說，其他人眼中不值得花時間去考慮的東西卻是他們最在意的東西。」這形象地說明了有著相同興趣的人可以集合成一個群體，這就是移動互聯網時代的行銷熱點——「社群」。

互聯網社群，是以共同愛好、價值觀、利益點聚合於網絡上的圈子，有QQ群、微信群、論壇、線上俱樂部等具體的承載形式，有的還延伸至線下互動。網絡社群行銷，是基於圈子、人脈、社交網絡產生的行銷模式。如「成都圈層」微信公眾號，就是以「把社群的興趣圈打造成為消費家園」的理念而建立的。它依據圈層成員的自有生態，採用會員機制，形成了麗人類、茶語咖啡類、基礎服務類、高品質生活類四大類企業端的細分組

織，並集中開發了圈層的微商城，為會員提供商品交易和展示的集中平臺。同時，結合圈層的特性即時推出和成都相關的政策解讀、行業資訊、地域文化等文章，強化圈層的價值，使得成都圈層的價值得到最大延伸。

作為網絡時代新型的行銷法則，社群深受企業青睞，但社群的閉環特性及強力的互動參與能力決定了其行銷路徑的不同。因此，社群行銷提出了新的4C法則：在適合的場景（Conditions）下，針對特定的社群（Community），通過有傳播力的內容（Content）或話題，利用社群的網絡結構實現人與人之間的連結（Connection），加速信息的擴散與傳播，以獲取有效的商業傳播及價值（圖3.15）。

場景 ＋ 內容 ＋ 社群 ＋ 人與人連接 ＝ 新4C

圖3.15　新4C法則示意圖

活動行銷可以將場景、社群、內容整合起來，有利於品牌與社群積極互動，吸引社群持續關注，在促進社群文化建設的同時達到行銷目的。參與性強、影響力大的活動不僅能為企業吸納人氣、增加產品銷量，還有助於企業樹立品牌，為他們營造良好的外部環境，搭建起公關平臺。

中小企業以社群行銷模式構建自身的行銷體系，有助於實現以用戶為中心反推產品銷售，不斷提升產品與用戶之間的關聯度，加速推進產品的持續更新。在手機市場異軍突起的小米就是創新行銷模式的代表企業。小米手機在企業規模尚未成型時，將發力點放於用戶本身，關注用戶的需求和痛點，持續加強與用戶的溝通，及時回應用戶反饋。這種以滿足用戶作為產品輸出的核心準則，使得用戶對企業品牌的認知不斷深化，從單一的產銷關係上升到產生共同價值觀，形成情感共鳴。用戶成為「米粉」，小米社群進一步壯大和成熟，真正實現對品牌的高黏度和高品牌忠誠度。

在移動互聯網時代，社群經濟被推上風口浪尖。對企業而言，建立社群很簡單，關鍵是如何讓社群充滿活力，如何讓社群營運與產品有效連結起來。社群行銷對很多企業來說仍是未知的挑戰。

大V店的行銷創新

伴隨電子商務和移動互聯網的發展，垂直細分領域的電商企業對社群行銷尤為重視。大V店，北京果敢時代科技有限公司（簡稱MAMA+）旗下的主打產品，定位為媽媽社群電商。從2014年開始，大V店深耕媽媽社群，通過線上教育、線下活動等方式，著力解決媽媽們面臨的職場、社交、育兒等問題。大V店以讓媽媽輕鬆開店、相互學習為服務宗旨，讓更多的優秀媽媽聚集到一起。經過一年的迅猛發展，大V店擁有了上百萬粉絲，日

活躍用戶達五十萬人次，月交易額超過千萬元，在媽媽群體中形成了良好口碑，大 V 店成為目前國內媽媽創業、社交、購物的首選平臺。在社群建設方面，大 V 店也是成效顯著，已建立起 300 個全國 V 友會，主要以媽媽及年輕家庭為主，規模達百萬以上。為了增加社群黏性，大 V 店還開設了「媽媽課堂」線下活動，目前已在全國開課 500 期，很受歡迎（圖 3.16）。

圖 3.16　大 V 店 App 截圖

大 V 店的目標是讓媽媽和自媒體人實現輕鬆賺錢，為什麼它將目標人群鎖定為媽媽群和自媒體人呢？可以從三個方面來分析：首先，發揮移動端的碎片化時間價值。移動化和碎片化是移動互聯網的最大屬性，對於微商而言，用戶碎片化時間的抓取直接影響產品銷售的好壞。而媽媽們和自媒體人有更多的時間進行微店營運。其次，解決了微商的公信力問題。「大 V 店」的定義就是聚集某些行業或領域知名度高、影響力大的人，由此發展用戶、吸引粉絲。自媒體屬性的媽媽們，無疑是用公信力影響粉絲的最佳代表。俞敏洪等人在大 V 店成立之初就投資 300 萬元，正是對其優勢的覺察和認可。最後，用人格來傳播和推廣品牌。信用問題解決了，下一步就是品牌累積。自媒體平臺在累積粉絲的過程中，忠實粉絲會逐步轉化為潛在用戶，這正好與「大 V 店」的目的契合，加上有人格擔保，品牌和口碑效應很快就能體現出來。

大 V 店成功背後的驅動力，正是社群的高附加值，通過精準地定位目標人群、分析消費者的需求、有影響力的口碑傳播進行微商行銷的創新。對母嬰電商來說，流量時代已經過去了，社群經濟才是新的模式變革。

四、火爆的 O2O 行銷

說到互聯網時代的創新行銷，O2O 無疑是火爆的概念，沒有一個企業會否定 O2O 屬性。O2O 是線上與線下互動的一種行銷模式，其理想狀態是全渠道、全投入，無所謂線上

線下，根據顧客體驗要求而定。互聯網企業與傳統企業不同的是，產品售出後，商家與用戶的關係不是終止，而是真正開始。小米打造的社群營運也建立在O2O模式上。在還沒有足夠的資源投放廣告時，小米就嘗試自己開發媒體平臺，開創了小米論壇。在線下回應的還有同城會，小米官方每隔一兩週就會舉行一次線下同城會。小米粉絲都知道，小米熱衷於造節，如「米粉節」，以此加強與粉絲的互動，增加其黏性。小米公司最大的創新點是運用O2O模式完成「去渠道化」，由此創造出一種獨特而嶄新的商業模式，構建起自身的商業生態圈，也獲得了豐富的商業價值。

再來看看以樂友為代表的O2O模式運用。樂友的發展軌跡體現出清晰的戰略規劃。從2001年北京的第一家實體店「樂友孕嬰童」開始，樂友開啓了連鎖店模式。2014年，樂友率先啓動O2O電商戰略，打出了連鎖店與網店相結合的全渠道經營大牌。到2015年，在實體店增加海淘和智能產品體驗專區，為用戶提供充滿科技感的人機互動購買體驗服務。目前，樂友通過線上流量數據擴充線下產品線，同時依託線下門店資源促進線上交易，形成閉環，加強O2O佈局，產生了較好的營運效應。O2O模式的具體操作方式有很多，例如獨立B2C+門店、線上工具+線下實體、微商+門店，還有普遍的線上社區+線下活動，以及常見的線下購物+網絡移動支付。可見，虛擬經濟與實體經濟的融合已是大勢所趨，線上以線下落地，線下以線上傳播，線上線下共生共贏才是企業的生存法則。

初創企業在活動行銷的組織中，可以遵循線上優於線下，但不能拋棄線下的原則。線上端的活動組織成本低、流程簡單、操作容易，對於初創公司來講可謂高性價比。然而，一味進行線上活動是行不通的。在適當的時間、場景推出線下活動非常必要。比如，可以每月、每週、每日的活動在線上端開展，年終推出一個老客戶回饋交流的線下活動，一是對全年行銷活動進行總結，二是拉近和用戶的距離，讓企業品牌真實可感。

在活動行銷中，初創企業還要遵循免費優於付款但不能放棄付款行銷的原則。因為初創企業行銷經費有限，可以優先考慮採用免費的QQ行銷、微信行銷、論壇行銷、郵件行銷等線上社會化媒體（SNS）行銷的途徑，同時結合線下端的引流，比如開辦各種經驗交流分享會、技術沙龍等形式，讓線上線下有效融合。在付費推廣層面，根據活動的特性及行銷推廣經費的情況，可以選擇採用CPC、CPS、CPM三種形式的其中一種或者多種有效組合，以拓寬活動的影響力和參與度。

五、跨界共享的整合行銷

隨著物質生活的極大豐富，消費已由簡單的商品買賣上升為整個消費過程的價值體驗，消費者的個性化需求和情感需求被不斷放大。在逐漸盛行的以用戶為中心的行銷時代，跨界行銷可謂應運而生，成為企業行銷推廣的一把利器。以用戶需求為導向，以活動作為載體，通過跨界連接加深品牌與消費者的溝通互動，能為企業帶來新的商業機遇。

通過行銷資源的整合進行品牌關聯、資源共享、用戶共享，建立起多渠道、多維度的行銷推廣方式，發揮品牌強強聯合的協同效應。對缺乏行銷資源的中小企業和初創企業來說，與更多品牌的跨界行銷是行銷模式的創新，既有助於控制成本，也容易取得實效。但跨界行銷的實施，應該基於正確的認識。跨界行銷的本質在於品牌關聯和資源互補。品牌關聯，強調品牌屬性、基調的統一性和品牌定位的匹配度，只有關聯的品牌匹配度高、相對統一，才能確保跨界行銷的合作效率與執行效果。資源互補，涉及企業的產品特性、傳播渠道、銷售渠道、用戶類型等多方資源的均衡和整合，這是資源跨界的基礎。

　　跨界行銷通過行業間、品牌間的相互滲透和相互融合，加強了品牌的立體化、縱深感，有助於用戶對品牌從被動接受轉為主動認可，在有效解決品牌與用戶融合問題的同時，也大大提升和增強了合作企業的品牌形象和傳播力。因此，跨界行銷已被越來越多的企業認同，並積極付諸實踐。

意想不到的跨界合作

　　跨界，已成為國際最潮的字眼。近期，運動品牌 PUMA 攜手知名口紅 M·A·C，進行了一次意想不到的跨界合作，為 PUMA Suede 鞋型推出了 50 週年的慶生禮物。該系列以 M·A·C 口紅的三個熱門色號 Crème d'Nude、Lady Danger 和 Sin 為靈感，打造出對應的鞋款，這樣獨特又時尚的色調很容易引起女性鞋迷的共鳴。優質的麂皮鞋面與柔軟的皮質內襯搭配呈現，帶來不俗的高檔質感，鞋後跟處的塗鴉元素有著將口紅塗開的效果，玩味十足。據稱，這個系列將於 2018 年 5 月 17 日在美國 PUMA 獨家線上商店和指定店內發售，而且是限量發售。物以稀為貴，聯名鞋還未面世，就已得到潮流玩家們的熱捧。望塵莫及的網友們還「P」出了各種配色的同款鞋，把這次聯名發售炒得相當火熱（圖 3.17）。

圖 3.17　PUMA 與 M·A·C 聯名發售的潮鞋

　　其實兩家品牌都在聯名領域做得如魚得水。M·A·C 在 2017 年最出名的聯名莫過於和 Nicki Minaj 合作的口紅，超高人氣的「麻辣雞」自然帶動了聯名產品的火爆。以往 PU-

MA 的聯名款賺足了粉絲的眼球，尤其是被「大表姐」帶貨後，更是人氣暴漲，美到仿佛開掛，完全顛覆了運動品牌的製作。再就是 2016 年超級紅的 PUMA & Rihanna 聯名款。作為 PUMA 女子系列創意總監，蕾哈娜在音樂和時尚方面特立獨行，熱衷於日本街頭文化，她將這些特質巧妙融合在 PUMA 的運動風格設計中，打造出 FENTY PUMA BY RIHANNA 系列，宣揚了性感無畏的生活態度。

六、適時使用活動行銷工具

新形式的活動行銷不僅需要創意策劃，還需要得心應手的輔助工具。比如在調查階段，可以使用「大數據導航」掌握企業自身、對手和行業的相關情況；在創意階段，可以使用「百度腦圖」等便捷的方案編輯工具；在製作階段，可以使用「石墨文檔」等簡單高效的團隊文檔協作工具；在執行階段，可以使用「易企秀」等 H5 活動頁面製作工具。

除了上述的諸多階段性操作工具，企業還可以重點關注目前國內已有的「活動樹」「活動盒子」這些活動行銷工具，它們能為活動提供高效的數字化管理平臺，幫助企業簡化活動流程，更便捷、高效地收集數據，打造出「線上集客—線下體驗—線上分享」的完整行銷流程。

「活動樹」是先進的活動管理平臺，它能為活動提供受眾報名參與的入口，為企業微信公眾帳號搭建專屬活動頻道，便於直接向目標受眾推送活動信息，受眾也能通過頻道直接反饋活動感受。在活動現場，活動樹平臺能記錄下參與者的電子簽到情況，參與者還可以使用手機參與投票、內容分享、調查問卷、抽獎等活動環節。此外，活動樹能讓企業掌握所有活動信息及數據，提供用戶屬性及參與活動情況的分析，幫助企業瞄準活動中的意見領袖，有效實施社群行銷策略。

「活動盒子」是一款基於用戶數據分析的精準、高效、點對點的活動營運工具，有助於企業實現活動營運的數據化、精準化、自動化，提高活動行銷價值。活動盒子通過數據驅動開展目標受眾統計分析和活動對象細分推斷，幫助企業找尋活動行銷的突破口，為企業提供自動化行銷解決方案的服務。

目前，中國活動行銷工具還處於開發階段，相信隨著互聯網技術的發展和活動行銷模式的完善，活動行銷工具的科學性、實用性會越來越強。

◇ 創業問答 ◇

Q：如何確定活動行銷的參與用戶群體？
A：關鍵是確定具體活動的目標人群，分析預判哪些人更有可能參與這項活動，這樣

才能針對目標用戶進行活動預熱宣傳。比如小米的活動，基本都在微信、微博和社區論壇中造勢傳播，因為它的活動對象都是為發燒而生的年輕人，而上述渠道正是年輕群體的集聚地。

Q：活動最好採用什麼樣的互動模式？

A：怎樣和用戶互動，取決於活動規則的設置。規則設置要根據活動主題來確定，主要滿足兩個要求：簡單、有趣。簡單就是以最直接、便捷的方式讓用戶參與到活動中來，簡化參與步驟，避免用戶流失。有趣的活動才有吸引力，抓住了用戶的興趣點，就能引起用戶的強烈關注，產生積極互動。

◇ 關鍵術語 ◇

活動行銷：簡單說就是圍繞活動而展開的行銷，以活動為載體和手段，充分融入產品信息，以吸引目標消費群體關注，最終使企業獲得品牌的提升或者產品銷量的增長。

KPI 指標：關鍵業績指標（Key Performance Indication），是衡量流程績效的一種目標式量化管理指標。KPI 是現代企業中受到普遍重視的業績考評方法。

社群行銷：社群是建立在互聯網基礎上的新型人際關係，是以社交化為基礎，依據人們的興趣愛好、人生價值觀等建立起來的圈子。比如喜歡金融的在一個社群，同是某個行業的老板在一個社群。在商業上，社群有著重要意義，由此引發的商業行為，就是社群行銷，社群行銷實現了社群的商業價值。

圈層：一種逐漸興起的潮流文化，如今已經被當成投資，越來越多的企業家、企業高管、成功人士加入高端的商務圈層，它能為加入圈層的人帶來更多的價值，以及事業和生活上的種種收穫。

O2O：Online to Offline（在線離線/線上到線下），是指將線下的商務機會與互聯網結合，讓互聯網成為線下交易的平臺，這個概念最早來源於美國。O2O 的概念非常廣泛，既可涉及線上，又可涉及線下，可以通稱為 O2O 模式。

跨界行銷：指根據不同行業、不同產品、不同偏好的消費者之間所擁有的共性和聯繫，把一些原本毫不相干的元素進行融合、互相滲透，進而彰顯出一種新銳的生活態度與審美方式，並贏得目標消費者的好感，使得跨界合作的品牌都能夠得到最大化的行銷。

H5：Html5，是萬維網的核心語言、標準通用標記語言下的一個應用超文本標記語言（HTML）的第五次重大修改。

CPC：Cost Per Click，是指在網絡推廣過程中，平臺按照用戶點擊次數進行收費的模式。

CPS：Cost Per Sale，是指按照實際的銷售收入支付銷售提成費用的模式。

CPM：Cost Per Mille，是指按照每千人看到或聽到廣告的量進行付費，計量單位為每千次瀏覽單價。

◇ 本章小結 ◇

活動行銷以活動為載體，使企業獲得品牌提升和銷量增長。在移動互聯網時代，用戶已成為市場行銷環境中最重要的一環。吸引用戶廣泛參與，與用戶直接、快速、有效地溝通，是活動行銷成功的保障。

活動行銷的類型豐富，表現形式各有不同，企業在活動營運中要根據用戶需求，以目標為導向選擇最佳的活動方案，從準備、策劃、執行到復盤，系統籌劃，嚴格執行。活動行銷是企業的行銷必修課，在創業中要恰當使用活動行銷策略，提高創業的成活率。

◇ 思考 ◇

1. 在活動行銷的時間選擇上有什麼考量？
2. 創業公司怎樣實現低成本、高曝光的活動行銷？
3. 請選擇兩三種適合的行銷形式開展一次行銷活動。

第四章　競爭對手監測與品牌傳播

◇ 學習目標 ◇

學習完本章後，你應該能夠：
- 瞭解競爭對手監測的內容和角度
- 瞭解品牌傳播的特點和方式
- 制訂基於競爭對手監測和品牌傳播的行銷實施方案

本章課件

◇ 開篇案例 ◇

會稽山黃酒在上海市場的競爭對手監測與品牌突圍

　　會稽山紹興酒有限公司的前身是乾隆年間的雲集酒坊，公司年產黃酒 8 萬噸，其中紹興黃酒 6 萬千升，成為國內最大的黃酒生產經營企業之一。公司生產的紹興黃酒是國家首批地理標志保護產品，目前已經形成純正、國標、國宴等十大系列高中低檔上百個規格品種。

　　會稽山黃酒於 2003 年進入上海市場。為加快實現銷量和品牌影響力的匹配，建立市場地位，公司收購兼併了上海佳惠實業公司並成立會稽山上海實業有限公司，佈局上海各大商場和超市、餐飲渠道。由於企業體制、機制等方面原因，加之內部管理和人員培訓的問題，會稽山黃酒在上海市場銷售收入一直處於低迷狀態，難以取得有效突破，特別是品牌影響力、產品結構、渠道能力、公司治理等方面，面臨較大挑戰。

　　2010 年，江、浙、滬以占全國約 12% 的人口創造了全國約 21% 的 GDP，在區域經濟重心的帶動下，黃酒行業市場空間不斷擴大。根據 2011 年行業銷售數據，會稽山位居行業第三位（表 4.1）。

表 4.1　　　　　　　　　　　2011 年品牌黃酒銷售數據

	古越龍山	金楓酒業	會稽山	其他企業	行業合計
行業排名	1	2	3	—	—
銷售收入（億元）	12.46	10.42	10.00	85.06	117.94
銷售收入所占比例	10.6%	8.8%	8.5%	72.1%	100%

上海是中國黃酒消費量最大的城市，市場容量達 20 萬千升，年銷售額達 18 億元以上，占全國總銷量的 16% 以上，而且是高端黃酒的主要消費市場，歷來成為各大黃酒必爭之地（表 4.2）。

表 4.2　　　　　　　　2012 年上海市場會稽山及競爭對手銷售分析

	古越龍山	金楓酒業	會稽山	其他企業	合計
上海地區銷售收入(萬元)	35,000	90,000	6,100	48,900	180,000
銷售區域占比	19.4%	50%	3.3%	27.3%	100%

根據 2011 年統計數據分析，會稽山在全國市場的份額為 8.5%，與目前上海市場兩大競爭對手古越龍山和金楓酒業差別不大，但是會稽山 2012 年在上海的銷售占比僅 3.3%，與最大競爭對手差距巨大。上海市各類酒類終端銷售終端有 35,200 家，其中 A 類餐飲終端 1,200 家，占 3.4%，B、C 類餐飲終端 8,800 家，占 25%，便利終端 25,200 家，占 68.8%，大型商場和超市 986 家，占 2.8%（圖 4.1）。

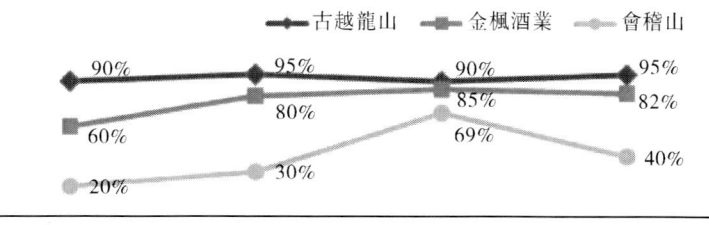

圖 4.1　2011 年上海市場黃酒三大品牌各終端的銷售覆蓋率

會稽山黃酒在上海綜合市場覆蓋率較低，與主要競爭對手存在較大差距。造成覆蓋率低的原因，主要是會稽山分銷體系沒有打開，加之品牌影響力較弱，有的餐飲終端即使進場，由於動銷速度緩慢，退場較多，這種狀況與會稽山黃酒行業前三的企業地位不相匹配。

思考：1. 請分析會稽山、古越龍山、金楓酒業目前的產品線和價格戰略差異。
　　　2. 請查閱資料，分析總結會稽山與競爭對手的差異化戰略。
　　　3. 你認為會稽山要實現品牌突圍，行銷策略應該如何制定？

◇ 思維導圖 ◇

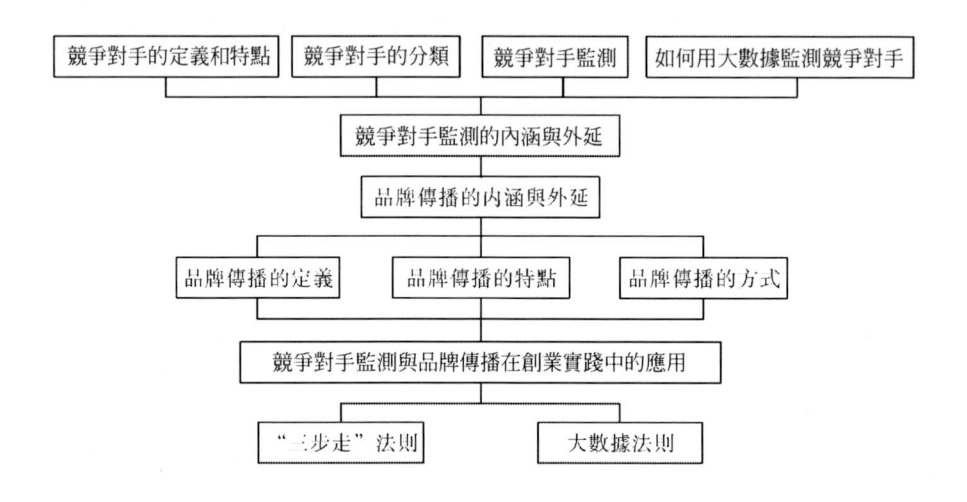

```
┌─────────────┐  ┌─────────────┐  ┌─────────────┐  ┌──────────────────────┐
│競爭對手的定義和特點│  │ 競爭對手的分類 │  │  競爭對手監測 │  │如何用大數據監測競爭對手│
└─────────────┘  └─────────────┘  └─────────────┘  └──────────────────────┘
                        │
              ┌───────────────────┐
              │ 競爭對手監測的內涵與外延 │
              └───────────────────┘
                        │
              ┌───────────────────┐
              │  品牌傳播的內涵與外延  │
              └───────────────────┘
                        │
        ┌────────────┬──┴─────────┬────────────┐
        │ 品牌傳播的定義 │ 品牌傳播的特點 │ 品牌傳播的方式 │
        └────────────┴────────────┴────────────┘
                        │
         ┌───────────────────────────────┐
         │ 競爭對手監測與品牌傳播在創業實踐中的應用 │
         └───────────────────────────────┘
                        │
                ┌───────┴────────┐
              "三步走"法則        大數據法則
```

◇ 本章提要 ◇

《孫子兵法》有云：「知己知彼，百戰不殆。」「商場如戰場」，在信息時代的競爭格局已經不是廣告戰術、人海戰術等粗放式、低效能的經營模式，「一招鮮」的經營方式在新經濟時代已無立足之地。企業間的競爭已經升級為供應鏈之間的競爭，如何充分發揮「一個頭腦（互聯網思維的頭腦）、兩個工具（大數據和雲計算）」的作用，在新經濟、新模式、新技術時代提升企業品牌知名度、美譽度和忠誠度，本章將通過理論講解、案例分析和創業問答系統學習競爭對手監測和品牌傳播的相關知識。

第一節　競爭對手監測的內涵與外延

大數據時代，我們依然還會看到有些現代企業找錯競爭對手，把對方看成假想敵：中國移動曾在很長一段時間視中國聯通、中國電信為自己的競爭對手，後來才發現最大的競爭對手是騰訊；有些汽車品牌把賓利、瑪莎拉蒂等視為競爭對手，殊不知敵我雙方的戰場根本就沒在一個地方。如今，企業間的競爭更加公平、公開、公正，同時也潛藏著許多看不見的競爭對手，一旦他們制訂好周密的作戰方案，可能雙方還未正式交兵，戰爭就已經結束了……

一、競爭對手的定義和特點

（一）競爭對手的定義

誰是你的競爭對手？競爭對手就是和你搶奪各種資源的那些人或組織。其中對資源掠奪性最強的人或組織就是核心競爭對手。資源的涵蓋範圍非常廣，包括生產資源、人力資源、顧客資源、資金資源、人脈資源等，角度不同競爭對手就不同。

競爭對手是指在某一行業、領域或相近的市場中，擁有與你相同或相似資源（包括人力、資金、產品、環境、渠道、品牌、智力等資源）的個體或組織，並且該個體或組織的目標與你相同，做出的行為會影響你的利益。從目標客戶群的角度來看，所有與本企業爭奪同一目標客戶群的企業都可視為競爭對手，但事實上只有那些與企業勢均力敵、有能力與本企業抗衡的競爭者才是真正的競爭對手。

對企業而言，競爭對手通常也稱為市場競爭者，廣義的競爭者是來自多方面的，企業與其供應鏈上下游之間，都存在著某種意義上的競爭關係。

（二）競爭對手的特點

對企業而言，找到競爭對手不難，但找準競爭對手不易，那麼競爭對手有哪些特點呢？

1. 多樣性

競爭對手的呈現形式具有多樣性，例如接下來在競爭對手分類部分我們就要講到，根據不同的分類方式，其呈現的形式也不盡相同。

2. 區域性

由於企業的市場佈局有線上線下。線上有不同的平臺，線下有不同的區域，所以競爭對手也具有區域性，因為沒有任何一家企業會把自己的市場佈局到線上的所有平臺和線下的所有區域。

3. 變化性

由於消費需求隨時隨地都在發生變化，市場同樣也會受到影響，參與市場競爭的企業也會對自己的業務做出調整。有可能目前你們是競爭對手的關係，接下來還會成為戰略夥伴的關係。

二、競爭對手的分類

（一）根據競爭對手的出現時間分類

按此標準，競爭對手可分為現實的競爭對手和潛在的競爭對手。其中現實的競爭對手又可分為直接競爭對手、間接競爭對手和替代性競爭對手。

（1）直接競爭對手：本行業、產品相同、目標客戶群相同的競爭對手。

（2）間接競爭對手：相關行業、產品相似、目標客戶群相同的競爭對手。

（3）替代競爭對手：其他行業、替代產品、目標客戶群相同的競爭對手。

（4）潛在競爭對手：一是行業相關者，包括橫向產業相關者、提供大致產品或服務的企業、縱向產業相關者（上下游企業）；二是非行業相關者，他們本身擁有強大實力，受到利潤的誘惑，加入競爭者的行列。

判斷現實的競爭對手比較容易，其主要是指行業內或相關行業那些旗幟鮮明的競爭對手。判斷潛在的競爭對手則比較困難，其威脅性也更大（有時甚至是致命的）。因此，判斷潛在競爭對手就顯得特別重要。潛在競爭對手可以參照其他信息從下列公司中識別出來：不在本行業，但不費力氣就可以進入的企業；進入本行業可以產生協同效應的企業；其戰略的延伸必將導致加入本行業競爭的企業；可能發生兼併或收購行為的企業。

（二）根據競爭對手的市場定位分類

按此標準，競爭對手可以分為以下幾類：

品牌競爭者：企業把同一行業中以相似的價格向相同的顧客提供類似產品或服務的其他企業稱為品牌競爭者。如電視機市場中，生產三星電視、長虹電視、創維電視等企業之間的競爭關係。品牌競爭者之間的產品相互替代性較高，競爭非常激烈，企業會因為搶奪市場打價格戰，導致行業走向「微利時代」，各企業均以培養顧客品牌忠誠度作為爭奪顧客的重要手段。

行業競爭者：企業提供同種或同類產品，但產品規格、型號、款式不同的企業稱為行業競爭者。所有同行業的企業之間存在彼此爭奪市場的競爭關係，如個人電腦與商用電腦的生產企業、山地車與城市車的自行車廠家之間的關係。

需求競爭者：提供不同種類的產品，但滿足和實現消費者同種需求的企業稱為需求競爭者。如航空公司、長途汽車公司都可以滿足消費者外出旅行的需要，當火車票價上漲時，乘飛機、坐汽車的旅客就可能增加，相互之間爭相滿足消費者的同一需求，呈現出此

消彼長的關係。

消費競爭者：提供不同產品，滿足消費者的不同願望，但目標消費者相同的企業稱為消費競爭者。如很多消費者收入水準提高後，可以把錢用於旅遊，也可用於購買汽車，或購置房產，因而這些企業間存在相互爭奪消費者購買力的競爭關係，消費支出結構的變化，對企業的競爭有很大影響。

（三）根據競爭對手的市場地位分類

按此標準，競爭對手可以分為以下幾類：

市場領導者：在某一行業市場上佔有最大市場份額的企業。大多數行業都存在一家或幾家市場領導者，我們稱之為「寡頭」，他們處於全行業的領先地位，其一舉一動都直接影響到同行其他廠家的市場份額，他們的行銷戰略成為其他企業挑戰、仿效或迴避的對象。如軟飲市場的領導者可口可樂、日化市場的寶潔、微波爐市場的格蘭仕、手機市場的蘋果等，市場領導者通常在產品、價格、渠道、促銷等方面處於主宰地位，市場地位是在競爭中形成的，但不是固定不變的。

市場挑戰者：指在行業中處於次要地位但又具備向市場領導者發動全面或局部攻擊的企業。如百事可樂是軟飲市場的挑戰者，聯合利華是日化市場的挑戰者，美的是微波爐市場的挑戰者，三星和華為是手機市場的挑戰者。市場挑戰者往往試圖通過主動競爭提高市場佔有率和增長率。

市場追隨者：指在行業中居於次要地位並安於次要地位，在戰略上追隨市場領導者的企業。在現實市場中存在大量的追隨者。在技術方面，它不做新技術的開拓者和率先使用者，而是做學習者和改進者。在行銷方面，不做市場培育的開路者，而是搭便車，以減少風險和降低成本。市場追隨者通過觀察、學習、借鑑、模仿市場領導者的行為，不斷提高自身技能，不斷發展壯大。

市場補缺者：多是行業中相對較弱小的一些中、小企業，它們專注於市場上被大企業忽略的某些細小部分，在這些小市場上通過專業化經營來獲取最大限度的收益，在大企業的夾縫中求得生存和發展，對滿足顧客需求起到拾遺補闕、填補空白的作用。市場補缺者通過生產和提供某種具有特色的產品和服務，贏得發展的空間，甚至可能發展成為「小市場中的巨人」。

三、競爭對手監測

企業在經營管理過程中會發現競爭對手的銷量突然暴增，給自己來個措手不及。如果不仔細分析，完全不知道競爭對手做了什麼。隨後企業會採取相應的應對和補救措施，但結果往往不盡如心意。可見如果缺少對競爭對手監測，很有可能到嘴邊的「肉」被搶走了，還未能及時捕捉到市場競爭變化的信息。

（一）競爭對手監測的定義

競爭對手監測，是對和本企業相關的競爭對手企業信息和數據進行全面匯總，進行前瞻性預判，從而為本企業的發展提供有益參考的整個過程。競爭對手監測需要明確以下幾個問題：誰是你的競爭對手，競爭關係如何，競爭實力如何。

（二）競爭對手監測的內容

1. 監測競爭對手的戰略目標

企業要長期關注並監測競爭對手的戰略目標，因為監測競爭對手的戰略目標可以預判競爭對手的發展方向。例如競爭對手缺少對蘋果戰略目標的長期監測，蘋果公司從第一次收購開始，就會關注那些可以盡快融入自己產品線的小公司，截至 2014 年，蘋果共進行了 66 次不同的收購：1997 年以 4 億美元收購 NeXT，然後將技術核心嫁接到我們現在熟知的 OS 和 IOS 系統；2002 年以 3,000 萬美元收購 eMagic，使用其音樂軟件和音頻編曲技術開發數字音頻工作站 GarageBand 軟件，這個軟件就是現在 iLife 套件的一部分；2010 年，收購專門從事人工智能研究的 Lattice Data，最終我們看到了 Siri 首次被應用在 iPhone 4S 中；2013 年收購以色列 3D 傳感技術公司 PrimeSense，然後將其融入 3D 面部識別技術。

蘋果的歷次收購讓很多行業競爭者經歷了三個階段：看不起、看不懂和跟不上。首先是看不起，對蘋果高價收購一些小企業嗤之以鼻、不屑一顧；然後是看不懂，收購完成之後看不懂蘋果對技術和產品轉化、整合、融入的戰略意圖；最後是跟不上，競爭對手在蘋果技術壁壘和商業模式確立後已經跟不上其發展步伐。

2. 監測競爭對手的戰略途徑

企業要隨時監測競爭對手的戰略途徑，因為企業的戰略途徑是通過具體方法和結果呈現出來的。從行銷戰略的角度來看，例如本田以小型汽車切入美國市場，提供盡可能多的小型汽車產品型號，提高產品吸引力，在小型汽車站穩腳跟後再向大型車市場滲透；在新產品開發上，建立摩托車新形象，使其與哈雷戴維森粗獷的風格相區別，最終大獲成功。從產品戰略的角度來看，例如農夫山泉最開始以弱鹼性的礦泉水主打健康牌深入人心，在礦泉水市場一直以單一產品與其他企業競爭，在競爭對手毫無防備的時候，農夫山泉先後推出農夫果園、水溶 C100 等果汁飲品，搶奪果汁飲料市場，隨著消費者個性化需求的變化，隨後又推出神奇的東方樹葉、打奶茶、嬰兒水等產品，當競爭對手發現農夫山泉的產品線佈局的時候紛紛上馬對應產品，然而農夫山泉則通過與 G20 杭州峰會的合作，推出 G20 杭州峰會指定用水和果汁產品進一步拉高品牌定位。至此，農夫山泉實現了從純淨水到果汁、從茶飲到功能性飲料的健康產品全覆蓋，並輔之以尋找水源地、形象宣傳片、保護自然紀錄片等形式進一步鞏固其市場領導者地位。

3. 監測競爭對手的戰略能力

企業要長期監測競爭對手的戰略能力，因為戰略目標實現都是以企業能力為基礎，這

涉及企業如何規劃自己的戰略以應對競爭。如果企業本身具有競爭優勢，則不必擔心發生衝突。如果企業本身缺乏甚至沒有競爭優勢，那麼企業只能做如下四種戰略選擇：跟隨、轉移、合作或者退出。

所謂跟隨是指企業不觸怒競爭對手，甘心做一個跟隨者，爭取「大河水滿小河滿水」的狀態；所謂轉移是指企業可以轉移到次級市場，不跟競爭對手在主戰場打持久戰和對抗戰，採取迂迴作戰的策略主攻競爭對手的薄弱環節；所謂合作是指企業被競爭對手收購，成為競爭對手的命運共同體，共同發展，實現資源共享、風險共擔、利益共分；所謂退出是指企業在全線或者所到之處皆不能和競爭對手抗衡，只有退出該競爭領域，尋求其他發展機會。

（三）競爭對手的監測角度

競爭對手的監測角度最好從產品與市場出發，這樣既能夠對標競爭對手產品或服務，又能夠看到產品或服務在市場上是否是彼此的競品，如果產品與市場兩個方面的相似性和替代性很高，那麼這個企業就是自己的競爭對手。

1. 從所屬行業的角度監測競爭對手

除開完全壟斷市場，其他三類市場（完全競爭市場、寡頭壟斷市場、壟斷競爭市場）都會存在競爭對手，各企業通過向市場提供產品或者服務參與市場競爭，這些產品或服務具有相似性和較高的替代性。例如家電行業、飲用水行業、服裝行業、巧克力行業等。由於價格槓桿的影響，當一種商品的價格發生變化，很有可能會影響企業自身或者其他企業產品的定價策略或銷售業績。例如，洗衣液作為日常生活用品價格普遍上漲，消費者可能會更多地選擇洗衣粉，如果一家企業的洗衣液價格上漲，那麼消費者可能會選擇其他品牌的洗衣液作為替代品。例如手機作為通信產品，當蘋果、三星等價格普遍上漲，消費者可能會傾向於選擇性價比更高的華為、VIVO 等國產品牌手機。因此，企業需要從行業的角度去監測競爭對手，這樣才能制定有針對性的競爭戰略。

2. 從消費需求角度監測競爭對手

企業還可以從消費需求的角度監測競爭對手。和互聯網時代相比，大數據的時代行業的壁壘在不斷削弱，只要滿足的是同一目標消費市場的需求，那麼無論競爭對手與自己是否屬於同一行業，這個時候都是你的競爭對手。例如在 10 年前大家甚至都認為沃爾瑪的競爭對手是家樂福、歐尚等大型商場或超市，經過這 10 年間的變化，我們發現，它的競爭對手是互聯網行業裡的京東、天貓，雖然雙方屬於不同的行業，但是它們都滿足了消費者便利購物的需求；而中國移動、聯通和電信三大營運商屬於傳統的通信行業，當它們還在為資費、套餐等精心佈局的時候，4G 時代的到來徹底改變了行業生態，移動互聯技術的發展和流量的開放，給互聯網行業插上了競爭的翅膀，微信的面世讓企業客戶的視頻會議變得更加簡單，讓老百姓的交流更加便捷。從滿足消費者需求出發監測競爭對手，可以從

更廣泛的角度識別現實競爭對手和潛在競爭對手，有助於企業制定來自異業的競爭戰略。

3. 從市場細分角度監測競爭對手

為了更好地發現競爭對手，企業可以同時從行業和消費需求兩個角度，結合產品細分和市場細分監測競爭對手。例如口紅市場是一個產品相似度極高的行業，假設市場上同時銷售了來自美國、法國、日本、韓國和中國的五個口紅品牌產品，針對消費需求，我們可以把市場進行不同的細分，例如根據上唇效果可分為啞光、絲絨、釉面、雙色、珠光等，根據使用場合可分為工作、逛街、Party 等，根據顏色可分為紅色系、橙色系、裸色系和紫色系，根據價格可分為幾個不同的價格區間。所以企業當要進入某一個細分領域的時候，就要充分考慮該細分市場的容量、現有競爭對手的實力和市場佔有率。從細分市場出發監測競爭對手，可以幫助企業制定更具體、更明確的競爭戰略。

（四）競爭對手監測的價值

1. 衡量競爭實力

通過對競爭對手的監測結果研究分析，企業能夠找到自己與競爭對手在產品策略、價格策略、渠道策略和促銷策略等各方面的實力差異和差距，能夠對比產品之間的特點、優缺點，能夠衡量服務之間的差距和特色，從競爭對手角度審視企業自身的不足與缺陷。

2. 發現市場機遇

通過監測競爭對手的經營過程，可以幫助企業深入分析消費趨勢，能夠從不同的維度發現新的產品需求、消費習慣等；可以幫助企業進行科學決策，制定新的 4P 策略，這些新的產品需求和新的消費習慣就是市場的藍海。

3. 防範潛在危機

通過監測競爭對手的經營狀況，可以讓企業自身多一雙觀察市場趨勢的「眼睛」與傾聽市場需求的「耳朵」，隨著消費升級的不斷深化，消費趨勢逐步呈現個性化、多元化和快速迭代化，商業模式升級必須與市場趨勢變化保持同步，才能防範潛在的風險與危機。

四、如何用大數據監測競爭對手

大數據時代的競爭，不是勞動生產率的競爭，而是知識生產率的競爭，數據就是信息的載體、知識的源泉，所以數據能夠幫助企業創造價值和利潤。同時也表明大數據時代我們正面臨著更廣泛、更深層的開放和共享，還意味著更精準、更高效、更智能的管理革命。數據是企業的核心競爭力，企業不能再拿著「大刀」與競爭對手的「大炮」作戰，而應該依靠大數據來做競爭對手的監測工作，人力則負責對這些數據進行深度研究和分析。

（一）監測競爭對手的企業背景

監測競爭對手是認識競爭對手的出發點，通過大數據抓取企業的基本信息，包括競爭對手的基本信息（企業名稱、法人、註冊資本、成立時間、營業期限、登記機關、經營範

圍、股東及出資信息、主要人員等信息)、行政許可信息、行政處罰信息等。監測途徑包括「國家企業信用信息公示系統（http：//www.gsxt.gov.cn/corp-query-homepage.html）」「天眼查（https：//www.tianyancha.com/）」等。

對於競爭對手的企業概況、企業文化、組織架構、聯繫方式、人才招聘、主營業務等信息，監測途徑主要是企業官方網站、百度百科和百度地圖等。

除此之外還包括競爭對手在行業的排名情況、企業實力、品牌傳播渠道、產品結構、團隊結構尤其是骨幹成員背景、線下門店分佈情況尤其是城市佈局情況、重點店鋪經營狀況、產品成本情況、產品毛利率、電商定位和電商佈局等。這些信息都是企業要監測的重要信息。監測途徑可以是行業協會年報、企業年報、大數據公司監測報告等。

(二) 監測競爭對手的供應鏈

現在的企業競爭格局已經上升為供應鏈之間的競爭，所以對競爭對手企業本身監測之外，還要監測其供應鏈上下游的情況。例如競爭對手的OEM產品所占比例、OEM關鍵廠商信息、競爭對手的產品定位、主打材質、成本結構甚至設計趨勢、競爭對手的消費者特徵（年齡層次、職業分佈、消費時間、消費力度等)、主要經銷商經營經濟實力、經營時間、分佈情況和經營業績等。

對供應鏈的監測難度要遠遠大於對企業本身的監測，因為它涉及的接觸點多且複雜，所以在對供應鏈監測的時候我們通常的做法是做描述性分析和預測性分析。描述性分析主要是指對供應鏈上下游企業的官網數據、行業協會數據進行總結、發現規律；預測性分析主要是指對供應鏈上的關鍵企業重點監測，預測未來的發展趨勢。

(三) 監測競爭對手的店鋪

監測競爭對手的店鋪能夠最直觀地反應出競爭對手的經營狀況，因為店鋪經營模式綜合反應了競爭對手的企業文化、產品結構、價格區間、服務流程等有價值的信息，所以對店鋪的監測數據主要分為經營狀況、線下分析、線上分析、CRM分析和客服分析。

1. 經營狀況

監測競爭對手的店鋪經營狀況，可以通過店鋪本身顯示的基本信息和市場行情看到對應內容，還可以利用一些第三方網站查到對應的一些信息。瞭解競爭對手的經營情況才能知道自身和競爭對手的差距有多少（表4.3)。

表4.3　　　　　　　　　　　經營狀況監測表

監測維度	經營狀況				
	上月營業額	上月銷量	上月滯銷量	上月暢銷量	上月客單價
競爭對手一					

2. 線下分析

線下分析主要是監測競爭對手的店鋪促銷方式、導購方式和經營時間以及競爭對手的主打產品和價格，從中找出差異化的方向（表4.4）。

表 4.4　　　　　　　　　　　　線下分析監測表

監測維度	線下分析								
	開店時間	所在區域	促銷方式	導購方式	主打品類	主打價位	上新情況	SKU數量
競爭對手一								

3. 線上分析

通過線上搜索、選擇、對比產品已經成為消費者在購物前的一個消費習慣，所以線上渠道的監測更為重要，無線的工具也在不斷地增加，一些相關的工具並不是適用於所有的商家，所以主要是統計以下通用的維度（表4.5）。

表 4.5　　　　　　　　　　　　線上分析監測表

監測維度	線上分析				
	導航欄	詳情頁設計	促銷方式	報名活動	互動模塊
競爭對手一					

4. CRM 分析

競爭對手的老客戶對於某一店鋪也是新客戶，通過對競爭對手 CRM 的分析，能獲取店鋪的客戶興趣愛好，企業從而能針對競爭對手制定自己的 CRM，搶奪客戶市場（表4.6）。

表 4.6　　　　　　　　　　　　CRM 分析監測表

監測維度	CRM 分析			
	會員制度	社群分析	傳播渠道	會員互動玩法
競爭對手一				

5. 客服分析

企業可在不同的時間段測試競爭對手的客戶服務情況，瞭解其服務流程、服務質量和回應時間，然後從服務上尋找差異化的服務體驗（表4.7）。

表 4.7　　　　　　　　　　客服分析監測表

監測維度	客服分析			
^	回應速度	導購能力	簽名	快捷語
競爭對手一				

最後，企業將這些數據定期更新，就能夠全面瞭解競爭對手的情況，記錄好現有的各個維度，能有效地指引店鋪未來的發展方向，而且能從中獲取一些對於店鋪發展有效且可以借鑑的營運方法，避免走彎路，更能瞭解到客戶的需求和營運的差異化。

第二節　品牌傳播的內涵與外延

品牌傳播是品牌走進消費者，提高品牌能見度、認知度、美譽度和忠誠度的重要途徑。通過品牌的有效傳播，能夠使消費者和社會公眾對品牌產生認知，使品牌可以迅速發展。同時，品牌的有效傳播還可以幫助企業實現品牌與目標市場的對接，為品牌及產品開拓市場奠定基礎。但是什麼樣的品牌傳播才是有效的呢？如果企業選擇錯誤的傳播方式，還會起到適得其反的作用，所以品牌傳播對象的確定、傳播方式的選擇和傳播內容的設計是品牌傳播三大組成部分。

一、品牌傳播的定義

品牌傳播（Brand Communication）是指企業以品牌核心價值為原則，在品牌識別的整體框架下通過廣告宣傳、公共關係等方式，打造企業的文化、價值觀、形象等品牌資產，並將這些品牌資產傳遞給目標消費群，以期獲得目標消費群認可、認同的過程。

品牌傳播也可以指企業告知消費者品牌信息、勸說購買品牌以及維持品牌記憶的各種直接及間接的方法。「酒香不怕巷子深」的時代已經過去了，產品不僅要做得好，而且還要「吆喝」好。所以，品牌傳播是企業核心戰略，其傳播的最終目的是要發揮創意的力量，利用各種平臺在市場上形成品牌話題甚至品牌聲浪。品牌傳播是企業喚起消費者慾望、滿足消費者需要、影響消費者決策、培養消費者忠誠的有效途徑。

二、品牌傳播的特點

（一）受眾針對性

品牌傳播的受眾是具有針對性的，這主要源於品牌產品和市場在做 STP 的時候就已經找準了自己的客戶在哪、客戶是誰、客戶需要什麼。所謂受眾針對性，是指企業在經過品

牌活動策劃後，通過特定的傳播渠道向特定的消費群體傳遞和表達品牌價值、品牌訴求等內容。對於企業而言，選擇有時候會大於努力，選錯了客戶，即使通過正確的傳播渠道，依然存在較大的市場風險。例如運動鞋企業，針對老年人的宣傳重點應該是舒適、防滑、柔軟、輕便等元素，對年輕人的宣傳重點則變成了時尚、科技、美觀等元素，因為消費者的訴求沒有對錯，只有不同，所以企業在結合自身產品特點和品牌文化進行傳播的過程中一定要有針對性。

（二）渠道多元性

品牌傳播的渠道是多元的，所謂傳播渠道就是企業與消費者之間的媒介，大數據時代的傳播媒介是多元化的，有傳統的電視、電臺、報紙、路牌、燈箱等媒體渠道，還有眾多互聯網媒體、自媒體等現代傳播渠道。有線上的渠道，也有線下的渠道。在通信技術越來越發達的今天，新傳播渠道的誕生與傳統渠道的新生，共同構建了一個傳播渠道多元化的格局，這為品牌傳播提供了新的機遇，也對渠道多元化整合能力提出了新的挑戰。例如「衣邦人」一直致力於打造個性化服裝定制平臺，其傳播方式包括電梯廣告、微信傳播、網站推廣等傳播渠道，要使傳播成本最低的同時效果達到最佳，就需要創業團隊具有較高的多元化傳播渠道整合能力。

（三）內容系統性

品牌傳播的內容是系統性的，品牌傳播的內容是品牌資產的信息聚合，其傳播的內容包括品牌名稱、LOGO、包裝、Slogan 等表層內容，也包括品牌特點、品牌利益、產品服務、品牌認知和聯想等深層次內容，這些內容聚合在一起形成了系統的、有機的內容聚合。例如運動品牌「NIKE」傳播給我們的內容包括 NIKE 的符號、口號「JUST DO IT」、科技感十足的產品等，還包括自強不息的競技體育精神、獨立自由的美國文化、先進的產品設計理念和製作工藝、各大相關體育賽事等深層次內容。

（四）形式互動性

品牌傳播的形式應該具有互動性，它是大數據時代品牌傳播的特色，用戶思維使得企業在實施品牌傳播的過程中不得不考慮用戶的反應，傳統的傳播渠道是企業講故事，客戶當聽眾。但是大數據時代隨著草根行銷的興起和自媒體時代的到來，企業越來越注重傳播反饋信息和互動環節，因為互動性是考量傳播效果的最好佐證，企業要追求長遠的品牌效應，就必須遵循形式互動性的原則。例如「快手」在進行品牌傳播時，都是通過讓用戶做主角，用實際行動去踐行「每個人都值得被記錄」的品牌理念，在放大每一個人價值的同時，提升用戶幸福感，才會贏得粉絲的不斷參與和轉發。

（五）費用透明性

品牌傳播是需要付費的，因為企業經營管理的目標是企業本身獲取利潤的同時為社會創造效益，那麼作為品牌傳播這種商業行為就會產生一定的費用，同時這種費用根據選擇

渠道的不同、傳播範圍不同，費用也不盡相同，品牌傳播的費用主要包括廣告設計製作費用、媒體宣傳推廣費用等，這些費用的標準對於每一個行業都是公開透明的，並且傳播費用呈逐年上升的趨勢。

三、品牌傳播的方式

（一）傳統品牌傳播方式

1. 公共關係傳播

在中國傳統的行銷觀念中，很多人依然認為公共關係就是吃飯、拉關係等，產生這種認識是由於對公共關係傳播缺乏系統的認識，同時缺少對理論的研究。公共關係傳播是指企業為了提高自身的能見度、認知度、美譽度通過塑造形象、平衡利益、協調關係，開展一系列傳播活動的工作。作為品牌傳播的一種方式，公共關係傳播同樣需要有明確的傳播對象和符合公眾利益的傳播內容，其最終的目的是贏得公眾對品牌的認可和忠誠，實現經濟效益與社會效益的雙贏。

2. 人際關係傳播

人際傳播（Inerpersonal Communication）是通過人與人之間的直接溝通，企業人員通過講解諮詢、操作示範等方式，向公眾介紹品牌文化、產品服務等。因為人具有社會屬性，所以任何人都離不開跟他人的溝通交流，在人際交往過程中，人們傳遞、交換各種意見、情感、觀念等信息，從而會產生認識、認可、吸引的人際關係網絡。

人際關係傳播可以分為直接傳播和間接傳播兩種形式。直接傳播是雙方不借助媒體而是面對面溝通交流的過程，間接傳播包括電話、網絡、書信等形式。兩種方式各有優劣勢，企業主要針對不同的需求採用不同的傳播方式。

3. 電視廣告傳播

由於電視是集語言、音樂、畫面和色彩於一體的傳播要素集合，電視廣告具有創造力和衝擊力，能夠非常好地塑造品牌形象，加之電視廣告覆蓋面廣、可以反覆播出加深受眾的印象，因而電視廣告依然是各大企業品牌傳播的首選渠道。

中央電視臺廣告經營管理中心

中央電視臺廣告經營管理中心的英文簡稱為 CCTV Advertising Center（官方網址為 http://1118.cctv.com/chinese/），廣告經營管理中心是全面負責中央電視臺廣告統一經營與管理的部門，其主要職能包括研究央視廣告的發展戰略與經營策略，策劃實施公關傳播與市場推廣活動，建立央視廣告的產品、價格、客戶和渠道體系，開展央視廣告客戶的行銷、服務和管理工作，完成央視廣告的審查、編輯、播出等工作（表4.8）。

表 4.8　　　　　　　　　央視 2018 年 CCTV-5 體育頻道廣告價格表

名稱	播出時間	5秒	10秒	15秒	20秒	25秒	30秒
《健身動起來》	週一至週日 約06:30-07:00	16,000	24,000	30,000	40,800	48,000	54,000
《體育晨報》	週一至週日 約07:00-08:00	19,000	28,000	35,000	47,600	56,000	64,000
《體壇快訊》	週一至週日 約12:00-12:25	36,300	55,000	68,000	92,500	108,800	123,000
《體壇咖吧》	週一～週五 約12:30-13:00	36,300	55,000	68,000	92,500	108,800	123,000
《體育新聞》	週一至週日 約18:00-18:30	80,000	120,000	150,000	204,000	240,000	280,000
《北京2022》	週一 約18:35-19:25	85,000	128,000	158,000	214,900	252,800	288,000
《籃球公園》	週五 約18:35-19:25	80,000	120,000	150,000	204,000	240,000	280,000
《天下足球》/《黃金賽場》	週一至週日 約19:30-21:25	110,000	160,000	200,000	272,000	320,000	380,000
《NBA最前線》	NBA賽季期 週四19:30-21:25	110,000	160,000	200,000	272,000	320,000	380,000
《體育世界》	週一至週五 約21:30-22:15	91,000	136,000	170,000	231,200	272,000	308,000
《精英賽場》	週一至週日 約22:15-23:55	53,000	79,000	99,000	134,600	158,400	181,000
《冠軍歐洲》	歐冠比賽日 週三、週四22:15-23:55	53,000	79,000	99,000	134,600	158,400	181,000
《頂級賽事》	週一至週五 約0:00-03:30	20,000	30,000	38,000	51,700	60,850	68,800

製表日期：2018年2月7日

　　電視廣告傳播雖然有很多無法替代的優點，但是對於初創企業而言，其高昂的費用、精良的拍攝及製作技術等因素也讓很多初創企業望而卻步，所以很多企業在初創階段一般會選擇地方電視臺或者其他方式進行傳播。

　　4. 紙質媒體傳播

　　紙質媒體包括雜志廣告、報紙廣告、DM 單廣告等傳播方式。其中雜志廣告的專門化程度最高，因為雜志的客戶區分度較高，所以企業在選擇雜志廣告的時候，通常都會考慮該雜志的目標客戶是誰，比如《中國國家地理》雜志的廣告主要是越野車和戶外用品，《時尚先生》雜志的廣告主要是服飾、鞋靴等，《NBA 時空》雜志的廣告主要是籃球相關用品，《中國攝影家》雜志的廣告主要是攝影器材，《旅行者》雜志的廣告主要是航空公司和度假酒店。如圖 4.2—圖 4.5 所示。

圖 4.2　《中國國家地理》雜誌封底廣告

第四章 競爭對手監測與品牌傳播

圖 4.3 《旅行者》雜誌內頁廣告

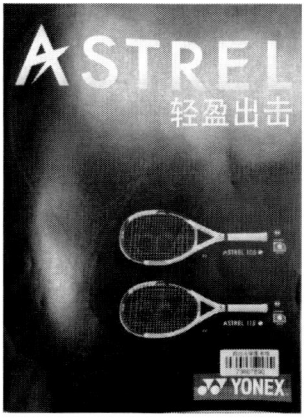

圖 4.4 《網球天地》雜誌內頁廣告

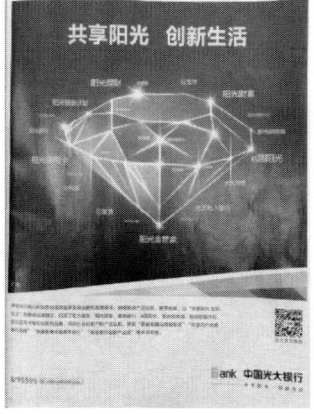

圖 4.5 《財經》雜誌內頁廣告

報紙廣告雖然印刷質量不及雜誌廣告，表現產品的精致程度也較差，但是報紙廣告相比雜誌廣告具有更強的區域滲透性和投放時效性，它可以協助企業做好促銷預熱工作。

　　DM 單廣告有廣義和狹義之分。廣義的 DM 單廣告包括街頭巷尾、商場超市派發的傳單或者餐廳派送的折扣券等，狹義的 DM 單廣告僅僅是指企業的廣告宣傳畫冊。廣義和狹義的 DM 單廣告，都具有針對性強、靈活性強的特點，尤其是狹義的 DM 單廣告是企業品牌文化的高度濃縮，其板式設計、紙張選擇、字體圖片都具有高度的企業辨識度。而狹義的 DM 單廣告更傾向於促銷活動、優惠活動等。如圖 4.6—圖 4.8 所示。

圖 4.6　音樂工作室 DM 單廣告

圖 4.7　健身房 DM 單廣告

圖 4.8　LACOSTE 品牌畫冊

5. 戶外廣告傳播

戶外廣告涵蓋多種形式：建築物外表、街道、櫥窗、車身、廣告牌、樓梯、公交站牌等戶外公共場所。戶外廣告的最大特點是尺寸大、衝擊力強、創意高、內容簡潔，能夠快速建立品牌聯想，形成客戶認知。戶外廣告的載體具有多樣性：可以小到推車，大到樓宇外牆 LED 屏；可以是城市流動的公共汽車，也可以是人流量高的公交站臺。所以戶外廣告是企業選擇面最多的品牌傳播方式。如圖 4.9—圖 4.12 所示。

圖 4.9　櫥窗廣告

圖 4.10　地鐵站燈箱廣告

圖 4.11　建築物外立面廣告

圖 4.12　聯邦快遞車身廣告

(二)移動互聯品牌傳播方式

1. 自媒體傳播

傳統媒體的傳播通常都是採取「自上而下」的方式。隨著個人用戶對互聯網的深度使用，論壇、博客、微博、播客等自媒體傳播方式成為品牌傳播的新興載體，它打破了這種不對等的格局，自媒體環境中，每個人都是傳播者。

目前，中國的微博用戶大概為 3 億人，微信用戶為 5 億人。謝娜的微博粉絲量達到 1 億，楊穎的粉絲量在 8,000 萬左右，位居第二。數據顯示，排名前十的微博粉絲量都在 5,000 萬以上，這是任何一家傳統媒體都很難在短時間達到的。

初創企業採用自媒體傳播通常會涉及 3 個關鍵內容：UGC、PGC 和 OGC。UGC（User Generated Content）是指用戶原創內容，常見於個人自媒體；OGC（Occupationally-Generated Content）是指品牌生產內容，常見於企業自媒體；PGC（Professional Generated Content）是指專業生產內容，常見於個人自媒體的變現轉化（圖 4.13）。

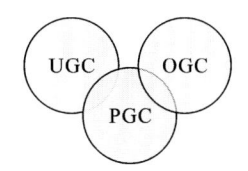

圖 4.13　UGC、PGC、OGC 三者關係圖

UGC 與 PGC 的區別在於傳播主題在所傳播內容的領域有無專業的知識和資質；PGC 和 OGC 的區別是以是否領取相應報酬，前者主要出於愛好，後者主要以職業為前提，其創作內容屬於商業行為；UGC 和 OGC 一般情況下不會產生交集。

我們常用的微博、朋友圈、知乎等都屬於 UGC 型。由於 UGC 是用戶的原創內容，缺乏一定的專業知識和商業包裝，其傳播的內容就類似於雜貨店的商品，參差不齊，而 PGC 的內容經過一定的包裝變成了品牌店的東西，例如曾經紅極一時的「凡客體」就屬於 PGC 型，我們平時使用的優酷、土豆也屬於 PGC 型。

2. 微信傳播

大數據時代，門戶網站、搜索引擎、社交網絡三駕馬車並駕齊驅，在全球範圍內，Facebook、Twitter 和 YouTube 是最典型的互聯網傳播方式。在中國，微信成為最流行的傳播方式，2017 年微信用戶數據報告顯示微信全球共計 8.89 億月活用戶，公眾號平臺擁有 1,000 萬個。微信這一年來直接帶動了信息消費 1,742.5 億元，相當於 2016 年中國信息消費總規模的 4.54%。微信公眾平臺可以實現品牌宣傳推廣、會員快速註冊、推送分享、支付收款等功能，企業通過微信進行品牌傳播具有高到達率、高曝光率、高接收率和高便利性。

裂變拉新引爆品牌——Luckin Coffee

許多同學最近是否有個新發現：你的微信朋友圈頻繁被一個「請你喝咖啡」的連結刷屏，當你仔細看的時候可能立刻會想到在硅谷的「Blue Bottle」，一個藍色鹿角 LOGO 模樣，藍色杯子的咖啡新品牌——瑞幸咖啡 Luckin Coffee（圖 4.14）。

案例講解視頻

圖 4.14　Luckin Coffee 官網截圖

它到底是什麼來路？為何品牌傳播速度如此之快，覆蓋面如此之廣，接受度如此之高？為何在短短半年時間就將 Luckin Coffee 打造成為現象級消費品牌，在白領職場中掀起「小藍杯」風潮？

首先，Luckin Coffee 的品牌定位是做一款職場的專業咖啡，成為新零售專業咖啡營運商和移動互聯網時代的新咖啡品牌。這就是它在對標星巴克這個強勢品牌的時候找到的市場空間，它的定位是「職場」和「專業」，所以 Luckin Coffee 在宣傳上強調其咖啡成本比星巴克高 20%～30%，但是價格卻比星巴克便宜，產品支持「到店自提+30 分鐘送貨上門」服務。

為了進一步拉高品牌定位，Luckin Coffee 與全球 6 家頂級咖啡供應商締結全球「藍色夥伴」戰略聯盟，這其中包括瑞士頂級咖啡品牌廠商 Shaerer，世界第二大專業咖啡機廠商 Franke，全球 TOP3 咖啡生豆貿易商三井物產，世界頂級糖漿品牌 Fabbri，亞洲規模最大咖啡烘焙廠源友和全球最大乳品企業恒天然（圖 4.15）。

其次，Luckin Coffee 品牌理念是專業咖啡新鮮式。品牌在傳播過程中不斷強調其原材料是「優選上等的阿拉比卡豆」，製作咖啡的技藝是「WBC 冠軍團隊精心拼配」「新鮮烘焙、新鮮現磨」來主打專業牌（圖 4.16）。

圖 4.15　Luckin Coffee「藍色夥伴」計劃正式啓動

圖 4.16　Luckin Coffee 產品賣點

再次，Luckin Coffee 的傳播方式是通過線上微信推廣市場在先，線下通過分眾傳媒滲透寫字樓電梯廣告快速占領白領消費者心理貨架，培養並形成消費習慣。用 10 億元進行推廣和客戶返利，從 2017 年 11 月成立到 2018 年 4 月，Luckin Coffee 已經在中國 13 個城市快速設立 300 家咖啡店，這個數字與 2006 年進入中國的 COSTA 咖啡幾乎相當，5 月 31 日營業的咖啡店已達到 525 家。目前 Luckin Coffee 的門店有四種類型：旗艦店、悠享店、快取店和外賣廚房店（圖 4.17）。

圖 4.17　Luckin Coffee 實體店

與此同時，幫助其傳播推廣的還有明星代言策略，Luckin Coffee 的代言人張震和湯唯都不是流量明星，但都是影帝影後級的實力派，內斂、低調、有品位的氣質不僅拉近了品牌與消費者的心理距離，而且能有效地將目標人群對代言人的好感轉換為對品牌的好感（圖 4.18）。

圖 4.18　Luckin Coffee 代言人張震、湯唯

借助微信傳播的方式，Luckin Coffee 將註冊的步驟進行精簡，僅需兩步就可以註冊成功並免費獲得一杯咖啡，同時，還推出買 2 增 1，買 5 贈 5 的超值優惠活動；如果你推薦朋友註冊，還會再送你一杯咖啡，這種操作手法非常類似於曾經的打車軟件 Uber 和滴滴，但是我們沒有想到這種方式用在咖啡品牌上依然能夠起到很好的效果（圖 4.19）。

圖 4.19　Luckin Coffee 微信頁面

2018年5月8日，Luckin Coffee的CEO錢治亞在國家會議中心高調宣布全國門店正式開業，並發布了品牌戰略——Any Moment（無線場景）：傳統觀念認為咖啡館是社交的「第三空間」，而Luckin Coffee認為現代人的社交需求主要集中在互聯網，社交變得更加網絡化和場景化，場景就是需求、就是流量，不再是人找咖啡，而是咖啡找人。所以Luckin Coffee將深度植入咖啡廳、寫字樓、大學校園、機場車站、加油站等各種場景。

我們可以借助Luckin Coffee案例思考三個問題：初創企業如何借用名人效應引爆消費社群？如何利用裂變行銷挖掘潛在用戶？如何用新零售概念策劃品牌宣傳推廣？

（三）其他品牌傳播方式

1. 專業展會傳播

專業展會是屬於「政府搭臺、企業唱戲」的傳播方式。近年來，全國各地的家居展、車展、婚博會、糖酒會、茶博會等一系列展會幫助企業集中宣傳推廣，企業通過參加展會不僅為市場加盟拓展、品牌產品推介提供了機遇，也讓廣大消費者通過展會認識了品牌。

例如四川省商務廳為加快構建全方位、多層次、寬領域的開放型經濟體系，牽頭開展「惠民購物全川行動」「川貨全國行」和「萬企出國門」三大活動，實現三個市場（川內、國內、國際）一起拓展，三種貿易（省內、國內、國際）一起抓，提升四川產品的知名度、擴大川貨的市場佔有率，形成「千軍萬馬」跑市場、趕市場、搶市場的生動局面。

近年來，四川省通過西博會推薦城市品牌、通過茶博會推介四川茶葉品牌、通過糖酒會推介川酒品牌、通過婚博會推介四川婚慶品牌，企業通過參加展會樹立了品牌知名度，拓展了產品銷售渠道，助推了企業經營管理持續發展。

2. 電影電視節目傳播

好萊塢電影的商業模式已經成為眾多國家和地區紛紛效仿的榜樣，其電影的商業化營運模式值得借鑑，影視劇和電視節目中的廣告植入讓品牌形象更加生活化、藝術化，能夠更加深入人心，尤其是借助影視劇中的明星效應可以起到很好的傳播作用。

《太陽的後裔》品牌集合

《太陽的後裔》是韓國KBS電視臺於2016年播出的一部連續劇，該劇講述了韓國太白特戰部隊阿爾法中隊柳時鎮（宋仲基飾）大尉和外科醫生姜暮烟（宋慧喬飾）在韓國和烏魯克的愛情故事（圖4.20）。

該劇是第一部中韓兩國同步播出的韓劇，播出後最高收視率達46.6%，成為2016年度收視率冠軍，在中國地區網絡播放量達到40.12億次，微博閱讀量147億次。劇中的品牌借助「雙宋CP」的精彩演出，為品牌傳播起到了非常好的效果。

宋慧喬扮演的姜暮烟初到烏魯克時穿的上衣是Rookie-Bud Studio，這個品牌是韓國本土品牌，具有品牌文化偏文藝的風格，這件外套也成為網上的熱銷款式（圖4.21）。

圖 4.20 《太陽的後裔》劇照

圖 4.21 《太陽的後裔》姜暮煙 Rookie Bud 外套

姜暮煙戴的耳釘是宋慧喬代言的 J. ESTINA，該品牌於 2003 年創立於韓國，是以曾經的義大利公主兼保加利亞王妃的吉奧瓦娜公主為形象而誕生的全球奢侈品品牌（圖 4.22）。

圖 4.22 《太陽的後裔》姜暮煙佩戴 J. ESTINA 耳釘

蘭芝可謂該劇最大的贏家，宋慧喬在劇中使用的 BB 霜和口紅，搜索量在該劇播出後上升 11 倍，銷售量對比上升 556%，韓國的兩個專賣店因眾多遊客搶購，連日持續斷貨

（圖 4.23）。

圖 4.23 《太陽的後裔》姜慕研使用蘭芝氣墊 BB 霜

正官莊紅參液在劇中也經常出現，該劇正式開播短短的一個月時間，該產品銷售額同比增長 190.4%，電視劇的熱播加上宋仲基的人氣，這個數據不知還要刷新多少倍（圖 4.24）。

圖 4.24 《太陽的後裔》柳時鎮飲用正官莊紅參液

從上面的案例我們可以看出，無論是電影還是電視劇中的品牌廣告植入，通常情況下，都會拉高產品的知名度，觀眾會因為在劇中受到持續的品牌刺激，有可能會轉化成品牌的潛在顧客。

例如 2017 年 12 月 3 日在央視首播的大型文博探索節目「國家寶藏」，對於獨家冠名商水井坊而言也是一次成功的品牌傳播，水井坊借助「雙遺產」的標籤牽手「國家寶藏」，並希望代表中國高端白酒行業共同致敬國家瑰寶，開啓民族文化自信的復興，這種戰略合作的高度不僅是對文化的致敬，更是在通過央視文化節目拉高品牌定位，這對塑造品牌文化的內涵有著不可估量的價值。

3. 賽事活動傳播

品牌通過賽事和活動贊助進行傳播的方式也比較常見。賽事和活動贊助不僅能夠增加品牌的能見度，而且能夠拓展和強化品牌內涵。通過賽事活動傳播，能夠提升品牌形象、建立品牌知名度、促進品牌產品銷售。

神奇的東方魔水——健力寶

1984 年被稱為中國企業的元年，在這一年裡誕生了中國很多偉大的企業：海爾、萬科等。在璀璨的群星中，廣東三水縣（今廣東省佛山市三水區）的健力寶便是最耀眼的一個。

1984 年在美國洛杉磯即將舉辦第 23 屆夏季奧運會，國家體委還沒有決定中國代表團的指定飲料是什麼品牌，此時李經緯正在醞釀中國飲料史上的一個傳奇。李經緯想開發一款運動型飲料。一次偶然的機會，廣東體育科學研究所的研究員歐陽孝研發出一種「能讓運動員迅速恢復體力，普通人也能飲用」的含鹼電解質飲料。但是當時的情況是：沒有名稱、沒有商標、沒有包裝……這一系列問題並沒有難倒這位商業奇才。經過一番冥思苦想，李經緯想到了一個新名字——健力寶，品牌名稱暗含著健康、活力的意思，這與奧運精神剛好契合，接著李經緯找人設計了當時震驚中國的健力寶商標。但是包裝怎麼辦，李經緯大膽提議使用易拉罐包裝健力寶，最終他說動了百事可樂公司為他代工生產健力寶。經過一番周折，最終這個民族品牌隨著中國奧運健兒踏上了國際賽場（圖 4.25）。

圖 4.25　東方魔水——健力寶

8 月 7 日是健力寶名滿天下的一天，中國女排姑娘擊敗東道主美國隊實現「三連冠」，讓中國人獲得了空前的民族自豪感，日本記者的一篇新聞《靠「魔水」快速進擊？》讓女排姑娘在賽場上喝的飲料引起媒體和國內市場的關注和猜想。隨後羊城晚報記者的一篇新聞《「中國魔水」風靡洛杉磯》讓健力寶一夜之間天下皆知。

從此健力寶的銷售額從 1984 年的 345 萬元在第二年就躥到 1,650 萬元，第三年達到 1.3 億元，到 1994 年，銷售額達到 18 億元，這種增長速度讓健力寶在當時中國功能性飲料市場成為絕對的霸主。

在隨後的 1987 年全國第 6 屆運動會健力寶打敗可口可樂贏得「六運會指定飲料」的名號，贊助中國體育代表團參加第 11 屆、第 13 屆亞運會等，健力寶的成長是中國體育事業成長和騰飛的縮影，它借助體育賽事的切入點，通過整合各種資源在賽事期間的宣傳，讓消費者認可並喜歡這個品牌。

四、品牌傳播的保障措施

品牌傳播的過程是將理性的品牌資產轉化為客戶語言的過程，同時要在情感層面建立高認可度的客戶聯繫，與客戶產生情感共鳴是品牌傳播的最高境界，是維護和提高品牌忠誠度的不二法寶。

（一）瞭解客戶

品牌傳播首先要思考能為客戶創造什麼價值，能夠滿足客戶什麼個性化需求。隨著消費不斷升級，老百姓的消費已經逐步由衣食住行上升到健美樂智，從物質性消費發展為精神性消費。企業要系統瞭解客戶的需求，才能根據 5W1H 理論開展品牌傳播。Luckin Coffee 就是瞭解客戶需求，對比競爭對手的產品和服務，找到細分市場的發展空間，選擇正確的傳播方式和內容，才獲得了市場的認可。

（二）行勝於言

品牌商品應同時具備兩個屬性：價值和使用價值。品牌傳播的內容是告訴客戶品牌的價值、概念、口號等精神層面的屬性，但是無論是奢侈品還是日常生活用品，在消費品領域同樣也要具備使用價值，而且要讓客戶在使用的過程中形成較好的客戶體驗。要想品牌化，就要文字化；要想文字化，就要標準化。這是做品牌的思路，但是打磨產品的思路應該是並行的：要想品質化，就要人性化；要想人性化，就要細節化。只有這樣，方能讓市場看到企業不僅「說」得好，而且「做」得更好。

（三）口碑行銷

傳統的品牌傳播內容以硬廣告為主。品牌也能從客戶端得到反饋，但這種反饋的信息量不大，渠道也比較單一（圖 4.26）。

圖 4.26　品牌傳播傳統模式

大數據時代的品牌傳播內容主要以軟廣告為主，傳播精確度更高，客戶的反饋大大增強，更重要的是客戶的身分已經不只是「受眾」，他們也是傳播主體，能把對品牌的評價通過口碑傳遞給其他潛在客戶。所以企業在品牌傳播的過程中要努力讓客戶成為品牌的代言人，幫助企業宣傳推廣（圖 4.27）。

圖 4.27　品牌傳播互聯網模式

第三節　競爭對手監測和品牌傳播在創業實戰中的應用

我們回到本章開始的問題：摩爾百貨的競爭對手是王府井百貨、萬象城等商場和購物中心嗎？沃爾瑪的競爭對手是人人樂、家樂福嗎？從狹義的競爭對手角度來講是競爭對手，但是從品牌傳播的角度來說，可以說行業外的宜家、1號店等可能是他們的競爭對手。那麼結合本章的知識點，我們如何在創業實戰中去應用呢？我們將通過本節的梳理告訴創業者應對之法。

一、「三步走」法則

（一）開發好「兩種人群」

競爭對手的監測和品牌傳播離不開「兩類人群」：一種人是企業的員工，另一種人是企業的客戶。通過員工監測競爭對手，通過客戶傳播企業品牌。

首先，企業經營管理者要經常關注企業的人才招聘信息，同時留意相關的獵頭公司網站和招聘網站。我們經常講企業之間的競爭是供應鏈之間的競爭，其根本是人才之間的競爭。企業經營管理者要思考自己的員工離職之後去了哪裡，去得最多的是哪一家企業，這家企業為什麼能夠吸引員工趨之若鶩，是薪酬水準和福利待遇，是工作環境和交通便捷，還是學習機會和晉升空間。企業經營管理者就很容易找到自己的競爭對手是誰，無論這家企業是否同行，它都是自己的競爭對手。理由很簡單，這家企業在和自己搶奪同一類型的人力資源。

很多企業經營管理者容易在做大做強後產生這種錯誤的想法：員工去留無所謂，你找得到單位，我也招得到人，現在人才市場這麼多人在找工作，還怕自己給錢找不到人？事實上真的會出現拿著錢找不到合適人才的情況，企業如果不想讓自己成為一個培訓學校，就一定要讓想做事、能做事的人才留在企業，發揮他們的能量，為企業創造價值。

其次，企業經營管理者要想方設法讓客戶成為自己的品牌傳播者，曾經有一個企業管理者說過這樣一句話：企業就好比一個教會，經營管理者是教主，員工是自己的傳教士，

而客戶是自己的信徒。這種觀念是狹隘的，員工的能量是有限的，我們應該讓客戶通過傳教士的影響，成為企業新的傳教士，客戶的口耳相傳能夠讓企業的品牌傳播效果取得更好的效果。

（二）發掘好「三類商品」

競爭對手的監測和品牌傳播離不開「三類商品」：一是同品類商品，二是替代類商品，三是互補類商品。

首先，要做好同品類商品。做不好同品類商品，企業就不會有穩定的業務，更談不上可持續的收入。初創企業缺資金、缺技術、缺人才，在這種情況下就更應該做好自己的基本業務。該理論適用於所有企業，無論可口可樂如何開發新產品，都不會放鬆和放棄最基本的產品「可口可樂」；無論85℃如何開發新產品，都不會放鬆和放棄做好最基本的產品「麵包」。企業無論大小、成立時間長短，在同業競爭的領域，都應做好基本產品，才能讓企業有立足之地、立身之本。

其次，要做大替代類商品，這裡的做大不是數量上做大，而是要在同品類商品的基礎上做大2~3個替代類商品，這樣才能夠在同品類商品生命週期到期或者產品線缺失的時候穩定企業的銷售收入，在品牌傳播上擴展企業與市場的觸點。例如幸福西餅，其同品類商品是蛋糕，其蛋糕市場的開發深度包括鮮果蛋糕、芝士慕斯蛋糕、栗子巧克力蛋糕和節日蛋糕。幸福西餅為了讓消費者再多一種選擇，所以開發了相關替代商品——下午茶和手信（圖4.28）。

圖4.28　幸福西餅官網截圖

最後，要強化與互補類商品的關係。互補類商品與同品類商品屬於共榮共衰的關係，互補類商品發展得好，同品類商品也會發展得好，兩者之間相互依賴、形成互利共贏的關係。例如剃須刀架和刀頭、牙刷和牙膏就屬於互補關係。所以在品牌傳播的時候，可以通過聯合互補類商品的生產企業，整合企業資源優勢，形成戰略聯盟共同開發市場。

(三) 掌握好「四種資源」

市場競爭中的資源具有有限性和時效性，所以，競爭對手的監測和品牌傳播離不開「四種資源」：一是行銷資源，二是生產資源，三是物流資源，四是公共資源。

首先，要掌握好行銷資源。行銷資源具有排他性和獨占性，例如媒體廣告和戶外廣告在某一時段被一家企業掌握，那麼該時段其他企業就無法佔有。所以行銷資源對於競爭對手而言至關重要，尤其是在同一時段、同一媒介有做品牌傳播的企業。

其次，要掌握好生產資源。如果發現企業之間爭奪的是同一類生產資源，那麼兩者之間就屬於競爭關係，例如星巴克和所有以咖啡為生產原料的廠家都是競爭關係，「豪蝦傳」和所有以小龍蝦為食材原料的餐飲企業都是競爭關係。

再次，要掌握好物流資源。物流資源是企業服務質量的關鍵，而服務質量直接關係到客戶的滿意度。尤其是近年來的「雙十一」尤為明顯，物流公司的承載力瀕臨崩潰的邊緣，一邊是網民線上的狂歡，一邊是物流公司的分揀配送，另一邊是客戶對到貨速度的怨聲載道。所以物流資源是企業突破經營發展的瓶頸。

最後，要掌握好公共資源。公共資源包括政府、職能部門、律師等資源，企業在經營管理過程中，要掌握國家的方針政策和戰略佈局，要瞭解與企業自身業務相關的職能部門，要強化法律意識和知識產權保護意識，對公共資源的整合，能夠讓企業健康、持續發展。

在運用「三步走」法則的時候，初創企業要避免掉進一個陷阱：發現全世界都是自己的競爭對手，甚至有時把行業領導者列為核心競爭對手。

二、「大數據」法則

(一) 通過數據分類確定競爭對手

對於企業而言，只有對數據進行分類加工才能呈現出有價值的信息，因為各部門關注的數據類別不盡相同。例如，財務關注收支和利潤數據，生產部門關注原材料供應數據，銷售部門關注市場銷售數據。對數據進行分類，才能夠明白競爭對手目前在做什麼、做得如何、計劃做什麼（表4.9）。

表 4.9　　　　　　　　　　競爭對手數據分類表

數據類別	數據來源
媒體數據	新聞報導、企業財務報告、行業分析報告
工廠數據	工廠數量和佈局、生產計劃
組織數據	組織架構、關鍵人員、員工數據、招聘數據
經營數據	財務數據（三大報表）、客戶數據、市場份額
銷售數據	商品數據、價格數據、促銷數據、渠道數據

（二）通過數據渠道進行品牌傳播

競爭對手的數據獲取渠道也是品牌傳播的渠道，這個渠道包括消費者每天使用的微信、微博，也包括企業的官方網站和門店等。具體來看企業在做品牌宣傳的渠道有哪些呢？請參看表 4.10。

表 4.10　　　　　　　　　　企業品牌傳播渠道表

渠道類別	品牌傳播渠道
線上渠道	公司年報、新聞報導、關鍵詞搜索、招聘廣告、員工社交工具、問卷調查
網絡工具	百度文庫、百度指數、谷歌趨勢、淘寶指數、優酷指數、微指數
線下渠道	行業分析報告、論壇會議、門店、產品、客戶調查、專業機構調查

需要注意的是，百度文庫是網友上傳並經百度審核發布後的資料平臺，其中包括教育、PPT、專業文獻等，通過百度文庫的資料，我們可以進行品牌推廣。百度指數則可以通過關鍵詞搜索查看公司排名，公司可以利用百度指數進行宣傳推廣，同時還可以看到不同區域搜索量的分佈情況，這樣企業能夠更精準地進行市場開拓與產品投放。

◇ 創業問答 ◇

Q：如果我想創業經營咖啡館，能夠做得比其他咖啡館好嗎？

A：不少想創業經營咖啡館的人，容易掉進一個怪圈：去看競爭對手的咖啡機型號、什麼牌子的牛奶、哪種類型的豆子，然後不斷調整自己咖啡的口味，從而提升自己的競爭力。這個思路不是不對，但是走偏了。咖啡館之間的競爭最重要的不是咖啡好不好喝，而是咖啡館的氛圍營造，也就是我們說的「好看」。咖啡是舶來品，除了極少數單品咖啡館外，很多咖啡館的競爭主要強調氛圍，也就是你的環境營造、背景音樂、店鋪文化和餐具感覺等，好的擺盤一定比單一的好喝更重要！

Q：競爭對手監測為什麼對於初創企業依然重要？

A：初創企業剛進入市場，無論是經營管理者的經驗還是其他方面，都和該行業的老牌企業有一定差距，伴隨行業市場的發展壯大，勢必會在經營管理過程中出現自己的競爭對手，如果缺乏競爭對手監測，甚至是選錯了競爭對手，很有可能使企業出現「顯微鏡看對手，放大鏡看自己」的情況。例如優衣庫監測的對象就不會是 ZARA，因為他們的消費人群、品牌定位、產品風格完全不一樣。

◇ 關鍵術語 ◇

完全壟斷：是指在某一市場領域完全沒有競爭者，一家企業完全控制一個廣闊市場的狀態，這種市場狀態在市場導向型經濟中是極少的。例如中國兵器工業集團公司在國內軍工市場就屬於完全壟斷。

完全競爭：完全競爭和完全壟斷是兩個相對的極端概念，完全競爭也被稱為純粹競爭，是一種不受任何阻礙和干擾的市場結構，指那些不存在足以影響價格的企業或消費者的市場。完全競爭也是經濟學中理想的市場競爭狀態。

STP：市場定位理論，包括三個層面——市場細分、目標市場選擇、市場定位。企業在一定的市場細分基礎上，選擇自己的目標市場，最後把產品服務定位在目標市場上。

◇ 本章小結 ◇

本章首先分別從競爭對手監測和品牌傳播的內涵與外延兩條平行線展開講解，梳理競爭對手監測，分析競爭對手監測的定義、內容、角度和價值，讓初創企業掌握基本的競爭對手監測理論知識；然後就品牌傳播的定義、特點和方式展開講解，尤其是品牌傳播的不同方式，結合不同行業的案例分析品牌傳播的效果和具體操作方法；最後站在企業經營管理者的角度分析兩者在創業實戰中的具體應用方法。

◇ 思考 ◇

1. 監測競爭對手的目的和意義是什麼？
2. 請選擇一種競爭對手分析工具，開展一次競對分析。
3. 請結合你自己的產品和服務，制訂品牌傳播方案。

第五章　品牌危機與管理支持

◇ 學習目標 ◇

學習完本章後，你應該能夠：
- 理解品牌危機的內涵與外延
- 理解品牌危機的產生及其影響
- 掌握品牌危機的應對方法和品牌重塑的關鍵環節

本章課件

◇ 開篇案例 ◇

突圍餐飲寒冬的「老房子」

中國烹飪協會發布的《2016 年度中國餐飲百強企業和餐飲五百強門店分析報告》顯示，四川僅有 3 家企業挺進最新的百強企業榜單，在全國排名第十。而 7 年前，四川的百強上榜企業比現在多 7 家，川菜企業在全國的排名和份額都大幅度下滑。

《2015 成都餐飲業調查報告》顯示，四川餐飲業成本高，盈利困難。較上一年度增虧/減盈占 63.16%，主要城市綜合體的餐飲企業虧損占 51.67%，相較上年虧損面擴大。川菜在品牌戰略上缺乏突破，即使有一些品牌，大多數也是企業品牌而無產品品牌；品牌地域性強，覆蓋範圍小，未能形成國際品牌。與此同時，四川餐飲業在先進烹飪技藝、品牌行銷思想和手段、服務方式以及企業形象上將面臨巨大的威脅與挑戰，這些因素都將成為影響川菜連鎖化、規模化經營的最大障礙。

作為成都本土餐飲企業翹楚的老房子開業至今已整整 20 年。然而在 2016 年，老房子沒有開一家新餐廳。「國八條」以來，高端餐飲市場一直處於萎縮和停滯不前的狀態。不僅外來品牌受挫，一些本土高端餐飲品牌也紛紛轉型。在這樣的大環境下，包間消費在 280～500 元的華粹元年居然逆勢上揚。成都人愛開大店，最初老房子也不例外，這些大店

在「國八條」之後受到的影響最大，雖然通過內部精簡整編，全面下調菜品價格，但卻遠遠不夠。2013—2015年，成都大型餐飲企業全靠宴會市場作為生存破局，尤其是婚宴的硬性需求，很少受政策影響，通常按照菜單預訂消費，比散客的利潤要高。在這期間，華粹元年開放宴會廳承接婚宴，而餐廳部分沒有營業。也許是感受到了餐飲市場「小額多次」的消費趨勢，2015年，老房子推出了小型餐廳品牌「瓦曬川菜」，並在華東和華南市場取得了不錯的成績，小型餐廳品牌成為老房子的主要突破方向。老房子的逆勢上揚，還得益於城市經濟水準的提高，市政府南遷以及天府新區開發，吸引了不少的高收入人群聚居和大型企業入駐，除了婚宴之外，包括壽宴、滿月宴、公司團建、年會等需求旺盛，使華粹元年備受青睞（圖5.1）。

圖 5.1　老房子華粹元年食府大堂

　　然而，外地高端餐飲先頭部隊搶灘成都市場的失利並沒有讓所有人望而卻步。隨著成都經濟的發展以及外資的進入，餐飲消費市場很被看好。大董和新榮記等高端餐飲品牌都有進入成都的打算，而他們的首店地址很有可能就在天府新區。老房子董事長楊樵認為，這些品牌的進入自然會帶來競爭，好餐廳進入市場是有教育意義的，通過對比能夠讓食客知道好餐廳的標準是什麼，從而更願意為品質買單。外來餐飲走進來的同時，本土品牌也要思考走出去。2015年7月，老房子在葡萄牙里斯本開了第一家海外分店。第二年，這家店就在「里斯本體驗」最佳餐廳評選中獲得了「兩星金餐叉」稱號。雖然在葡萄牙開店取得了成功，但短期內老房子並沒有第二家海外店的計劃。

　　思考：1. 老房子在本土市場即將會遭遇哪些危機？
　　　　　2. 老房子海外業務有哪些潛在危機？
　　　　　3. 老房子應對危機的方式有哪些？

第五章 品牌危機與管理支持

◇ 思維導圖 ◇

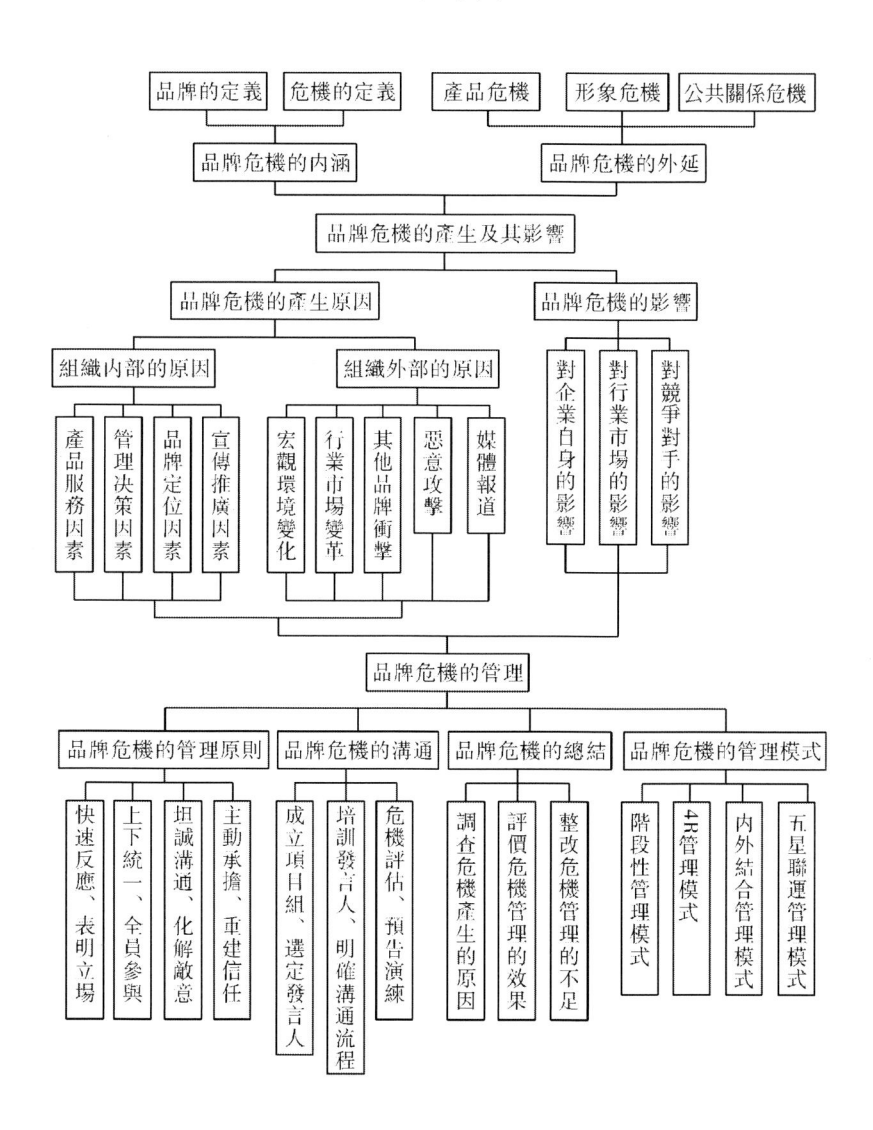

```
                 ┌─────────┬─────────┐        ┌────────┬────────┬──────────┐
            品牌的定義  危機的定義              產品危機  形象危機  公共關係危機
                 └────┬────┘                   └────────┴───┬────┴──────────┘
                品牌危機的內涵                         品牌危機的外延
                       └──────────────┬──────────────┘
                              品牌危機的產生及其影響
                       ┌──────────────┴──────────────┐
                  品牌危機的產生原因              品牌危機的影響
              ┌──────────┴──────────┐         ┌───────┼───────┐
         組織內部的原因        組織外部的原因   對企業  對行業  對競爭
         ┌──┬──┬──┬──┐    ┌──┬──┬──┬──┐   自身的  市場的  對手的
         產品 管理 品牌 宣傳  宏觀 行業 其他 惡意 媒體  影響   影響   影響
         服務 決策 定位 推廣  環境 市場 品牌 攻擊 報道
         因素 因素 因素 因素  變化 變革 衝擊
                       └──────────────┬──────────────┘
                              品牌危機的管理
         ┌─────────────┬─────────────┬─────────────┬─────────────┐
    品牌危機的管理原則  品牌危機的溝通  品牌危機的總結   品牌危機的管理模式
    ┌──┬──┬──┬──┐   ┌──┬──┬──┐   ┌──┬──┬──┐   ┌──┬──┬──┐
    快速 上下 坦誠 主動  成立 培訓 危機  調查 評價 整改  階段 5S  內外 五星
    反應 統一 溝通 承擔  項目 發言 評估  危機 危機 危機  性管 管理 結合 聯運
    表明 全員 化解 重建  組、 人、 預告  產生 管理 管理  理模 模式 管理 管理
    立場 參與 敵意 信任  選定 明確 演練  的原 的效 的不  式        模式 模式
                        發言 溝通        因   果   足
                        人   流程
```

113

◇ 本章提要 ◇

品牌危機使許多企業談虎色變，然而大數據可以幫助企業提前洞悉。在危機爆發過程中，最需要的是對危機的處理和跟蹤，找到危機產生的原因，方便快速應對。隨著「互聯網+」時代的到來，利用大數據可以有效監控危機的傳播趨勢及其負面影響，及時啟動危機預警，按照人群社會屬性分析，識別關鍵原因及傳播路徑，進而保護企業、產品的聲譽，抓住源頭和關鍵節點，快速有效地處理危機。

第一節　品牌危機的內涵與外延

什麼是品牌危機？大多數企業或個人可能會聯想到品牌乃企業的無形資產，企業生產的產品或提供的服務出現了嚴重的質量問題，被消費者投訴或者媒體曝光，使企業的信譽和形象即品牌受到負面影響。

實際上，品牌危機是指在企業發展過程中，企業自身的失職、失誤，或者內部營運、管理工作中出現缺漏等，使得品牌被市場吞噬、毀掉直至銷聲匿跡，公眾對該品牌的不信任感增加，銷售量急遽下降，品牌美譽度遭受嚴重打擊等現象。

一、品牌危機的內涵

（一）品牌的定義

為了更好地理解品牌危機，我們首先應該認識品牌及其危機的內在含義，才能清晰地界定品牌危機的範圍。以凱費洛為代表的歐洲學者認為品牌是產品和產品之外附加值的集合，但是以凱文·凱勒為代表的美國學者認為品牌僅僅是產品之外的附加值部分。針對上述兩種學派的觀點，我們可以發現，產品加上品牌與不加上品牌，加上 A 品牌還是加上 B 品牌，都會給消費者帶來差異化的體驗效果，即便是同質化的產品，也可能會形成差異化的品牌認知。

「現代行銷學之父」菲利普·科特勒在《市場行銷學》中指出：品牌是一個名稱、名詞、符號或設計，或者是它們的組合，其目的是識別某個銷售者或某群銷售者的產品或勞務，並使之同競爭對手的產品和勞務區別開來。這個定義更加側重於買賣雙方之間的媒介，媒介有其自身的特點，同時能夠為雙方帶來價值與使用價值。然而，大數據商業時代已經不同於生產觀念時代和產品觀念時代，品牌不僅是附加在產品基礎上的標誌，更是企業的信譽和形象以及產品服務質量的可靠保障。

中國市場學會品牌戰略委員會主任餘明陽教授指出：品牌是用以和競爭對手相區別的產品和文化的載體，以及附著在這個載體上的消費者及公眾生理上、心理上或綜合性的感受和評價。由此看出，品牌不僅有利於幫助消費者及公眾識別和分辨商品，還是企業核心價值的集中體現，同時也是產品質量和信譽的保證，更是企業基業長青的無形資產。

對於品牌，我們認為在大數據商業時代，對品牌的定義應該包括消費市場、供給市場和產品服務本身。因為品牌的主體是企業，客體是顧客和公眾，媒介是產品和服務。品牌是企業經營管理者投入巨大的人力、物力和財力甚至幾代人長期辛勤耕耘建立起來的與消費者之間的一種交易、認可及信任關係，它附著於產品或服務上，具有一定的能見度、辨識度、認可度和美譽度。

國家平臺成就國家品牌

成就國家品牌，打造中國企業，實現行業領跑。2016年11月8日，國家品牌計劃在北京梅地亞中心正式啟動。實施國家品牌計劃是傳承、發現、培育一批能夠代表中國各行業頂尖水準的國家品牌集群，代表中國力量徵戰下一個30年的全球經濟競爭。

今天，中國的經濟總量達到了世界第二，「Made in China」滲透世界上每一個國家和地區，中國產銷量高居全球榜首的產品數以百計，但是，由於品牌影響力太低，作為「製造大國、經濟大國、品牌小國」的中國，幾十年來只能一直處於全球產業鏈的底端。

2015年，中國企業進入《財富》世界500強的數量達到了110家，排名第二，但在2015年的「世界品牌500強」排行榜中，入選的中國品牌僅有31家，排名第五。為了重振「中國造」的雄風，挺起「中國造」的脊梁，2014年，習近平總書記提出要實現「中國製造向中國創造轉變，中國速度向中國質量轉變，中國產品向中國品牌轉變」，「品牌戰略」已上升到國家戰略。

（二）危機的定義

危機在字面上包含兩種含義：危險和機會。就類似於門檻，邁過去了就是門，邁不過去就是檻。危機在商業領域始終伴隨著企業的整個成長發展過程，它無時不有、無處不在，它影響著企業經營管理的方方面面。

「現代危機干預之父」凱普蘭最先提出了危機的概念：每個人都在不斷努力保持一種內心的穩定狀態，保持自身與環境的平衡與協調。當重大問題或變化發生使個體感到難以解決、把握時，平衡就會打破，內心的緊張不斷積蓄，繼而出現無所適從甚至思維和行為的紊亂，即進入一種失衡狀態，這就是危機狀態。凱普蘭的定義為今天的危機管理奠定了基礎，但是這個定義強調個人而忽略了團體和社會這兩個主體。

巴頓認為危機是「一個會引起潛在負面影響的具有不確定性的大事件，這種危機及其後果可能對組織及其員工、產品、服務、資產和聲譽造成巨大的損害」。巴頓的闡述在凱普蘭的基礎上將危機影響的範圍擴大到人和組織，認為溝通交流和形象管理是必要的。但企業在面臨、處理危險的同時也有著潛在的機遇，這說明危機具有兩面性。

在大數據時代背景下，對企業來說在競合過程中潛藏的危機無時不有、無處不在。危機使企業聲譽和形象受到影響，嚴重損害企業的信用，使企業的市場佔有率和銷售業績下滑，甚至嚴重影響員工忠誠度和戰鬥力，影響企業上下游客戶關係。

危機具有以下幾個特點：

(1) 意外性：危機爆發的時間、規模、態勢和深度是始料未及的。

(2) 傳染性：進入信息時代後，危機的傳播比危機本身發展要快得多。媒體的介入會讓危機像傳染病一樣波及社會的方方面面。

(3) 破壞性：由於危機常具有「特發性和傳染性」的特點，不論什麼性質和規模的危機，都必然會不同程度地給企業造成破壞、混亂或恐慌，加之決策時間滯後性以及信息不及時，往往會導致決策失誤，從而帶來不可估量的損失。

(4) 緊迫性：對企業來說，危機一旦爆發，其破壞性的能量就會迅速釋放，並呈快速蔓延之勢，如果不能及時控制，危機會急遽惡化，使企業遭受更大損失。

(5) 全局性：處理危機需要組織上下通力協助，不僅要有應急預案，還要針對預案成立專門的應急團隊，調動各類資源，全體動員應對危機。

(三) 品牌危機的內涵

品牌危機是指在企業經營管理過程中，由於國家政局或者政策變動、行業變革，企業外部經營失誤，或者內部管理工作中出現缺漏等，出現的品牌突發性地被市場吞噬、毀掉直至銷聲匿跡，公眾對該品牌的不信任感增加，經營業績下滑，品牌美譽度遭受嚴重打擊等現象。

期待綻放的紫荊花

紫荊花（香港）家居有限公司成立於1997年，公司一直致力於倡導新的居家方式和消費理念，為消費者提供高品質的時尚產品。公司創立之初主要在成都批發經營休閒家具，基於高層敏銳的商業眼光，在家具消費品市場初見端倪的西南市場頗受歡迎，截至2003年，公司一度成為西南家居經營模式的標杆（圖5.2）。

圖5.2　紫荊花廣州總部

2003年，紫荊花家居開始從區域性品牌走上全國性品牌之路，先後在鄭州、蘇州等國內50多個城市開設專賣店，公司業績突飛猛進，銷售額甚至一度超過全友等全國性品牌。2009年，公司總部遷往中國家居重鎮廣東順德，通過參加中國進出口貿易交易會開始實施品牌國際化，產品遠銷美國、日本、加拿大等30多個國家。

隨著2012年全國樓市調控政策的實施、國外品牌進駐和國內品牌的崛起，紫荊花的全國加盟之路還在鋪天蓋地地進行著，但是行業市場已經開始出現家具電商模式，加上總部市場團隊的管理水準滯後、售後部門業務混亂以及OEM工廠的獨立經營。經銷商竄貨現象屢見不鮮，產品質量參差不齊，售後工作嚴重缺位，原材料價格節節攀升諸多原因，紫荊花從2006年開始走下坡路。很多經銷商向總部售後部門反應的售後問題遲遲得不到回覆，給市場部門在節日期間開展活動的建議也遲遲沒有消息……

2013年左右，產品、市場管控、售後服務等一系列問題的出現，導致曾經經營紫荊花的經銷商訂貨量和訂貨頻率逐漸下降，甚至有些經銷商放棄經營紫荊花品牌，經營多年的紫荊花市場大幅度萎縮，業績嚴重下滑。公司高層決定重新構建商業模式，幫助公司重鑄輝煌。

通過紫荊花的案例我們可以看出，產品質量、售後服務、市場管控、經營管理和公共關係處理問題等都會在一定程度上誘發品牌危機，導致企業的經營業績下滑，品牌信譽和形象受損。抓住這個線索有利於我們找到誘發品牌危機的種種原因，從而更好地防範和應對危機的產生和發展。

品牌危機的產生都源於與品牌相關的一系列事件，企業在應對客戶和公眾的時候，針對每個事件都會產生思維層面和行為層面的差異，但雙方針對這些事件的處理期望值又不盡相同，倘若雙方信息不對稱或溝通不暢，加上媒體基於事實或基於虛構的報導使企業成為輿論的焦點，正所謂「眾口鑠金，積毀銷骨」，負面宣傳影響了客戶和公眾對品牌的再認知，使品牌形象和聲譽受損。所以說危機的根源、客戶的期望、企業的措施、公眾的看法和泛媒體的關注構成了一個品牌事件發展到品牌危機的主線。

二、品牌危機的種類

對品牌危機進行分類，有助於我們更好地理解品牌危機的機理結構，從而能夠從另一個角度掌握品牌事件是如何演化為品牌危機的；有助於我們深入瞭解品牌危機的內涵及各因素的相互影響關係，為防範和應對品牌危機提供理論支持。下面簡要介紹幾種常見的品牌危機。

（一）產品危機

產品危機是指因產品質量問題而出現的對企業運轉和信譽乃至品牌產生重大威脅的緊急事件或災難事件。產品危機主要是指企業在產品質量或功能上與消費者產生糾紛甚至給

消費者造成重大損失，進而被提出巨額賠償甚至被責令停產的事件。這種情況主要是產品生產技術、工藝落後，生產流程不科學，產品質量危機意識欠缺或者產品質量管理體系不規範等情況造成的。企業一旦面臨產品質量誘發的品牌危機，首先，應該迅速將問題產品召回；其次，撫慰和關心受害者；再次，召開新聞發布會，通報事情原因和企業態度；最後，對問題產品進行處理，對受害者進行賠償，對造成問題的相關責任人進行問責、處理。

（二）形象危機

形象危機是指企業在生產和運行中，由於內部管理不善、企業家自身形象或者企業不當競爭等行為而在社會公眾和消費者中產生負面影響和評價，降低企業在社會公眾中的信任和威信。形象危機的產生，一是因為企業缺乏正確的企業文化作為指導，二是缺乏居安思危的危機意識和危機預警機制，三是缺乏科學、系統的理論指導，四是缺乏深刻認識和正確的處理技巧。應對形象危機的措施具體如下：首先，企業應該構建形象危機管理預警系統；其次，召開新聞發布會澄清事實真相和企業態度，接著，通過網絡媒體等渠道進行正面報導；最後，對問題根源進行清查處理、梳理總結。

（三）公共關係危機

公關關係危機，是指由於組織自身或者外部社會環境中某些事情突然發生，引起對企業有負面影響甚至帶來災難的事件，對組織聲譽及其相關產品、服務聲譽產生不良影響，導致組織在公眾心目中的形象受到嚴重破壞的現象。企業公共關係危機主要是由環境問題、勞資問題、產品質量、公眾謠言等其他因素誘發而產生的。在處理公共關係危機的時候要始終秉承及時、誠懇、準確的原則，及時是首要原則，誠懇是關鍵，準確是前提。其目的是真實傳播、挽回影響、減輕損失、趨利避害、維護聲譽。

第二節　品牌危機的產生及其影響

品牌危機的發生往往是從一個事件開始的，該事件損害了相關群體的利益，事件雙方在博弈過程中沒能夠達到彼此的期望，事件經過網絡發酵為公眾所關注，因為輿論的引導成為一種社會事件，該品牌及其相關聯的企業、產品等的信譽度和經營業績嚴重下滑，產品被市場抵制甚至拋棄。系統、深入地瞭解品牌危機的產生原因、影響及其後果，有利於我們理清思路、找到方法，有利於企業經營決策者在危機的防範與應對中有的放矢。

一、品牌危機產生的原因

品牌危機的產生原因比較複雜，例如市場、產品、品牌、渠道、組織和管理因素等，

有可能是某一個因素引起，也有可能是幾個因素綜合引起，企業要正確地進行品牌危機管理，就勢必要對危機產生的原因進行系統、全面和深刻的瞭解。一般來說，品牌危機產生的原因可以從企業內部和外部兩方面進行分析。

（一）組織內部的原因

1. 產品服務因素

首先，產品質量問題是品牌危機的一個重要原因，表現為對產品的質量不重視，以次充好，缺斤少兩，偷梁換柱。在現實中，某些企業為追求經濟效益，把質量不好的產品甚至是低劣的二等品、三等品乃至等外品拿來充數出售，致使企業原先的紅火場面慢慢冷清，毀了品牌，「秦池」「三鹿」就是慘痛的教訓。某些企業為追求眼前利益，產品質量欠佳，缺斤少兩，致使產品乃至企業的形象在消費者心中大打折扣，信譽度降低，銷售業績急速下滑。甚至有的企業銷售積壓、過時、變質的產品，哄騙、欺瞞消費者。其次，服務質量問題是品牌危機的催化劑，因為優質的服務是維繫老客戶和開發新客戶的重要手段。某些企業為了完成銷售工作，向顧客承諾其售後服務多麼周到和人性化等，而在完成銷售工作後，對客戶反應的問題處理不及時，推脫責任，企業內部推諉甚至置之不理，導致客戶對企業的印象大打折扣，在消費者心中的口碑越來越差。

2. 管理決策因素

有一套健全的管理機制，企業才能更好地發展。一是企業缺乏監控系統。監控系統是企業管理必備的良藥，如果一個企業沒有行之有效的監控體系，制度沒得到合理、正常的執行，員工、領導的工作偏離軌道，即使是危機到來，他們也不會對此事有所警覺、不會進行有效的預防和控制。二是危機管理制度不健全。危機管理制度是危機管理的基礎，是企業朝更好的方向發展的保護傘，危機管理制度能夠使企業對危機進行預防、控制和有效應對。三是企業決策機制不確定。企業的危機處理水準和領導的決策水準有直接關係，管理者的思維和行為方式是企業轉危為安的關鍵要素。

金笛服飾的品牌轉型升級之路

四川省金笛服飾有限公司成立於2007年，坐落於風景秀麗的金堂縣九龍服裝工業園。公司集服裝設計、研發、生產於一體，長期為客戶提供全方位解決方案。公司擁有全套德國進口生產線、嚴格的質量控制體系、完善的銷售網絡以及朝氣蓬勃的員工隊伍，專業生產品質優良、價格公道的各類服裝。公司所生產的西服、襯衫、職業裝、羽絨服、棉衣、風衣、戶外服以及高級訂制服裝等深受國內外客戶好評（圖5.3）。

經過多年發展，公司已經通過ISO9001國際質量體系認證、ISO14000環境管理系列標準認證、ISO18000職業健康安全管理體系認證、商品售後服務評價體系認證以及BSCI國際商業社會標準認證。

图 5.3 金笛服饰官网截图

　　近年来，随着国外流行品牌的纷纷进驻及国内年轻品牌的异军突起，金笛服饰的品牌定位开始变得模糊不清，呈现出不上不下的状态，产品市场占有率和市场增长率大幅下降。公司决策层决定以金笛服饰为基础，进行品牌重塑。公司在充分调研市场同业竞争者的前提下，开发出四个子品牌：HelloPocket、D&DOWN、Zoophlilst-tailor 和 GY. GIORGIAP 四个子品牌，子品牌定位区分且独立营运，HelloPocket 专注于奢侈品质的多功能商旅鹅绒服，产品材质均来源于日本，独特的自有工艺造就了世界上最轻最暖的鹅绒服，无论何时何地，总有一款是您的爱。D&DOWN 主要开发全球轻奢运动品牌。Zoophlilst-tailor 主要开发全球首个专属于动物环保人士的服饰品牌，「拒绝杀戮」、与动物和谐相处是品牌的自创精神，所有材质均不会采用动物皮毛，主打天然、环保、创造和迴归。GY. GIORGIAP 蕉雅是专为高级商务人士量身定制的义大利合作品牌。

　　公司借助精准的市场定位和丰富的产品线，逐步打开了市场，并在羽绒服领域占据一席之地。目前，市场布局已经遍及北、上、广等一线城市以及河南、云南等省的许多二线城市。与此同时，公司创始人创新性地将蜀绣这一非物质文化遗产融入产品中，通过商务部搭建的商贸平台，成功打入欧洲市场，得到了国际社会的广泛认可和青睐。

　　3. 品牌定位因素

　　品牌定位包括市场、价格、形象、地理、人群和渠道定位等。如果没有精准的品牌定位，企业将在激烈的市场竞争中失去消费群体。「美特斯邦威」于 2008 年年底推出旗下高端城市品牌「ME&CITY」，起初还邀请「越狱」男一号米勒和巴西超模布鲁娜代言，但「ME&CITY」的门店都是以「店中店」的方式上市推广，这无疑给品牌针对的消费者带来了负面效应，这种将母品牌和子品牌捆绑在一起的做法势必会拉低「ME&CITY」的定位水准，消费者也很难将之与中高端消费联系起来。舒肤佳在 1992 年进入中国市场的时候，早在 1986 年进入的力士已经占据香皂行业霸主地位，舒肤佳抓住家庭卫生和健康这个客

戶需求點，硬生生地把力士拉下馬，2015年舒膚佳以21.52%的市場佔有率遠遠高於力士的8.45%而雄踞榜首。舒膚佳通過「除菌」「媽媽呵護全家健康」與「中華醫學會驗證」等一系列品牌定位模型，快速為中國家庭所接受，從而贏得市場地位。

4. 宣傳推廣因素

「酒香不怕巷子深」的商業模式已經不能完全應對今天的市場競爭，宣傳推廣能夠幫助企業在消費者和社會公眾心中樹立形象、塑造品牌。20世紀90年代，紅塔集團幾乎絕對壟斷菸草市場，安徽蚌埠卷菸廠開發了黃山菸，為了打破紅塔山在高端市場的封鎖，蚌埠卷菸廠在合肥舉行了一個全國性不記名品吸活動，同時邀請普通消費者和行業專家參與，讓公眾瞭解黃山菸的優良品質，結果是「黃山」排名第一。隨後公司迅速發布諮詢，並結合主流媒體傳播，以「天高雲淡，一品黃山」為口號，「中國相，中國味」使「黃山」贏得眼球的同時贏得了市場。但不合時宜的宣傳推廣內容、方式、時段和渠道往往會帶來適得其反的效果。曾經，豐田「霸道」汽車做過這樣的廣告：崎嶇的山路，一輛豐田「霸道」越野車迎坡而上，後面的鐵鏈上拉著一輛笨重的、看似「東風」的大卡車；一輛豐田「霸道」越野車駛過，路邊的兩只石獅子垂首敬禮，廣告語則是「霸道，你不得不尊敬」。公眾看後表示非常憤怒，廣告中的卡車與中國軍車非常相像，有污辱中國軍車之嫌，同時石獅子在中國代表著權利和尊嚴。這樣的廣告極不嚴肅，放大了負面情緒，忽略了歷史遺留下來的疼痛，傷害了中國人民的感情。

(二) 組織外部的原因

1. 宏觀環境變化

宏觀環境變化包括政治、經濟、社會因素等的變化。國家之間的政治關係惡化極有可能造成品牌危機，例如2008年法國總統接見達賴造成中法關係緊張，法國「家樂福」因捲入「藏獨」事件而被中國民眾抗議、抵制。宏觀環境變化還包括國家方針政策的變化、新法律條文的頒布、戰爭恐怖主義、經濟全球化加劇、國際金融市場波動和突發的自然災害等原因造成的品牌危機。

2. 行業市場變革

行業市場的變革主要包括行業標準提高、行業模式迭代等原因致使企業生產的產品突然從「正品」變成了「贈品」，使企業遭遇突發性的品牌危機。例如20世紀很多企業在顯像管電視、VCD、BP機等市場出現惡性競爭，採用降價、促銷等方式使很多企業出現慢性自殺式的情況。但是行業競爭格局在發生改變，做到行業老大的顯像管電視卻成為背投、平板電視的「贈品」，做到行業領頭羊的VCD企業突然發現自己的產品成為搭載HDMI接口的藍光播放器的「贈品」，做到行業最高標準的BP機企業發現市場上的手機已經取代了自己的地位。這些鮮活的例子告訴我們，商業模式的迭代導致行業市場發生翻天覆地的變化，企業唯有跟上市場和技術的發展腳步，緊盯消費需求變化，方能在市場變革中立於不敗之地。

創新讓「樂凱」重生

在暗房裡沖洗膠卷，對於今天的年輕人來說已經非常陌生，雖然它遠離大眾才不過短短十幾年。「樂凱」終於決定把最後僅存的暗房和設備搬進博物館，20年前，公司擁有同樣用於檢測膠卷的暗房好幾十間。近幾十年人類高新科技的顛覆性給中國這樣的發展中國家製造了新的機遇，但是新時代的颶風也常以驚人的速度橫掃一切，讓人措手不及（圖5.4）。

圖5.4　輝煌一時的「樂凱」膠卷

數碼攝影就是這樣的颶風。幾乎在一夜之間，它風卷殘雲般吞噬了膠卷相機幾乎所有的領地，100多年的傳統和輝煌轉瞬間菸消雲散。美國伊士曼柯達公司2012年1月19日宣布，公司及美國子公司已經在紐約申請破產保護。曾經傲視群雄的柯達公司令人唏噓感嘆。

中國企業絕不想步柯達後塵。王輝是樂凱集團工程師，1988年，22歲的他入職時，中國剛剛成為世界上第四個能夠生產彩色膠卷的國家，打破了美國、德國和日本的壟斷。王輝說：「1990年在北京召開亞運會，感覺特別光榮和自豪，公司扛著一箱子膠卷到《人民日報》新華社試用『樂凱』膠卷，事實證明，沖洗出來的照片效果非常好。」但是危機來得太快了，進入21世紀，膠卷行業還沒來得及進行任何抵抗，便迅速敗給了新技術，敗得沒有一點機會，斷崖式下跌，這樣的形容毫不誇張。2005年，「樂凱」膠卷還能賣出1,172萬卷；2006年這個數字變成了761萬卷；到2012年，公司被迫關掉最後一條彩色膠卷生產線。王輝說：「經歷了彷徨，內心也有很多想法和不捨，但是沒有辦法，公司和員工只有面對這個現實。」這個現實就是迅速轉型，只有轉型成功，才能保住上萬名職工的飯碗，保住這個來之不易的民族品牌。

但是轉型的方向在哪裡？數碼相機、MP3及其他數碼產品的轉型從目前來看都是不成功的。為什麼不成功？數碼相機的核心技術是什麼？是電子和半導體。「樂凱」幾十年的發展沒有在這個專業裡面形成核心技術，沒有人才儲備，現在王輝和他領導的研發團隊為「樂凱」的合肥工廠提供技術支持，他的工作看上去似乎與膠卷風馬牛不相及，但是王輝很清楚，他們的產品核心技術都與膠卷相關。10年前，王輝和近百位老職工一起來到千

里之外的合肥二次創業，就在這一年，公司總部做了一個決策——集中精力做符合「樂凱」核心技術的產品。經過幾年的探索，「樂凱」越來越感覺到，如果不掌握核心技術，在轉型的過程中遇到的困難將會很大。

王輝所說的核心技術是指在膠卷時代累積下來並不斷發展的微粒、成膜和塗層三大技術。依靠這三大技術，中國第一條光學聚酯薄膜生產線建成投產，這種薄膜是製造平板顯示器的關鍵材料，此前，被日本、韓國等國家的企業壟斷，然而「樂凱」擴散膜的產品上市初，競爭品都是國外的，價格下降40%，也給廣大的消費者帶來了實惠。膠卷時代的巔峰期，「樂凱」的最高年銷售額是20億元人民幣，而在2017年，很多人以為，「樂凱」早就不存在的時候，這個數字是60億元。從平板顯示器到數字印刷，從彩色相紙到醫療膠片，從火車票到太陽能電池背板，「樂凱」早已不是人們記憶深處的模樣，但是所有這些，無一不來自他們數十年的累積和從未停止的創新。

3. 其他品牌的衝擊

隨著改革開放的深入，中國與他國之間的交流日益擴大，外國介入中國的經濟活動日趨頻繁——或是在中國投資建廠，生產外國知名品牌；或是同中國企業合資，利用強勢品牌文化對中國品牌形成強烈衝擊。由於這一浪潮的襲擊，中國名牌產品的地位岌岌可危。跨國品牌優衣庫、H&M、ZARA對國產時尚品牌形成了強烈的衝擊。國外品牌汽車的進口以及合資建廠生產的汽車對長城、BYD、奇瑞、吉利等本土品牌帶來嚴峻挑戰。與此同時，本土品牌面臨競爭格局的提升。農夫山泉從一家獨大到如今諸侯割據的局面，VOSS、Acqua Panna、依雲等國外品牌紛紛進入，昆侖山、百歲山、冰川時代等後起之秀正在對行業老大形成品牌合圍的態勢。格力在空調行業的霸主地位也逐步受到來自美的、海爾等企業的挑戰。

4. 競爭對手或社會惡意攻擊

惡意攻擊是指這些傷害活動的目的是使企業受到破壞和損失，這種情況多來自競爭對手，也有公眾或其他組織出於報復心理或嫉妒心理進行的誣蔑、陷害。最經典的案例莫過於「金龍魚事件」。2010年，郭某林利用網絡發布《金龍魚，一條禍國殃民的魚！》，該文稱金龍魚食用油利用「有害的」轉基因大豆，「毒害」國人的身體健康，呼籲網民抵制金龍魚。這給金龍魚所屬公司造成的商品聲譽損失達58萬元。2010年10月23日，嫌疑人郭某林被抓獲，並因涉嫌損害商品聲譽罪被判處有期徒刑一年，處罰金1萬元。「金龍魚事件」是食品行業上演的一出競爭對手惡意攻擊事件，雖然涉案人員已經受到應有的處罰，但該事件對金龍魚品牌造成的損失是不可挽回和無法估量的。該事件也給食品企業敲響了警鐘，警示他們一定要守住道德底線，遠離不正當競爭手段，以免導致行業內相互效仿、互相抹黑，否則不僅會使品牌形象受損，還會在業內形成惡性循環，破壞正常的市場秩序，給消費者帶來莫須有的恐慌。

5. 媒體報導

媒體報導是媒體對品牌相關的企業、產品、服務等進行公開報導，從而引發對品牌長

期塑造的形象產生危險的品牌危機。這裡包括對品牌不利情況的屬實報導和失實報導。不論這些報導是真是假，企業如果對這些傳聞和報導處理不當，就會對品牌形象、產品信譽等造成危害，甚至導致公眾對品牌喪失信任。

央視「3/15」晚會曝光案例八年盤點

每年的「3/15」都是消費者維護權利的日子，也會成為企業負面輿情集中爆發的時期。為了全面總結「3/15」危機曝光的基本規律，人民網輿情監測室抽取了2006—2013年「3/15」曝光的57個案例樣本，並對這57個樣本從多個角度進行了分析解讀（表5.1）。

表5.1　　　　　　　2006—2013年央視「3/15」曝光案例匯總

年份	案例	年份	案例
2013年	蘋果手機深陷「後蓋門」	2012年	中華學生愛眼工程借公益攬錢
	江淮同悅被曝「生鏽鋼板」		麥當勞將過期肉製品放保溫箱繼續銷售
	「周大生」等品牌黃金摻假		家樂福修改鮮肉產品包裝日期
	高老太降糖貼、慕容氏糖貼等虛假廣告		液化氣罐摻混二甲醚易洩漏
	大眾汽車雙離合自動變速器被曝安全隱患		醫療垃圾及二料被曝光用於製作玩具
	高德導航儀涉嫌竊取用戶隱私		滅火器偷工減料難以滅火
	網易等公司收集用戶隱私		多家銀行員工洩露客戶個人信息
	寬帶營運商強制給用戶推送垃圾廣告		中國電信被曝群發垃圾短信
2011年	錦湖輪胎「質量門」	2010年	上海羅維鄧白氏買賣個人信息
	雙匯「瘦肉精」事件		惠普電腦「質量門」
	國美騙取以舊換新補貼		電視機保修項目「漏掉」屏幕
	成都田婆婆洗灸堂銷售假藥被曝光		手機增值業務「存扣費後門」
	文物鑒定證書造假		冬蟲夏草添加重金屬等有害物質
	手機惡意扣費		理療檔體驗店虛假宣傳
	玩具質量不合格		鹼性水改善人體pH酸鹼度謊言
	4S店銷售「潛規則」		汽車防護欄形同虛設
	生產易燃保溫材料劑素板		一次性筷子使用工業硫黃
	用脫墨紙生產餐巾紙		染髮劑質量問題
2009年	垃圾短信與個人信息盜賣	2008年	塗料質量問題
	電飯鍋質量問題		垃圾短信事件
	油漆質量問題		「人胎素」美容產品概念行銷
	九九九純金金牛造假		活寶口服液、聖力士健剛牌膠囊等
	國道收費亂象		網遊引起青少年犯罪問題
	電視購物商品虛假宣傳		歐典「天價」地板商業詐欺黑幕
2007年	「藏秘排油」減肥茶虛假廣告	2006年	醫療垃圾再使用問題
	諾基亞5500手機維修事件		北京國際友誼花園房屋面積縮水
	生力康膠囊虛假廣告事件		短信詐騙問題
	江蘇蘇州天水味精添加保險粉事件		—
	AO史密斯等電熱水器質量問題		—
	朗能白光節能燈質量危機		—

一、每年曝光危機個案數量 4~10 個

從 2006—2013 年「3/15」曝光危機數量的走勢，我們可以清晰地看出，2006—2011 年，「3/15」曝光的危機事件數量處於明顯的上升勢頭。其中，2007—2009 年的危機事件數量持續保持在 6 個，2011 年達到最高點 10 個，之後兩年略有回落。由此，我們可以預測，2014 年「3/15」曝光的危機事件數量會在 10 個左右（圖 5.5）。

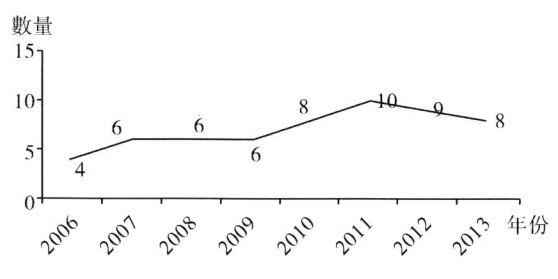

圖 5.5 「3/15」年度曝光危機數量走勢（單位：個）

二、曝光主體中，企業和行業占比旗鼓相當

「3/15」年度曝光危機大類數量走勢及權重如圖 5.6 和圖 5.7 所示。

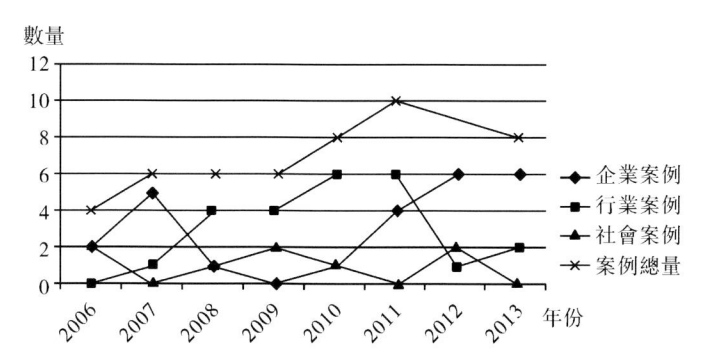

圖 5.6 「3/15」年度曝光危機大類數量走勢（單位：個）

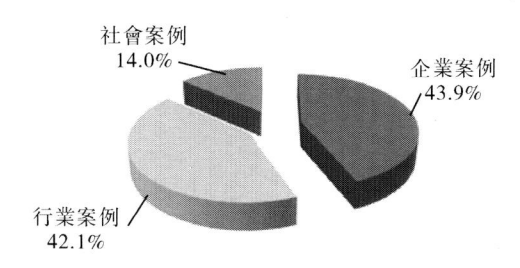

圖 5.7 「3/15」年度曝光危機大類數量權重對比

從危機曝光主體的劃分角度來看，行業案例和企業案例的數量基本保持了此消彼長的態勢，企業案例表現為兩端高、中段低，占比為 43.9%；行業案例表現為中段高、兩端低，占比為 42.1%，權重對比旗鼓相當。社會案例的數量則隨機性比較強。

三、「產品質量」「虛假宣傳」與「商業詐欺」類是重災區

「產品質量」類以 35.1% 的占比高居榜首，從 2007 年的 AO 史密斯等品牌電熱水器質量問題、朗能白光節能燈質量危機，到 2010 年的惠普電腦「質量門」、2011 年錦湖輪胎「質量門」，再到 2013 年被曝的江淮同悅「生鏽鋼板」、大眾汽車雙離合自動變速器安全隱患等，幾乎每年都有涉及「產品質量」的企業被曝光。由此足以看出「3/15」對產品質量問題的高關注度。

「虛假宣傳」類以 15.8% 的占比位居榜單次席，如 2007 年的生力康膠囊虛假廣告、「藏秘排油」減肥茶虛假廣告、2008 年「人胎素」美容產品概念行銷、2009 年九九九純金金牛造假、2013 年高老太降糖貼及慕容氏糖貼等虛假廣告均屬此類。

「商業詐欺」類以 14.0% 的占比位居第三位。2006 年歐典「天價」地板商業詐欺黑幕當屬此類中最知名的，同時被曝光的還有北京國際友誼花園房屋面積縮水事件。此後幾年還相繼曝光了 4S 店扣留合格證將新車變黑車、國美電器騙取以舊換新補貼、周大生等品牌黃金摻假等事件。

上述 3 類事件整體占比約為總量的 65%。與此同時，消費知情權、企業社會責任、食品安全和售後服務等事件，也曾被「3/15」曝光過（圖 5.8）。

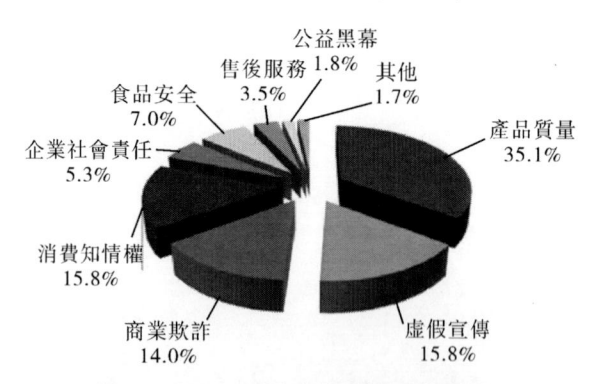

圖 5.8 「3/15」曝光案例事件類型權重對比

四、醫療保健、手機通信業風險系數高，食品、汽車業潛在風險較大

通過統計 2006—2013 年央視「3/15」曝光企業或行業發現，輿情爆發數量最靠前的 5 個行業分別是醫療保健、手機通信、家電相關、汽車相關及食品相關類。2014 年，人民網在兩會熱點調查中，食品藥品安全以 40 餘萬票位列社會保障和反腐倡廉之後，排名第三。

具體到各年份的行業分佈動態變化來看，醫療保健和手機通信兩大行業類別幾乎是每年必被央視「3/15」曝光的焦點行業，但從整體來看，兩行業的整體權重占比處於下降趨勢。此外，其他行業案例的年度分佈規律不明顯。但從 2009—2011 年的階段性權重對比來看，汽車及食品行業的整體占比處於明顯的增長態勢（圖 5.9）。

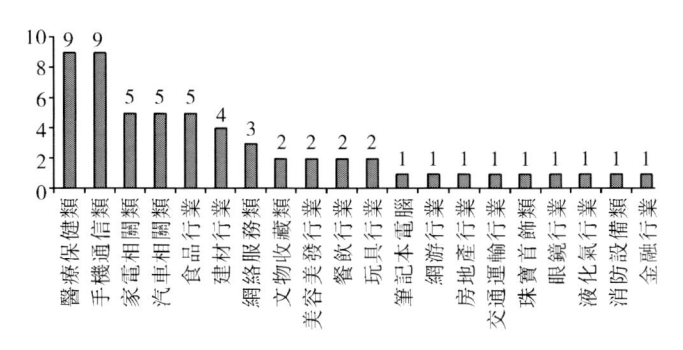

圖 5.9 「3/15」曝光案例事件類型權重對比（單位：個）

五、近六成企業經曝光後對企業聲譽損害程度在「較重」以上

從歷年央視「3/15」曝光案例的整體聲譽損害程度對比來看，企業聲譽受損程度「較輕」的占比四成多。「較重」「嚴重」「致命」的占比近六成（圖 5.10）。

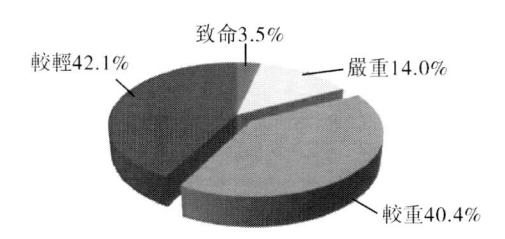

圖 5.10 「3/15」曝光案例整體聲譽損害程度對比

央視「3/15」曝光對當事企業聲譽造成嚴重影響的比重為 14.0%，這一類包括事件關注度較高的「雙匯質量事件」「錦湖輪胎案」等。從後期輿論形勢來看，媒體及輿論指責、聲討幾大當事企業的持續週期都相對較長，企業的正常營運受到影響，企業聲譽受到較明顯的損害。惠普自「3/15」曝光質量問題後，其在中國大陸市場的份額出現較大幅度下滑。

使企業聲譽遭受致命損傷的案例占 3.5%，2006 年的「歐典地板商業詐欺案」和 2007 年的「藏秘排油虛假宣傳案」均屬此類，「3/15」的曝光足以使這兩家企業遭受致命打擊。2006 年，「3/15」晚會揭露每平方米 2,008 元、號稱行銷全球 80 多個國家，源自德國

的著名品牌地板德國歐典總部根本不存在。這個彌天大謊被揭開後，業界嘩然，消費者震驚。2006年4月13日，北京市工商局對歐典做出最終處罰，罰款747萬元。4月20日，歐典恢復了北京市場的銷售。但因為央視的曝光，歐典付出了沉重的代價，銷售額從每個月正常的1,000多萬元下降到幾十萬元；全國投訴記錄暴增近2,000戶；同時，歐典支付了600萬元來補償經銷商的損失。據年終統計，木地板全行業僅2006年就下滑6%。

二、品牌危機的影響

品牌危機涉及的影響因素比較複雜，品牌危機一旦爆發，對消費者、企業自身、供應商、行業市場、競爭對手等都會產生嚴重的影響。但在預防和應對品牌危機時，大多數企業都只考慮到了企業本身、消費者和競爭對手，忽視了供應鏈上游的企業和社會公眾，使得企業很難在危機應對後重新恢復和塑造自己的行業地位和品牌形象。

（一）對消費者的影響

品牌危機對消費者的影響無疑是最大的。品牌危機可能會導致品牌信任度下降，以致顧客的消費行為發生相應轉變。例如瘦肉精事件致使雙匯品牌受損，食品安全再現信任危機；南京俏江南捲入回鍋油風波，雖然表示這些炸過的油絕對不會端上桌給客人用，但仍然有不少市民產生顧慮。加上青島分店爆出「死魚當活魚」的問題後，雖然俏江南集團發表聲明進行澄清和道歉，但並未獲得消費者的認同。

（二）對企業自身的影響

無論是因為產品質量問題還是競爭對手惡意攻擊，品牌危機都會或多或少對企業自身造成影響，包括企業的決策層、管理層和執行層。首先，如果企業決策層在防範和應對危機的過程中缺乏危機意識和有效的決策效果，決策層不僅會在員工面前失去領導力，而且還會導致企業虧損甚至破產；其次，如果管理層缺乏一定的協調和管理能力，部門員工將會在危機面前失去戰鬥力和凝聚力；最後，在危機應對的過程中，企業員工會對企業的風險防範和應對能力做出個人評估，如果員工發現企業無法應對風險，有可能會出現大量的員工離職。

（三）對行業市場的影響

品牌危機的爆發，無論是企業經營管理的原因還是外部惡意攻擊，都會對企業所在的行業市場以及供應商產生影響，這種影響會產生連鎖反應。如果汽車企業因為產品質量問題而出現品牌危機，供應商肯定會受到牽連；如果零售企業因為產品價格或其他方面原因出現銷售問題，生產廠商也會因為資金回籠滯後出現經營困境。例如2017年10月，日本神戶鋼鐵造假事件，坑害了全球200多家企業，致使這些企業甚至整個日本製造業遭遇危機。

（四）對競爭對手的影響

競爭對手在品牌危機漩渦中的態度，在一定程度上成為決定企業能否走出危機的關鍵。相反，企業應對品牌危機的過程對競爭對手也會產生影響。當負面宣傳出現時，企業的競爭對手可能會扮演不同的角色，甚至有的時候競爭對手就是負面宣傳的製造者。因為品牌危機在行業市場具有一定的傳染性，競爭對手通常情況下都會與危機企業劃清界限或者幫助企業走出危機。然而，大部分競爭對手都會抓住機會，從危機企業手中搶奪市場份額。

第三節　品牌危機的管理

品牌危機管理是指企業在品牌經營管理過程中針對該品牌即將面臨或正面臨的危機做出的包括危機防範、應對等一系列計劃、組織、領導、協調、控制的行為總稱。品牌是企業的一項重要資產，品牌危機管理是科學，也是藝術，還是企業管理的一個重要分支。面對品牌危機，企業的當務之急是要樹立危機意識，為應對各種危機進行規劃決策、動態調整、化解處理，讓企業品牌轉危為安，讓品牌資產保值增值，增強顧客和公眾對品牌的信任感和忠誠度。

一、品牌危機的管理原則

品牌危機處理是指針對突發性的品牌危機事件，根據危機處理計劃和決策對危機直接採取處理措施，做出妥善處理，以維護品牌的良好形象。所以品牌危機的處理原則包括快速反應、公開坦誠、把顧客和公眾利益放在首位、各部門協同一致、全員參與等。

知識點講解視頻

打開後廚，讓食品安全看得見

2017年，一度被視為餐飲界標杆的海底撈，因食品安全衛生問題被推上了輿論的風口浪尖。北京市食藥監局已經要求海底撈總部落實食品安全主體責任，全面進行限期整改，在一個月內對北京各門店實現後廚公開、信息化、可視化（圖5.11）。

圖 5.11　海底撈品牌形象

　　隨著海底撈發出致歉信及處理通報，部分網絡輿情從憤怒轉為諒解，還有不少網友與自媒體為其「點贊」。也許海底撈的問題並非其一家所獨有，餐飲服務業在質量、供應鏈以及衛生管理等方面都面臨階段性難題。這也是公眾普遍對食品安全問題抱有擔心的原因，對海底撈的寬容，體現了一部分消費者的理解與耐心。

　　企業不能辜負消費者的善意。當遭遇食品安全衛生重大問題，面臨品牌形象損毀，海底撈的反應是迅速的，道歉也是誠懇的，沒有埋頭裝「鴕鳥」，避免了一場更大的信任危機。然而消費者不僅關心海底撈面對輿情的積極態度，更關心海底撈如何解決根源性問題。只有真正讓消費者看到變化和改進，才不負一家明星企業此前辛辛苦苦建立起來的品牌美譽度，不至於讓消費者對整個行業食品安全狀況的憂慮雪上加霜。

　　從長遠來看，企業的整改是實還是虛，市場有評價標準。對每一個行業、每一家企業而言，消費者利益都應擺在首位。海底撈的發展壯大，得益於鮮明的用戶意識。比起行業內少數從業者服務態度不佳、欺客宰客等現象，海底撈的貼心服務一度刷新了行業服務的紀錄。然而，服務的「面子」再好，產品的「裡子」也得過硬；企業文化再溫馨，踐行起來也得與公共利益、法律法規一致。食品衛生安全就是企業安身立命之所在，就是消費者利益之根本。如果無法保證食品衛生安全，服務再好，都會被市場淘汰。

　　海底撈事件給整個餐飲行業再次敲響了警鐘。新食品安全法「最嚴謹的標準、最嚴格的監管、最嚴厲的處罰、最嚴肅的問責」，不只是寫在紙上；公眾的注意力和部門的執法態度，也不會被一時一事的表態牽著鼻子走。每一家餐飲行業都需要以消費者利益為出發點，主動打開後廚，讓食品衛生看得見，填補管理漏洞，消除衛生死角，讓舌尖安全有保障，方可不負消費者的信任與期待。

　　當前，各行各業的業態、管理和模式創新層出不窮，但怎樣才能堅守初心，強化企業自律是一方面，全社會也需要始終對食品安全保持高壓態勢。經常去「後廚」看一看，問一問「初心」，恐怕才是企業面對危機的正確方式，也是企業基業長青的根本保證。

上述內容引自《人民日報》2017年8月28日5版,「海底撈後廚事件」被媒體披露後,公司快速啟動危機應急預案,沒有迴避任何問題,沒有推卸責任,沒有自我辯解,而是誠懇地低頭、認錯、道歉。

國家工信部品牌培育專家組核心成員、華南理工大學陳明教授認為,品牌不僅僅是宣傳,還是一個信仰和內在操守問題。海底撈雖然在服務方面做到了教科書級別,但在品牌建設上,缺少員工對內在價值觀的敬畏和堅守,從而導致了此次事件誘發的品牌危機。在危機處理中,海底撈的措施滿足了快速反應、承擔責任和尊重事實的原則,但也存在兩個方面的不足:一是未強調公眾利益至上,海底撈的重心在於維護自己的形象,沒有對受害的公眾和未來的顧客做任何承諾;另一個是沒有達到顧客的期望閾值,即整改措施沒有超越消費者的預期。

資深媒體人、騰訊大粵網市場總監肖曼麗認為,對於此次食品衛生問題誘發的品牌危機,海底撈作為標桿性的餐飲企業,媒體應該深究餐飲行業應該怎麼改進。但是輿論卻出現了兩種怪現象:第一種是公關論,滿世界都在討論海底撈的公關水準如何;第二種是一方犯錯,八方點贊。出現這兩種現象的原因主要是海底撈在長期的專業營運和品牌建設上做了很紮實的功夫,所以贏得了消費者甚至是同業非常高的美譽度;其次,一旦出現了標桿性的企業,消費者容易將其捧上神壇,但如果一旦遭遇品牌危機,消費者容易形成較為積極的道德情緒,不僅不會去追責和問責,反而會維護這個品牌。

(一)快速反應,表明立場

品牌危機在信息技術高度發達的今天,傳播速度極快,波及範圍極廣,任何一個壞消息都會以最快的速度向全國乃至全世界擴散,甚至帶來滅頂之災。所以企業應盡可能在最短的時間通過媒體向受害者、顧客以及社會公眾說明企業已掌握的情況,闡明企業立場和態度,爭取媒體、行業協會甚至政府部門的支持,避免事態朝著不利的方向繼續發展。快速回應機制可以使企業迅速、快捷地消除公眾對品牌的疑慮。

企業在面臨品牌危機的公關過程中,應表明立場:是否承認錯誤、承擔責任和願意改進。企業領導要針對品牌受損的內容和程度,向顧客和公眾明確說明,歡迎公眾參觀和諮詢,告訴公眾企業的態度和工作進展。一般來說,高層人物的出面,會使品牌危機處理的效果更好,對危機解決起著關鍵性的作用。

(二)上下統一,全員參與

企業應對品牌危機要做到遠近結合、標本兼治、整體推進、重點突破。企業內部上下要進行溝通,統籌協調,宣傳、解釋一致。誰來說、跟誰說、怎麼說,要確定對外發言人,及時對外進行信息發布,避免由於多個發布源傳達出現互相矛盾的信息。

在上下統一的基礎上,企業全體員工都是品牌信譽與形象的捍衛者,當危機來臨時,員工不能袖手旁觀,更不能人雲亦雲。部門內部以及部門之間要加強溝通,管理者在開展

工作的同時還要做情緒疏導，爭取員工的理解和支持，讓員工瞭解品牌危機的處理過程並積極投身到品牌危機應對和品牌形象重塑的工作中去。

（三）坦誠溝通，化解敵意

品牌危機一旦爆發，企業和公眾都將關注危機發生的原因。此時企業要想得到顧客和公眾的信任，就必須以真誠的態度與外界進行溝通。越隱瞞，就越會引起顧客和公眾的猜疑，導致企業負面消息廣泛傳播。即使企業面對負面消息也要以公開坦誠的姿態向公眾發布，從而增加顧客和公眾對事態發展情況的瞭解，減少因猜疑而滋生的次生危機。

企業還應該考慮品牌危機發生過程中的受害者、新聞媒體、渠道商、供應商等，當負面消息和新聞媒體兵臨城下的時候，要避免保安用手封堵記者鏡頭、宣稱恕不接待或者讓一些無關緊要的人出場說一些「無可奉告」之類的話的行為。相反，應通過主動、積極的溝通，對不同群體有不同的溝通重點，化解他們的疑慮和擔心。只有這樣，才不會延誤最佳時機，才不會辜負顧客、供應商、公眾對自己的期盼，使企業獲得應對危機的情感支持，從而扭轉被動局面。

（四）主動承擔，重建信任

品牌危機一旦爆發，企業應首先考慮到受害者、顧客和社會公眾的利益，主動承擔應有的責任，對危機事件做出準確判斷，確定處理危機的程序與方案。面對危機，企業千萬不可採取「鴕鳥政策」而一味地迴避和遮掩問題，否則可能為更大的危害埋下隱患。面對品牌危機，企業要始終秉持消費者權益高於一切及保護消費者利益、減少受害者損失的理念，主動承擔應負的責任，讓外界感受到企業對受害者、顧客、社會負責的態度，贏得他們的信任和理解。

二、品牌危機的溝通

品牌危機溝通是指以溝通為手段、以解決危機為目的所進行的一系列行為和過程。危機溝通既是一門科學也是一門藝術，它可以降低危機的衝擊，甚至存在化危機為轉機甚至商機的可能。品牌危機溝通包括兩個方面：一是組織內部的溝通，二是與社會公眾和利益相關者之間的溝通。

（一）成立項目組，選定發言人

品牌危機一旦爆發，公司應該選派高層管理者和相應部門組成項目小組，由公司的最高領導擔任組長，公關經理和法律顧問作為助手，項目組其他成員還包括財務、人力和營運部門經理等。項目組的組織結構應該盡量扁平化。

項目組成立後，應該有指定的發言人，所以價值認同、形象氣質和溝通技巧是選擇發言人的首要標準。發言人必須參與分析決策工作，能夠準確、全面理解決策的目的和意義，同時能夠以不同的表達方式與顧客、媒體等社會各界進行溝通。

(二) 培訓發言人，明確溝通流程

對媒體發言人進行系統性培訓可以有效降低品牌危機的應對風險，其意義在於確保發言人能夠將準確、重要的信息適時、適度傳播。培訓內容包括公司戰略、利益相關者分析和受害者利益等。培訓者包括公司高層、相關部門負責人等。因此，對發言人的培訓，能讓公司和職員學會如何妥善應對媒體，最大可能使公眾說法或分析家評論和公司保持相對一致。

在培訓發言人之後，公司要明確發布內外部信息溝通的流程和準則，公司任何職員都可能是最先發現危機相關信息的人，這就需要建立危機應對的「樹狀結構圖」，並分發給每個職員，目的在於告知每個職員對可能發生或已經發生的危機應該做什麼、向誰報告。對外部溝通流程，要界定聽眾的範圍和不同聽眾的側重點，針對不同聽眾應該由誰出面、發言的內容要突出什麼。

(三) 危機評估，預先演練

沒有充分認識情況就倉促做出回應，屬於典型的「先開槍、後瞄準」的情況。所以在完成上述兩步之後，項目小組應盡快對危機的嚴重程度和影響範圍進行仔細評估，確認危機爆發的根本原因和導火索，界定危機的性質、傳染範圍、後果和影響。

在危機爆發後，公司應立即啟動相關應急預案，危機涉及部門按照品牌危機處理原則實施預演，確保市場、產品、公關、客戶關係、財務、人力資源、後勤等一系列部門能夠提前進入危機應對狀態，保證公司順利渡過難關。

三、品牌危機的總結

品牌危機的總結是危機管理的重要組成部分，它對新一輪的危機預防措施有著重要的參考價值。危機所造成的巨大損失會給企業帶來必要的教訓，所以，對危機管理進行認真、系統的總結至關重要。對品牌危機的總結一般包括尋找危機出現的原因、評價危機決策與處理、對問題進行歸類整理。

(一) 調查危機產生的原因

調查品牌危機產生的原因是指對涉及此次危機事件的原因進行系統的調查。企業應成立專項調查組，調查範圍包括企業預警機制是否到位、決策是否失誤、管理是否出現缺漏、公共關係是否出現裂痕等。其目的是找出品牌危機爆發的問題根源，從調查中可以發現企業日常經營管理中的薄弱環節。

(二) 評價危機管理的效果

對危機管理工作進行全面評價，包括對危機管理機構的組織和工作內容、危機處理計劃、危機決策和實施等各方面的評價，要詳盡地列出危機管理工作中存在的各種問題。這其中要重點考察企業決策者、新聞發言人、根源部門負責人和危機管理小組人員的工作是

否到位,企業在危機應對中資源配置是否合理,信息溝通是否暢通。總結成功經驗和不足之處,為企業提供改進意見和建議。

(三)整改危機管理的不足

整改危機管理過程中的不足是對危機牽涉的各種問題綜合歸類,分別提出整改措施,並責成有關部門逐項落實。同時,消除危機處理後的遺留問題和影響。危機發生後,企業形象受到了影響,公眾對企業會非常敏感,要靠一系列善後管理工作來挽回影響。通過對問題進行整改,完善危機管理內容。

總之,品牌危機爆發並不等同於企業失敗,危機之中往往孕育著轉機。企業應將危機產生的壓力轉化為動力,驅使企業不斷謀求技術、市場、管理和制度等的創新。企業在危機管理上的成敗能夠顯示出它的整體素質和綜合實力。成功的企業不僅能夠妥善處理危機,而且能夠化危機為商機。

四、品牌危機的管理模式

(一)階段性管理模式

米歇爾·萊吉斯特(Micheal Regester)認為品牌事件是品牌企業與相關利益方之間的衝突點,這種衝突源於企業與相關利益方之間的價值判斷標準以及認知之間的差異。事件發生後,如果問題得不到解決,則很有可能會演化為危機。

米歇爾·萊吉斯特把危機管理的過程歸納為六個階段,分別是認知階段、勘查階段、決策階段、執行階段、微調階段和結束階段。如圖5.12所示。

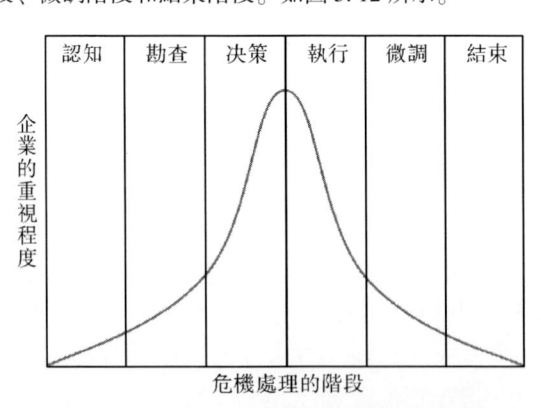

圖5.12 米歇爾·萊吉斯特的危機管理過程圖

從米歇爾·萊吉斯特危機管理過程圖中我們可以看到,通常情況下,企業在不同階段的重視程度存在較大差異,這主要是因為大多數企業在危機發生時,臨時組建一個危機管理小組來應對危機及其產生的影響,決策層拍板決議,執行層草率實施。但往往這種方式

不僅會使企業風險防範和應對能力降低，還有可能使企業在遭遇危機的過程中無從應對。

結合米歇爾·萊吉斯特危機管理過程圖，危機管理模式的基本要求是：第一，組織層面上，企業應組建專門的危機管理團隊（Crisis Management Team, CMT），團隊成員包括最高負責人、業務負責人、公關負責人、法律顧問、行政後勤人員和新聞發言人。危機管理團隊要有足夠的決策權威，負責處理危機的全面工作。危機管理團隊包括核心領導小組、危機控制小組和聯絡溝通小組。第二，運作機制上，企業內部應該有制度化、系統化的業務流程。危機管理團隊要確保組織內信息通道暢通無阻，即企業內任何信息均可通過適當的程序和渠道傳遞到團隊內的各小組成員，同時還要確保信息得到及時的反饋。

（二）4R 管理模式

危機管理 4R 理論由美國危機管理專家、危機管理大師羅伯特·希斯（Robert Heath）在《危機管理》一書中率先提出，此理論中的「4R」指縮減力（Reduction）、預備力（Readiness）、反應力（Response）和恢復力（Recovery）四個階段。對於任何有效的危機管理而言，危機縮減管理都是其核心內容，因為降低風險、避免浪費時間、攤薄不善的資源管理可以大大縮減危機的發生及衝擊力。就縮減危機管理策略，主要從環境、結構、系統和人員幾個方面著手（圖 5.13）。

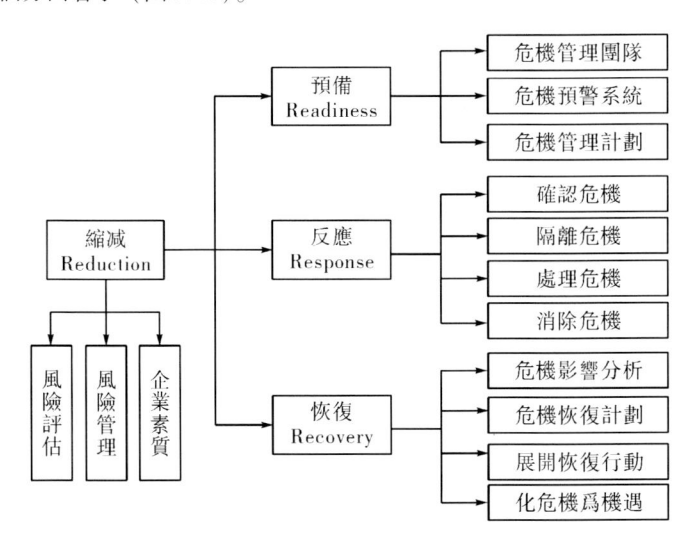

圖 5.13　羅伯特·希斯 4R 危機管理理論

該理論圍繞危機管理的四個過程——減少危機情境的攻擊力和影響力、使企業做好處理危機情況的準備、盡力應對已發生的危機以及從危機中恢復闡述了企業應該如何主動應對危機，為企業應對危機做出了指導。

4R危機管理理論告訴我們，要積極地管理風險而不是被動地等待風險轉化為危機。較好的危機管理方法是建立一種 ABC 的結構：Away（遠離），遠離風險或危機的根源；Better（更好），比要求做得更好以抵制風險或危機的根源；Compatible（相容），與那些最能抵制風險或危機根源的制度相容。要建立有效的 CMSS 系統（危機管理框架結構），它由諮詢信息系統和決策操作系統組成。

（三）內外結合管理模式

內外結合管理模式是指危機發生的主體在應對和處理危機的過程中，通過聘請外部諮詢團隊和組建內部項目團隊的方式，制定危機預警與應對機制，對危機事件實行全過程管理，包括危機診斷、原因巡查、應對策略等。內外結合的管理模式從一定層面上避免了企業領導者決策失誤等問題，結合外部諮詢意見洞察企業內外環境，診斷危機事件發生的根源，評估危機事件的短期及長期影響，幫助企業科學決策、從容應對。外部諮詢團隊成員包括危機管理專家、媒體資深人士和法律顧問，內部項目團隊包括企業決策者、上下游關聯企業負責人、財務經理、人事經理和相關部門負責人等（圖 5.14）。

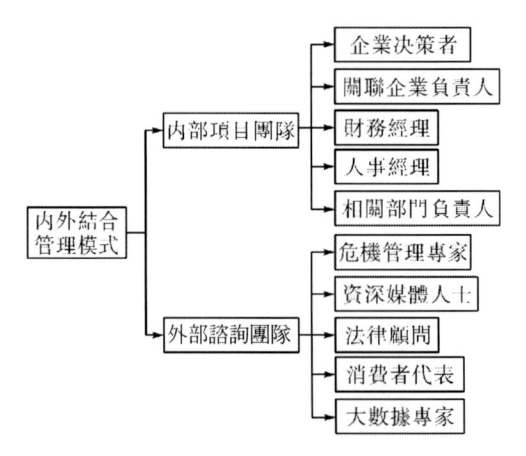

圖 5.14　內外結合危機管理模式

內外結合危機管理模式是對米歇爾·萊吉斯特危機管理過程圖的縱向延伸。米歇爾·萊吉斯特主要從危機的不同發展階段闡述了危機管理重點和方法，然而內外結合則在另一個緯度從組織架構體系上展示了企業在應對危機事件時應該組建什麼樣的團隊應對危機事件，並在組織層面搭建起一個管理水準較高的項目團隊。

（四）五星聯動管理模式

五星聯動管理模式是綜合上述三種管理模式的一種全新管理理念，它主要是從企業決策層自上而下實施的一種管理模式。俗話說：有規劃的團隊在描繪「藍圖」，沒有規劃的

團隊在玩「拼圖」。決策層通過把握行業趨勢，認清企業形勢，制定危機管理模式，才能系統地回答企業在危機中「如何突圍」的問題。

思想、戰略、組織、營運、終端構成了五星聯動危機管理模式的基礎。首先，任何企業創業之初就應該具有一定的風控意識和危機意識，這是做好企業危機管理的出發點；其次，企業還應該制定一套科學合理、切實可行的戰略體系，這是做好危機管理的切入點；再次，通過搭建組織體系，構建營運體系來實現戰略落地，組織和營運這兩個層面的結合構成了企業危機管理的支撐點；最後，通過企業的終端管控和發力實現企業危機管理的戰略。只有當企業在上述五個維度實現了有機結合，才能在危機防範和應對過程中贏得客戶的信任和社會的肯定，最終實現企業在客戶層面的目標（圖5.15）。

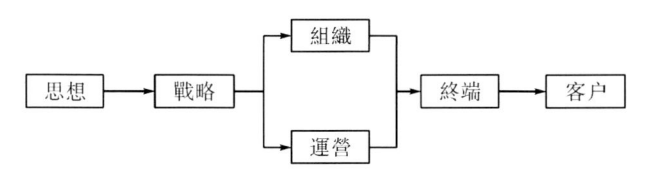

圖5.15　五星聯動危機管理模式

五星聯動危機管理模式的最大優點在於可以幫助創業團隊在時間維度和業務維度兩個層面同時闡述危機管理的邏輯管理，它結合了米歇爾·萊吉斯特的危機管理過程圖中的階段性工作和內外結合危機管理模式中的組織架構搭建方法，同時將羅伯特·希斯4R危機管理理論融入戰略制定和日常營運管理工作中。這種管理模式可以幫助創業團隊拓寬思考問題的寬度，提升決策團隊的管理水準，幫助創業團隊在計劃、組織、控制、協調不同層面下好危機管理的「先手棋」。

◇ 創業問答 ◇

Q：創業者在企業初創過程中應該具備怎樣的品牌思維？

A：對於創業企業者而言，品牌思維從一開始就應該植入企業的經營管理過程中。首先，企業管理者要樹立「產品不再說服頭腦，品牌必須打動人心」這種品牌精神，思考自己的產品如果去掉品牌，生意還能繼續嗎？其次，要站在客戶的角度思考影響顧客購買決策的因素是印象還是事實，企業的產品是在顧客心智中的貨架上還是在市場中的貨架上，顧客是指明購買還是隨機購買。最後，在品牌創建和品牌行銷階段將想法變成具體的做法，在品牌創建階段要想清楚、說明白、做漂亮，在品牌行銷階段要通過打造企業品牌、產品品牌、渠道品牌、技術品牌實現產品上行。

Q：創業者應如何防範品牌危機？

A：四川大學商學院餘偉萍教授說過：「品牌管理既不可一蹴而就，也不可一勞永逸，它是一項系統而持續的全員工作。」這句話系統、全面地回答了防範品牌危機的思想基礎。從這句話我們可以進行引申：從決策層面，企業要建立完善可行的品牌風險管控機制，制訂風險應急預案，組建風險管理團隊；從管理層面，企業要確保在經營管理的各個環節始終以品牌資產為中心，提升品牌的功能性價值、情感性價值和象徵性價值；在執行層面，企業要緊緊圍繞 CBBE 模型執行公司的決策，實現品牌能見度、美譽度、回應度和忠誠度。

◇ 關鍵術語 ◇

品牌戰略：企業將品牌作為核心競爭力，以獲取差別利潤與價值的企業經營戰略。品牌戰略是企業實現快速發展的必要條件，其定位是在品牌戰略與戰略管理的協同中彰顯企業文化，把握目標受眾充分傳遞自身的產品與品牌文化的關聯識別。

OEM：俗稱代工生產，英文為 Original Equipment Manufacturer，是受託廠商按客戶的需求與授權，根據客戶特定的條件而生產，所有的設計圖等都完全依照客戶的設計進行製造加工。其基本含義為品牌生產者不直接生產產品，而是利用自己掌握的關鍵的核心技術負責設計和開發新產品，控制銷售渠道。

◇ 本章小結 ◇

正確認識品牌危機如何發生、正確對品牌所處的危機進行評估是品牌危機管理的前提。企業要在營運管理過程中構建全面、系統的危機管理機制，同時將品牌危機管理貫穿日常管理過程的每個細枝末節。從品牌事件發生開始，就要防止事件演化為危機，在這個過程中，要明確如何應對危機。在此期間，要注意做好企業內部和外部的公關和管理工作，使事態朝著有利於危機解決的方向發展，化危機為轉機。

◇ 思考 ◇

1. 請簡述品牌危機的類型。
2. 請思考品牌危機的產生原因及其影響。
3. 品牌溝通中應注意什麼？
4. 品牌危機的處理原則是什麼？
5. 請結合具體案例，分析不同的品牌危機管理模式。

第六章　企業重點客戶篩選

◇ 學習目標 ◇

學習完本章後，你應該能夠：
- 理解重點客戶的概念和價值
- 理解企業篩選重點客戶的原因
- 掌握篩選重點客戶的指導思想和具體方法

本章課件

◇ 開篇案例 ◇

月薪上萬的乞丐行銷學

Z 先生從百貨商場拎著一個 Levi's 袋子走出來，一個乞丐發現了他並向他討錢：「先生，行行好，給點吧。」Z 先生便在口袋裡找出一個硬幣給他。乞丐很健談：「你在茂業買 Levi's，一定捨得花錢。」「哦？你懂得蠻多嘛！」Z 先生很驚訝。

「做乞丐，也要瞭解市場行情嘛。」乞丐說。Z 先生饒有興趣地問「什麼市場行情」。「你看我和其他乞丐有什麼不同？」Z 先生仔細打量，發現他頭髮凌亂、衣服破爛、身材瘦弱，但都不髒。

乞丐打斷 Z 先生的思考，說：「人們對乞丐都很反感甚至蔑視，但我相信你沒有反感我。這就是我與其他乞丐的不同之處。」Z 先生點頭默認。「因為我懂得 SWOT 分析。我的優勢是不令人反感。機會和威脅屬於外在因素，無非是深圳人多和市容整改等。」「我精確計算過。這裡每天人流上萬，窮人多，有錢人更多。理論上講，我若每天向每人討 1 塊錢，每月就能掙 30 萬。但並不是每個人都會給，而且也討不了這麼多人。所以，我得分析哪些是重點客戶。」乞丐繼續說，「我的重點客戶是總人流量的 30%，成功率 70%。潛在客戶占 20%，成功率 50%；剩下的 50%，我選擇放棄，我沒有足夠時間在他們身上碰運氣。」

第六章　企業重點客戶篩選

「那你是怎樣確定你的客戶的呢?」Z先生追問。

「重點客戶要從目標群體裡篩選。像你這樣的年輕先生，有經濟基礎，出手大方。情侶也是目標客戶，他們為了在異性面前有面子也會很大方。獨自一人的漂亮女孩屬於潛在客戶，因為她們害怕糾纏，所以多數會花錢免災。這幾類目標客戶的年齡都控制在20~30歲。年齡太小，沒什麼經濟基礎；年齡太大，財政大權掌握在老婆手中。」

「那你每天能討多少錢?」Z先生繼續問。「周一到周五，兩百塊左右。週末可以討到四五百。」

「這麼多?」見Z先生有些懷疑，乞丐給他算了一筆帳：「和你一樣，我每天工作8小時，上午11點到晚上7點，週末正常上班。我每乞討1次大概5秒鐘，扣除來回走動和搜索目標的時間，大概1分鐘乞討1次得1元錢，8個小時就是480元，再乘以成功概率60%，得到將近300元」。

「你接著說。」Z先生發現今天能學到新的東西了。「有人說乞丐是靠人施捨和運氣吃飯，我不認同。給你舉個例子，女人世界門口，一個帥氣的男生，一個漂亮的女孩，你選哪一個乞討?」Z先生想了想，說不知道。「你應該去男的那兒。身邊都是美女，他不好意思不給。但你要去了女的那邊，她大可假裝害怕你遠遠地躲開。」

「在商場門口，一個年輕女孩，拿著購物袋，剛買完東西；還有一對青年男女，吃著冰激凌；另外一個是衣著考究的年輕男子，拿著筆記本包。我毫不猶豫地走到女孩面前乞討，原因是那對情侶在吃東西，不方便掏錢；那個男的是高級白領，身上可能沒有零錢；女孩剛從超市買東西出來，身上肯定有零錢。」

「所以說，知識決定一切!」Z先生第一次聽乞丐這麼說。「要用科學的方法來乞討。試想怎麼能在天橋上討到錢？走天橋的都是行色匆匆的路人。學習知識可以讓一個人變得很聰明，聰明的人不斷學習知識就可以變成人才。」

「有一次，一個人給我50元，讓我在樓下喊『安紅，我想你』，喊100聲。我一合計，喊一聲得花5秒鐘，跟我乞討一次花費的時間相當，所得的酬勞才5毛錢，於是我拒絕了他。」「在深圳，一個乞丐每月能討個千八百元錢。運氣好大概兩千多點。全深圳十萬個乞丐，大概只有十個乞丐每月能討到一萬以上，我就是其中一個。而且很穩定，基本不會有很大的波動。」「乞討就是我的工作，要懂得體味工作帶來的樂趣。雨天人流稀少的時候，其他乞丐都在抱怨或者睡覺。千萬不要這樣，用心感受一下這座城市的美。晚上下班後帶著老婆孩子逛街玩耍看夜景，一家三口其樂融融，也不枉此生了。若是碰到同行，有時也會扔個硬幣，看著他們高興地道謝走開，就仿佛看見了自己的身影。」

思考：1. 乞丐篩選重點客戶的原則是什麼？
　　　2. 乞丐在篩選重點客戶時運用了哪些篩選方法？

◇ 思維導圖 ◇

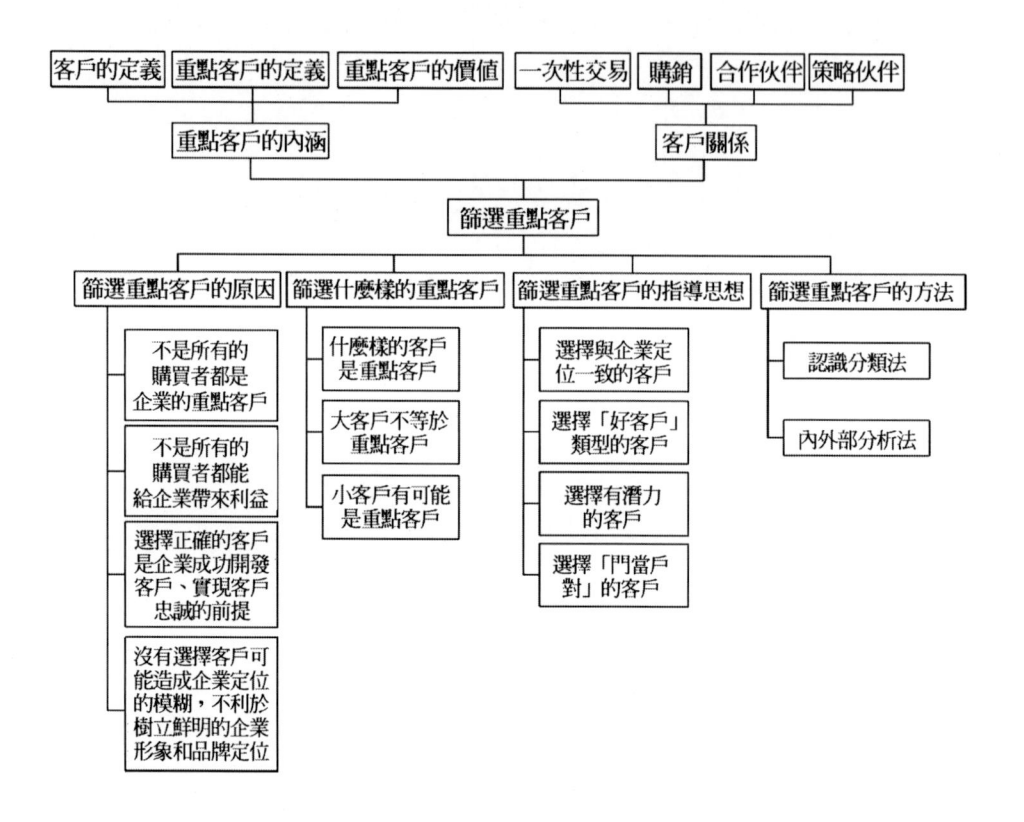

```
客戶的定義   重點客戶的定義   重點客戶的價值   一次性交易  購銷  合作伙伴  策略伙伴
                    │                               │
              重點客戶的內涵                      客戶關係
                           篩選重點客戶
   ┌──────────────┬──────────────┬──────────────┐
篩選重點客戶的原因  篩選什麼樣的重點客戶  篩選重點客戶的指導思想  篩選重點客戶的方法
```

- 篩選重點客戶的原因
  - 不是所有的購買者都是企業的重點客戶
  - 不是所有的購買者都能給企業帶來利益
  - 選擇正確的客戶是企業成功開發客戶、實現客戶忠誠的前提
  - 沒有選擇客戶可能造成企業定位的模糊，不利於樹立鮮明的企業形象和品牌定位

- 篩選什麼樣的重點客戶
  - 什麼樣的客戶是重點客戶
  - 大客戶不等於重點客戶
  - 小客戶有可能是重點客戶

- 篩選重點客戶的指導思想
  - 選擇與企業定位一致的客戶
  - 選擇「好客戶」類型的客戶
  - 選擇有潛力的客戶
  - 選擇「門當戶對」的客戶

- 篩選重點客戶的方法
  - 認識分類法
  - 內外部分析法

◇ 本章提要 ◇

　　新行銷時代隨著互聯網、大數據和雲計算等現代技術的融入，把很多傳統行業的核心能力擊穿並實現資源開放。企業60%的銷售量來自不到20%的客戶，重點客戶的管理對企業來說十分重要。由於企業資源能力有限，所以需要對目標客戶進行篩選，實行差異化管理。篩選重點客戶就如同抓住了大象的鼻子，也就是說選擇有時候大於努力。為什麼要篩選重點客戶？如何篩選出重點客戶？諸如此類的問題，是每一家企業亟待思考和解決的問題。

第一節　重點客戶的內涵與外延

什麼樣的客戶是重點客戶？很多企業管理者還誤認為能夠為企業帶來高銷售收入的客戶就是重點客戶。顧名思義，重點客戶就是企業重要的客戶。他們的業績占了企業利潤的很大一部分；他們對企業目標的實現有著至關重要的影響；他們的流失將嚴重影響公司的業績；他們是企業市場拓展的潛在資源。清晰界定重點客戶的概念，明確重點客戶的價值，分清不同類型的客戶關係，能夠幫助我們更好地篩選重點客戶，以此提高企業經營管理效率，提升企業核心競爭力。

一、重點客戶的內涵

(一) 客戶的定義

客戶是指用貨幣或者某種有價值的物品來換取或接受財產、服務、產品或某種創意的自然人或組織。他們是商業服務或產品的採購者，他們可能是最終的消費者，也可能是商品服務或產品的代理人或供應鏈的中間人。

但很多人在理解客戶的時候，容易把客戶、顧客與消費者混為一談，甚至畫上等號。對於企業而言，三者之間是有明顯區別的。首先，市場表現不同。客戶是針對某一特定細分市場而言的，他們的需求相對集中；而消費者是針對個體而言的，他們的需求較為分散。其次，定義上也存在差異。客戶的英文是Client，Client在法律上的解釋是當事人或者委託人的意思，被告或者原告都是律師的客戶，你去找會計師，你就是會計師的客戶；顧客的英文是Customer，比如我們去商店、超市、飯店等，我們就是顧客，商店的服務員會稱我們為顧客。再次，兩者與商家的關係也不同，客戶是指企業產品的購買者（包括代理、經銷和消費者），兩者的關係是信任委託關係，然而顧客是指企業產品的最終使用者，兩者的關係是仲介關係。最後，兩者的特點也不同，顧客的特點之一是不唯一性。比如你可以到任何一下超市去買東西；在房地產經紀行業也是如此，一位消費者可以給任何一位經紀人打電話，可以走進任何一家仲介公司去諮詢，這種情況下，這位消費者就是顧客。而客戶的一個重要特點是唯一性和排他性，比如決定委託一位律師，就不可以同時再找其他律師。

比如A公司買了Tesla電動車交給總經理使用。總經理是用戶，但不是Tesla公司的客戶，A公司是Tesla公司的客戶。客戶有時和顧客是一致的。比如，張先生購買汽車，對汽車公司而言，張先生是汽車公司的顧客，也是汽車公司的客戶。顧客和客戶的不一致性常常體現在賣方眼裡。麥肯錫諮詢公司創始人馬文・鮑爾說：「我們沒有顧客，我們只有

客戶。」這是什麼意思？他認為，顧客一般是指普通商品和服務的使用者。

顧客和客戶都是指購買商品和服務的人，但在賣方眼裡，客戶的層次比顧客要高。在漢語字典裡，「客」字的意思是服務行業的服務對象。所以，客戶更強調一種服務、一種往來關係。顧客是消費關係而且有一次性的意思，顧客就是一般消費者。客戶除了消費關係外還有洽談商議關係，不僅僅是一次性關係，客戶更關注未來的再次交易、合作和交往。

例如 7-11 銷售 S. Pellegrino，7-11 是 S. Pellegrino 的客戶，而不是顧客或者用戶，也不是消費者，Z 先生在 7-11 購買 S. Pellegrino 給 H 小姐，Z 先生是 7-11 的顧客或者客戶，H 小姐是 S. Pellegrino 的用戶或者消費者。我們可以用圖 6.1 來表示它們的關係：

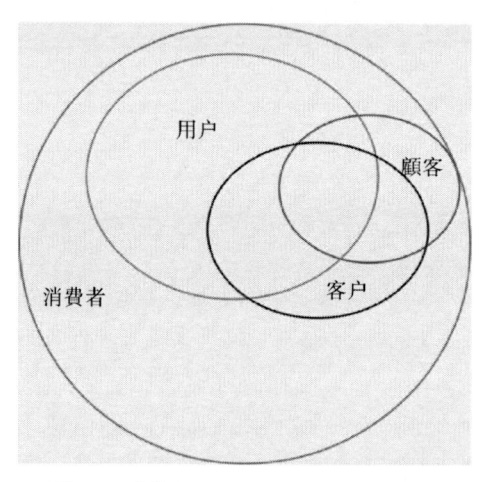

圖 6.1 消費者、客戶、顧客、用戶關係圖

(二) 重點客戶的定義

重點客戶的英文是 Key Account，它是指對產品或服務消費頻率高、消費量大、利潤率高，對企業經營業績能產生一定影響的關鍵客戶。

上述解釋有兩個方面的含義：一是指客戶範圍大，客戶不僅包括普通消費者，還包括企業的分銷商、經銷商、批發商和代理商；二是指客戶價值大小，不同的客戶對企業的利潤貢獻差異很大，20%的重點客戶貢獻了企業 80%的利潤，因此，企業必須高度重視高價值客戶以及具有高價值潛力的客戶。

企業千萬不能把這幾類客戶誤認為是重點客戶：一是偶然大量消費的團購客戶，因為團購客戶是衝著低價而來，所以在促銷活動結束後他們未必是企業可持續利潤的來源；二是需求量大的重複消費客戶，這種客戶有可能憑藉量大而認為自己有一定的議價能力，不斷壓低供貨成本，導致企業利潤率大打折扣；三是盤剝企業的客戶，這類客戶對企業沒有

長期維護的價值。

重點客戶從經營範圍分類有三種：一是全球性重點客戶（Global Key Account）——擁有國際背景且能跨省擁有多個門店、影響力較大的大型連鎖零售機構，如家樂福、麥德龍、沃爾瑪、易初蓮花等。二是全國性重點客戶（National Key Account）——跨省擁有多個門店、影響力較大的大型國內連鎖零售機構，如上海華聯、好又多、華潤萬家、蘇寧、國美等。三是地方性重點客戶（Local Key Account）——在區域市場內擁有多個門店、影響力較大的大型連鎖零售機構，如成都的紅旗連鎖、廣州的家誼等。

但無論哪種類型的重點客戶，都具有以下幾個特點：

（1）舉足輕重的地位。重點客戶雖然數量少，但是其為企業帶來持續性、高占比收入的同時還創造了較高的利潤，對企業而言擁有舉足輕重的地位。

（2）持續共贏的業務。企業與重點客戶之間的業務黏度較高，而且在經濟往來的過程中實現了持續共贏，雙方失去彼此都將會嚴重影響到業務的正常運轉，甚至會在較長時間內影響雙方的業績。

（3）精心維護的關係。重點客戶是企業發展壯大的重要動力源，所以企業需要長期投入較高的人力、物力、財力和時間做好客戶關係維護。

（4）相互依存的聯盟。重點客戶對企業未來業務的發展具有巨大的挖掘潛力，雙方有共同的發展目標，在參與市場競爭的過程中實現了業務共創、資源共享、風險共擔、利益共贏，逐漸形成了相互依存的戰略聯盟。

（三）重點客戶的價值

重點客戶，是指那些對企業具有舉足輕重地位、持續共贏業務和相互依存聯盟的企業。當前，企業越來越重視與重點客戶建立長期的忠誠夥伴關係，這主要是因為重點客戶能給企業帶來巨大的價值。具體來說，重點客戶的價值體現包括以下幾方面：

（1）重點客戶是企業利潤持續增長的重要來源。重點客戶為企業帶來穩定的業務基礎的同時幫助企業創造了可持續的、可觀的利潤，而這些利潤是企業發展壯大的重要支撐。雖然重點客戶的數量很少，但是這股力量在企業的長遠規劃和整體業務中始終處於舉足輕重的地位，所以重點客戶對企業業務的持續增長會產生巨大的影響。

（2）重點客戶是企業品牌形象塑造的重要途徑。由於重點客戶自身具有較好的市場口碑、較強的企業實力等，這些資源都能成為企業塑造和打造自身品牌與形象的重要途徑，這種資源不僅使雙方的利益得到增長，而且在幫助企業在參與其他市場競爭中具有較好的競爭地位，甚至在面對競爭對手的時候成為企業樹品牌、塑形象的關鍵砝碼。

（3）重點客戶是企業樹立信心和希望的重要保證。重點客戶的穩定能夠幫助企業決策者樹立信心；能夠幫助管理層和廣大員工樹立希望，增強他們的自信心和榮耀感，甚至能夠提升員工的向心力和忠誠度，挖掘他們的積極性和創造性，從而為企業創造更多的價值。

（4）重點客戶是企業業務持續發展的重要支撐。企業無論創立時間長短、規模大小、實力強弱、資源多寡都希望能夠基業長青，但前提是能得到市場的認可與信任、客戶的理解與支持。擁有重點客戶的企業相比沒有重點客戶的企業，前者擁有良性發展的市場，而這恰恰是業務得以持續發展的重要支撐。

AirAsia 對客戶的選擇

AirAsia（亞洲航空公司）成立於 2001 年，是馬來西亞第二家國際航空公司，也是亞洲地區首家低成本航空公司。2003 年 8 月，亞航成為世界上第一家引進 SMS 訂票系統的航空公司，乘客可以通過手機預訂座位、查詢航班時間、獲得促銷信息（圖 6.2）。

圖 6.2　亞洲航空公司官網首頁截圖

2004 年 1 月，亞航與西瓦那集團合夥在泰國發展廉價航空運輸，成為亞航歷史上的里程碑。2006 年 3 月，亞航成功採用了新型的廉價航空候機樓（LCCT），作為世界上第一個專門用於廉價航空公司營運的候機樓（圖 6.3）。

圖 6.3　亞洲航空候機樓

2008年9月,亞航在網絡旅遊雜誌主辦的「2008 Best in Travel Poll」活動中榮獲「2008年亞洲最佳低成本航空公司」稱號。目前亞航的經營理念是「現在人人都能飛」,其「廉價」理念旨在讓每個人都能夠支付得起機票(圖6.4)。

圖6.4 亞洲航空公司飛機

亞航重點客戶選擇分析包括:明確市場定位主要是針對收入低、消費低的人士;客戶群主要包括背包旅行者、學生以及中小型企業商務人士;2010—2015年,亞航接待的4,300萬人次中有70%~80%的人從來沒有坐過飛機;亞航能夠為客戶提供不同的選擇,因為客戶是以不同價格的消費來選擇不同的服務內容;2~11歲的兒童按成人票價的75%計算,不占用座位的2歲以下嬰兒僅需支付成人票價的10%。

亞航的目標市場具有以下特點:客戶群是還沒有被開發的收入低、消費低的中低市場;目標市場主要是往返馬來西亞的普通旅客、留學生以及中小型企業商務人士;同時也有很多中國人在「馬來西亞旅遊年」期間赴馬旅行;還有許多因為以前價格昂貴的機票從沒有坐過飛機的人群。

針對這樣的目標市場,亞航制定了6個經營策略:

策略一:廉價,不提供不必要的服務。亞航的費用相比其他航空公司極為低廉,許多旅客並不需要餐食飲料、歷程獎勵、機場休閒等服務,這些幫助亞航節省了高達80%的費用,同時候機樓不安排座位,機票只在網上用信用卡購買,減少了代理商仲介費用。

策略二:高頻班次。亞航的航班回航時間為25分鐘。所有航線在3~3.5小時,飛機在同一天能夠實現兩地來回。這一個來回在不增加服務人員的基礎上還多載了一批乘客,飛機利用率更高,航線和服務人員效率也更高了。

策略三:航線多樣化。亞航目前的航線包括中國、印度尼西亞、馬爾代夫、韓國、澳大利亞、美國等24個國家及地區,超過190條航線覆蓋並連接整個東南亞和中國南部城市。

策略四:票價靈活。旅客可以通過亞航官網購買到便宜的機票。曾經,亞航以「超低

價」140元人民幣推出澳門—曼谷單程機票，5個小時即售出5,000張機票，讓消費者見識了廉價航空的吸引力！

策略五：準點保證。亞航退出的「航班準點保證」是向旅客和公眾做出的莊重承諾，如果是因為亞航自身的原因造成航班延誤3個小時以上，亞航將向旅客支付價值55美金的電子禮券作為補償。

策略六：安全第一。亞航的低價理念的前提還是航班安全，公司全部飛機都符合國際航空安全標準，並由享譽國際的馬來西亞民航部管理。

總之，亞航的客戶理念出發點是好的，除了一些不完善的地方需要改善外，其實施低成本營運並致力於利潤最大化，提供質優價廉的服務。通過更快的回航時間、高效的飛機利用率和服務效率，選擇同型號飛機節約培訓成本。這樣節省下來的費用最終以廉價機票的形式讓渡給乘客。作為低成本航空公司，它不僅滿足了乘客的基本需求，還通過準點率和良好的服務，贏得了廣大乘客的青睞和信任。

二、四種類型的客戶關係

客戶關係涉及寬度、長度和深度三個維度。寬度是指企業擁有客戶的數量多少，長度是指客戶關係生命週期的長短，深度是指客戶關係質量的高低。我們對客戶關係進行分類，有助於更好地理解不同類型客戶的價值，從而幫助企業更好地實施CRM和CVM。下面簡要介紹四種不同類型的客戶關係。

（一）一次性交易關係

一些企業與客戶之間的關係僅僅維持在一次性交易關係層次，客戶將企業作為一個普通賣主，銷售僅僅是一次公平交易而已，交易目的簡單，企業與客戶之間僅僅是基層員工之間的接觸，企業在客戶企業中知名度低，雙方除了交易之外很少溝通，客戶信息基本上沒有。

客戶只是購買企業生產的符合企業標準的產品，維護客戶關係的成本與關係創造的價值基本上沒有。雙方失去彼此對業務基本上沒有影響。

（二）購銷關係

企業與客戶的關係到這個階段就發展成了優先選擇關係。銷售團隊與客戶企業中的個別關鍵人員都有良好的私人關係，企業可以借此獲得部分優先甚至獨占的權利，雙方掌握彼此的信息量相比一次性交易關係要多一點，面對更有優勢的競爭對手，在同等條件下客戶對企業仍然存在一定的傾向性。

購銷關係需要企業投入較多的資源維護客戶關係，主要包括給予優惠政策、優先考慮交付需求、建立團隊、加強雙方人員交流等。購銷關係價值的創造主要包括消除雙方業務中產生的障礙等方面，企業通過讓渡部分價值換取長期合作，雖然這是一種不對等的關

係，但是客戶由於優惠政策、關係友好而不願意離開企業，即使離開企業也不會造成較大影響，所以問題的核心是價值在企業與客戶之間的分配比例和方式問題。

(三) 合作夥伴關係

企業與客戶的關係如果存在於最高管理者之間，雙方長期合作，在認知上達成高度一致時，就會進入合作夥伴階段。

在這個階段，企業會根據客戶的需求進行客戶導向投資，雙方會共同探討行動計劃以此對競爭對手形成很高的進入壁壘。雙方都會承認這種特殊關係，所以在共創共享價值的同時也會面臨很高的背棄代價。企業對客戶信息的利用主要體現在戰略層面，關係的核心由價值的分配升格為新價值的創造。

(四) 戰略夥伴關係

戰略夥伴關係雙方的目標、願景高度一致，甚至有相互的股權投資關係或其他商業關係，形成了正式或非正式的戰略聯盟。雙方通過共同制定目標規劃和行動計劃爭取更大的市場份額和利潤，競爭對手幾乎無法進入這一領域。兩者之間的關係是「內部關係外部化」的具體體現。

上述四種類型的客戶關係，可以用表 6.1 清晰地展示出來：

表 6.1　　　　　　　　　　　　　客戶關係類型

客戶關係中涉及的各因素	客戶關係的類型			
^	市場交換關係		夥伴關係	
^	一次性交易	購銷關係	合作夥伴	戰略夥伴
時間範圍	短期	長期	長期	長期
對另一方的關心程度	低	低	中等	高
信任度	低	低	高	高
在關係中的投資	低	低	低	高
關係的本質	衝突、討價還價	合作	調和	協同
關係中的風險	低	中等	高	高
潛在的利益	低	中等	高	高

這四類關係並無優劣高低之分，並不是所有企業都需要與客戶建立戰略夥伴關係。只有那些供應商與客戶之間彼此具有重要意義且雙方的談判能力都不足以完全操控對方，互相需要，又具有較高轉移成本的企業間，建立合作夥伴以上的關係才是恰當的。而對大部分企業與客戶之間的關係來說，優先供應商級的關係就足夠了。因為關係的建立需要資源，如果付出的資源比企業的所得還多，那麼這種關係就是「不長久的」甚至是「奢侈的」。

所以，我們判斷企業間是否是成功的夥伴關係就包括了 6 個方面的因素：是否降低了

企業維繫或開發客戶的成本，是否降低了企業與客戶的交易成本，是否給企業帶來源源不斷的利潤，是否能夠促進增量購買和交叉購買，是否提高了客戶的滿意度和忠誠度，是否能夠整合企業與客戶服務的各種資源。

第二節　篩選重點客戶

篩選重點客戶，有助於企業更好地管理客戶，從而拉近與重點客戶的距離，刺激其他客戶為企業創造更高的價值，促進企業經營發展。作為經營管理者，我們首先要明確企業篩選重點客戶的原因；其次要判斷重點客戶的標準，樹立企業篩選重點客戶的指導思想；最後要熟練掌握篩選重點客戶的方法。本節將圍繞理論講解、案例分析和經驗總結三個維度展開。

一、篩選重點客戶的原因

有諺語云：種瓜得瓜，種豆得豆。從商業視角分析，我們知道篩選重點客戶實際上是企業提出一個適合本企業的客戶標準、準則，為識別和尋找客戶提供條件和基礎。

（一）不是所有的購買者都是企業的重點客戶

企業資源的有限性、客戶需求的差異性和競爭者的客觀存在使得企業在客戶關係管理過程中不得不篩選重點客戶。企業篩選重點客戶，一方面可以避免企業不必要的資源浪費，另一方面還可以集中資源服務好重點客戶。

傳統的企業管理者會認為在賣方市場條件下，企業才可以選擇客戶，買方市場可以嗎？我們的回答是買方市場，客戶更是上帝，企業更要篩選好客戶。從客戶角度出發，客戶的需求具有多樣性、多變性和個性化；從企業角度出發，企業資源的有限性決定了企業不可能什麼都做、什麼都能做好；從競爭者角度出發，任何一個企業都不可能做到行業通吃。例如「高露潔通過轉讓小客戶群」，旨在回答在已有的客戶中誰不應該成為重點客戶。

（二）不是所有的購買者都能為企業帶來利益

客戶本來就有優劣之分，有的客戶可能是「麻煩的製造者」，甚至會給企業帶來信用風險、資金風險、違約風險等。所以「客戶就是上帝」這句話的另一個解釋是「不是每一位客戶都值得保留」，重點客戶帶來高價值，普通客戶帶來低價值，劣質客戶帶來負價值。

案例講解視頻

第六章　企業重點客戶篩選

下面以萬科客戶劃分標準說明如何篩選重點客戶，詳見圖6.5—圖6.7。

成都萬科金域名邸項目客戶判別標準

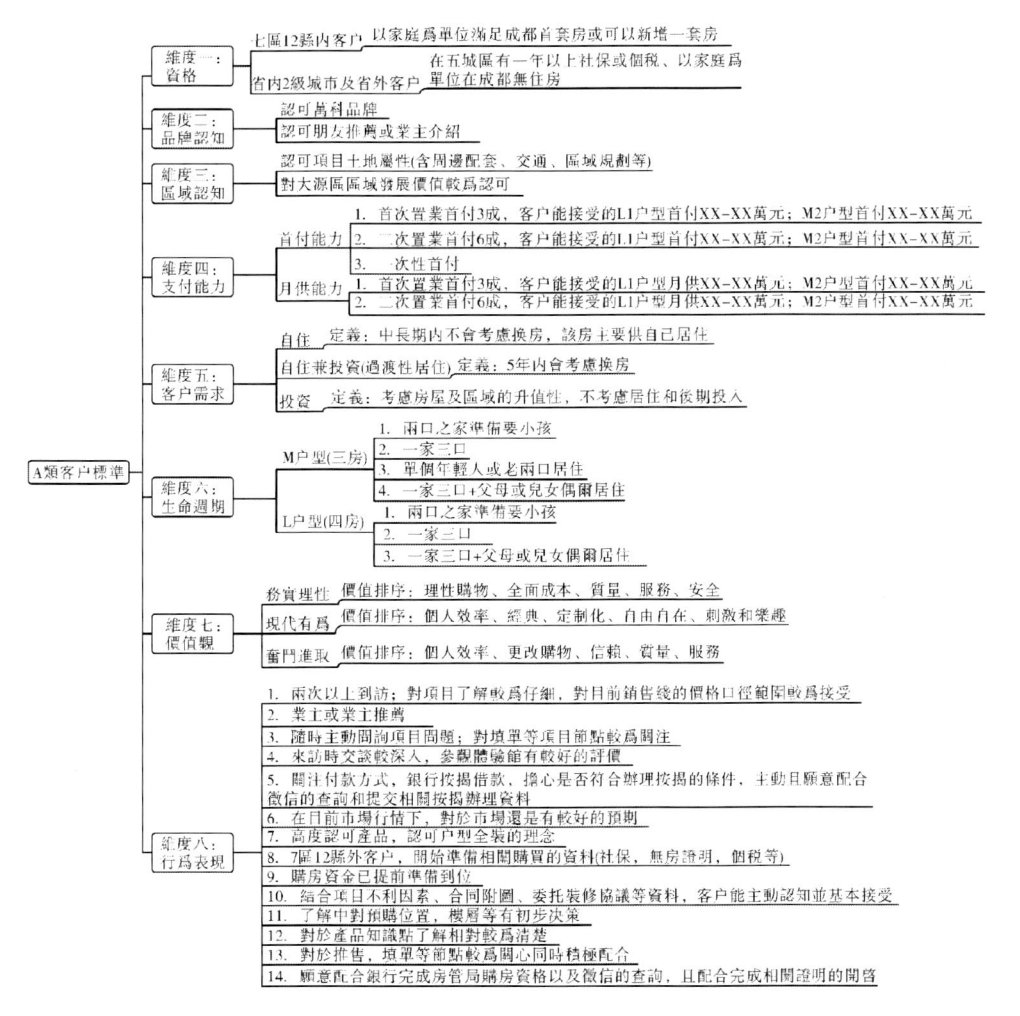

```
A類客戶標準
├─ 維度一：資格
│   ├─ 七區12縣內客戶：以家庭為單位滿足成都首套房或可以新增一套房
│   └─ 省內2級城市及省外客戶：在五城區有一年以上社保或個稅、以家庭為單位在成都無住房
├─ 維度二：品牌認知
│   ├─ 認可萬科品牌
│   └─ 認可朋友推薦或業主介紹
├─ 維度三：區域認知
│   ├─ 認可項目土地屬性(含周邊配套、交通、區域規劃等)
│   └─ 對大源區區域發展價值較為認可
├─ 維度四：支付能力
│   ├─ 首付能力
│   │   ├─ 1. 首次置業首付3成，客戶能接受的L1戶型首付XX—XX萬元；M2戶型首付XX—XX萬元
│   │   ├─ 2. 二次置業首付6成，客戶能接受的L1戶型首付XX—XX萬元；M2戶型首付XX—XX萬元
│   │   └─ 3. 一次性首付
│   └─ 月供能力
│       ├─ 1. 首次置業首付3成，客戶能接受的L1戶型月供XX—XX萬元；M2戶型首付XX—XX萬元
│       └─ 2. 二次置業首付6成，客戶能接受的L1戶型月供XX—XX萬元；M2戶型首付XX—XX萬元
├─ 維度五：客戶需求
│   ├─ 自住　定義：中長期內不會考慮換房，該房主要供自己居住
│   ├─ 自住兼投資(過渡性居住)　定義：5年內會考慮換房
│   └─ 投資　定義：考慮房屋及區域的升值性，不考慮居住和後期投入
├─ 維度六：生命週期
│   ├─ M戶型(三房)
│   │   ├─ 1. 兩口之家準備要小孩
│   │   ├─ 2. 一家三口
│   │   ├─ 3. 單個年輕人或老兩口居住
│   │   └─ 4. 一家三口+父母或兒女偶爾居住
│   └─ L戶型(四房)
│       ├─ 1. 兩口之家準備要小孩
│       ├─ 2. 一家三口
│       └─ 3. 一家三口+父母或兒女偶爾居住
├─ 維度七：價值觀
│   ├─ 務實理性　價值排序：理性購物、全面成本、質量、服務、安全
│   ├─ 現代有為　價值排序：個人效率、經典、定制化、自由自在、刺激和樂趣
│   └─ 奮鬥進取　價值排序：個人效率、更改購物、信賴、質量、服務
└─ 維度八：行為表現
    1. 兩次以上到訪，對項目了解較為仔細，對目前銷售線的價格口徑範圍較為接受
    2. 業主或業主推薦
    3. 隨時主動周詢項目問題，對填單等項目節點較為關注
    4. 來訪時交談較深入，參觀體驗館有較好的評價
    5. 關注付款方式，銀行按揭借款，擔心是否符合辦理按揭的條件，主動且願意配合徵信的查詢和提交相關按揭辦理資料
    6. 在目前市場行情下，對於市場還是有較好的預期
    7. 高度認可產品，認可戶型全裝的理念
    8. 7區12縣外客戶，開始準備相關購買的資料(社保、無房證明、個稅等)
    9. 購房資金已提前準備到位
    10. 結合項目不利因素、合同附圖、委托裝修協議等資料，客戶能主動認知並基本接受
    11. 了解中對預購位置、樓層等有初步決策
    12. 對於產品知識點了解相對較為清楚
    13. 對於推售、填單等節點較為關心同時積極配合
    14. 願意配合銀行完成房管局購房資格以及徵信的查詢，且配合完成相關證明的開具
```

圖6.5　萬科A類客戶標準

B類客戶標準

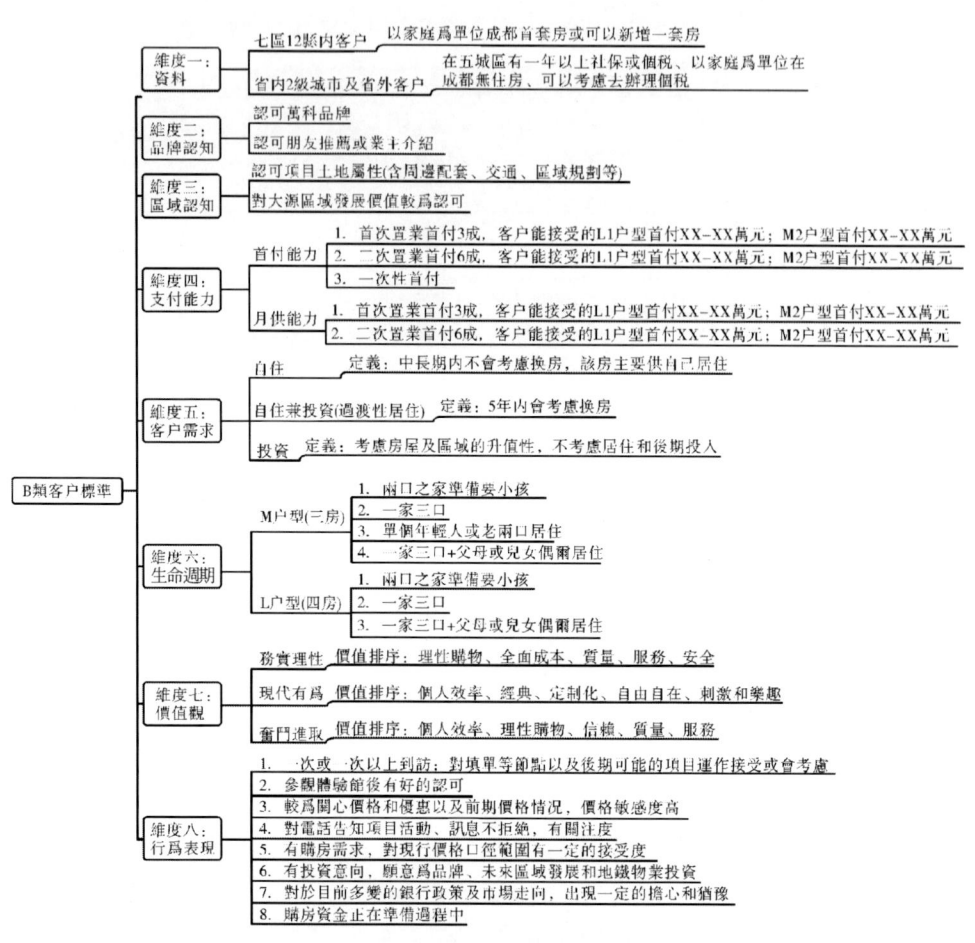

維度一：資料
- 七區12縣內客戶：以家庭為單位成都首套房或可以新增一套房
- 省內2級城市或省外客戶：在五城區有一年以上社保或個稅、以家庭為單位在成都無住房，可以考慮去辦理個稅

維度二：品牌認知
- 認可萬科品牌
- 認可朋友推薦或業主介紹

維度三：區域認知
- 認可項目土地屬性(含周邊配套、交通、區域規劃等)
- 對大源區域發展價值較為認可

維度四：支付能力
- 首付能力：
  1. 首次置業首付3成，客戶能接受的L1戶型首付XX-XX萬元；M2戶型首付XX-XX萬元
  2. 二次置業首付6成，客戶能接受的L1戶型首付XX-XX萬元；M2戶型首付XX-XX萬元
  3. 一次性首付
- 月供能力：
  1. 首次置業首付3成，客戶能接受的L1戶型首付XX-XX萬元；M2戶型首付XX-XX萬元
  2. 二次置業首付6成，客戶能接受的L1戶型首付XX-XX萬元；M2戶型首付XX-XX萬元

維度五：客戶需求
- 自住：定義：中長期內不會考慮換房，該房主要供自己居住
- 自住兼投資(過渡性居住)：定義：5年內會考慮換房
- 投資：定義：考慮房屋及區域的升值性，不考慮居住和後期投入

維度六：生命週期
- M戶型(三房)：
  1. 兩口之家準備要小孩
  2. 一家三口
  3. 單個年輕人或老兩口居住
  4. 一家三口+父母或兒女偶爾居住
- L戶型(四房)：
  1. 兩口之家準備要小孩
  2. 一家三口
  3. 一家三口+父母或兒女偶爾居住

維度七：價值觀
- 務實理性：價值排序：理性購物、全面成本、質量、服務、安全
- 現代有為：價值排序：個人效率、經典、定制化、自由自在、刺激和樂趣
- 奮鬥進取：價值排序：個人效率、理性購物、信賴、質量、服務

維度八：行為表現
1. 一次或一次以上到訪；對填單等節點以及後期可能的項目運作接受或會考慮
2. 參觀體驗館後有好的認可
3. 較為關心價格和優惠以及前期價格情況，價格敏感度高
4. 對電話告知項目活動、訊息不拒絕，有關注度
5. 有購房需求，對現行價格口徑範圍有一定的接受度
6. 有投資意向，願意為品牌、未來區域發展和地鐵物業投資
7. 對於目前多變的銀行政策及市場走向，出現一定的擔心和猶豫
8. 購房資金止在準備過程中

圖 6.6　萬科 B 類客戶標準

C類客戶標準

1. 對區域有一定的認可度，考慮在周邊或該區域購房
2. 總價預算，月供以及首付在一定意義上超過其承受範圍之內，但客戶有一定的購買意向
3. 對購房送裝修無抗性，對裝修房有一定的認知度
4. 對戶型是否滿足其居住需求有一定考慮
5. 想買現房，對期房的交付時間有抗性
6. 對市場以及現行的政策有一定觀望情緒
7. 在來訪過程中對價格的範圍有一定壓力，但也在其考慮之內
8. 省內外客戶，考慮購房，但對購房資格需要其他支出有抗性

圖 6.7　萬科 C 類客戶標準

傳統觀念認為登門便是客，所有客戶都非常重要，盲目擴大客戶數量而忽視質量。威廉・謝登的「80/20/30 法則」認為「頂部 20% 的客戶創造了企業 80% 的利潤，但其中一般的利潤被底部 30% 的非盈利客戶沖抵掉了」。所以，客戶數量已經不是衡量企業獲利能力的最佳指標，客戶質量在很大程度上決定著企業盈利能力的大小和持續性。

（三）選擇正確的客戶是企業成功開發客戶、實現客戶忠誠的前提

選擇做正確的事是做成一件事的前提。同樣的道理，企業主動選擇客戶，才可能為其提供適合的產品和服務，降低開發成本和維護成本。相反不選擇客戶，就難以提供相應的、適宜的產品和服務，客戶也不樂意為企業買單。

選錯客戶→開發難度大→維護成本高→顧客不領情；選對客戶→實現客戶忠誠可行性就大。所以客戶忠誠度高的企業更關注新客戶的篩選，挑選並服務於特定的客戶是企業成功的基礎。

（四）沒有選擇客戶可能造成企業定位模糊

客戶之間是有差異的，企業如果沒有選擇自己的客戶，就不能為目標客戶開發適銷對路的產品或者提供恰當的服務，更不利於企業樹立鮮明的企業形象。另一方面，形形色色的客戶共存於同一家企業，可能會造成企業定位模糊，導致客戶混淆企業形象。例如，五星級酒店在為高消費客戶提供高檔服務的同時，也為低消費客戶提供廉價的服務，就可能令人對這樣的五星級酒店產生疑問。所以主動選擇客戶是企業形象和品牌定位的表現，也是一種化被動為主動的思維方式，這個過程體現了企業的個性，也體現了企業的尊嚴。

二、篩選什麼樣的重點客戶

企業篩選什麼樣的客戶，對於企業和客戶都至關重要，篩選客戶的過程也是企業認識和評估自身和客戶的過程，兩者是否匹配，是否具有共同發展的前景、共擔風險的意願，從趨勢上看客戶是否具有成長空間，從基礎上看客戶是否具有一定的市場佔有率，從質量上看客戶是否具有一定的贏利水準都成為企業衡量重點客戶的標準。

PayEasy 的精準客戶廣告戰略

PayEasy 是臺灣最大的女性購物網站。PayEasy 以臺新信用卡女性持卡人為基礎，是最早以女性會員為主要消費群體的 B2C 平臺，其虛擬百貨的經營模式及社群發展概念深受女性群體的認同。PayEasy 登錄會員在 2008 年 3 月份超過 250 萬人，占臺灣地區 650 萬網購族群的 38.4%，其市場穿透度之高可見一斑（圖 6.8）。

圖 6.8　PayEasy 官網截圖

　　PayEasy 商品線包括美容保養、彩妝、箱包、飾品、時尚服飾、數碼 3C、居家擺設等，經營目標是提供最優質、便利、安全的網絡購物環境，同時也會聯合異業提供金融、簡訊等多重增值服務。

　　PayEasy 的廣告對象主要是年輕的女性消費者，女性消費者大多是感性動物，情感上的依賴會帶來最高的忠誠度。

　　2008 年 PayEasy 做了廣告《用愛打敗不景氣》。隨著金融危機的到來，PayEasy 開始更加關注社會及心理問題。廣告畫面上，一個溫婉的女子對男朋友表現出種種諒解和體貼：「即使是金融危機，我們可以用愛打敗不景氣。」廣告體現了更深的品牌價值，品牌形象更加深入和富有內涵，更注重情感的真摯和溫情。

　　2009 年 PayEasy 則做了廣告《發現最好的女人》，且廣告漸漸包含了引領的意味：「自己認為最好，才是最好」。廣告將社會和個人意識融合，用一個各方面都不突出但卻對生活充滿信心的女孩，結合發生在世界各地的各種問題，更深入地體現了 PayEasy 品牌的內涵和關注範圍，它不再僅僅關注女性心理，還關注世界各地的社會問題，體現博愛精神。廣告感情真摯，有效地引領目標受眾的價值觀。

　　縱觀 PayEasy 的廣告創意，主題都緊緊圍繞「新女人·新價值」這個核心，每則廣告都像是一個姐妹在訴說一個我們身邊的故事，能引起目標受眾的共鳴。PayEasy 與女性消費群體有著良好的溝通，這種娓娓道來的感性訴求也更符合女性消費群的心理。

　　（一）什麼樣的客戶是重點客戶

　　第一，購買慾望強烈，購買力大，特別是對企業高利潤產品的採購數量多的客戶；第二，能夠保證企業持續贏利，對價格敏感度低，付款及時，有良好信譽的客戶；第三，服務成本低，不需要多少服務或對服務要求低的客戶；第四，經營風險小、有良好發展前景的客戶；第五，希望和企業一起成長，願意建立長期夥伴關係的客戶。

菲利普·科特勒認為：「能不斷產生現金流的個人、家庭和公司，其為企業帶來的長期收入應超過企業長期吸引、銷售和服務該客戶所花費的可接受範圍內的成本。」所以重點客戶是本身素質好、對企業貢獻大的客戶，至少是給企業帶來的收入要比企業為其提供產品或服務所花費的成本高的客戶。

（二）大客戶不等於重點客戶

企業往往在劃分客戶類型的時候對大客戶和小客戶的理解過於狹隘，因為客戶「大」就喪失管理原則，因為客戶「小」就盲目拋棄。

有時，大客戶也存在一些問題：第一，財務風險大，大客戶較長的帳期可能會給企業經營帶來資金壓力甚至風險；第二，利潤風險大，大客戶會經常提出減價、折扣、回扣、超值服務甚至無償占用資金等方面的額外要求，不斷壓縮企業的利潤空間；第三，管理風險大，大客戶有可能會擾亂市場秩序，如竄貨、私自提價或降價等；第四，流失風險大，大客戶可能會因為忠誠度下降，加上眾多商家盡力爭奪，以致客戶流失；第五，另起爐竈，大客戶會隨著自身經營管理能力的不斷提升，逐漸熟悉和整合供應鏈上下游關係，形成自己的經營管理模式，從母體中脫離出來。

（三）小客戶有可能是重點客戶

重點客戶的標準要從終身價值的角度來衡量。小客戶不等於劣質客戶，過分強調當前客戶給企業帶來的利潤，其結果有可能會忽視客戶的發展潛力。衡量客戶對企業的價值要用動態的眼光，要從企業的成長性、增長潛力及其對企業的長期價值來判斷。

找準同盟者——Zipcar 的客戶選擇

Zipcar 是美國一個分時租賃互聯網汽車共享平臺。該公司成立於 1999 年。公司主要以「汽車共享」為理念，會員通過官網或者手機應用尋找車輛，隨取即用。目前公司已經在北美地區和英國擁有 25 萬名會員，車輛遍布 50 多個城市，Zipcar 甚至被《財富》評選為可能改變世界的 15 家公司之一（圖 6.9）。

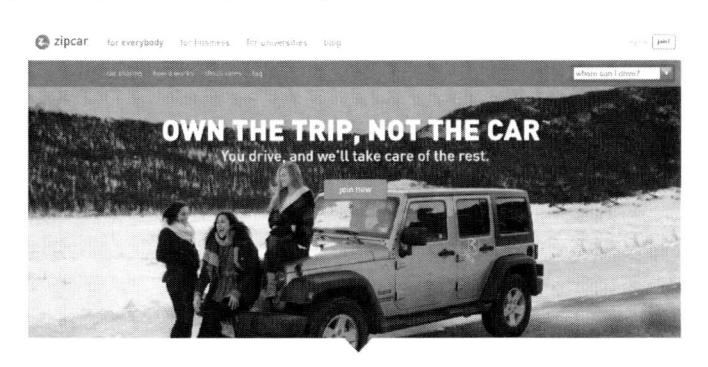

圖 6.9　Zipcar 官網截圖

Zipcar 公司的創立者主張「汽車分享」的理念，所以公司需要首先找到自己的同盟者，即可以從這一商業模式中受益的群體。經過大數據相關性分析，他們最後確定的同盟者包括：偶爾需要使用汽車幾小時的城市居民、停車受限的官員、警察等、偶爾需要使用汽車的大學生，希望為學生建立汽車共享服務的大學管理者，想要將汽車共享服務作為員工福利的業務經理等。

　　為了擴大用戶群，Zipcar 從競爭者所忽視的客戶資源尋找切入點。他們發現美國很多大型租車公司通常不向 21 歲以下的顧客提供服務，原因是年輕用戶處於危險年齡段。但是 Zipcar 卻不這麼看，他們與一些大學合作，把大學生良好的行車記錄拿給保險公司過目，爭取到較低的保險費率。然後陸續拿下更多學校，並與保險公司簽約，最終這項優惠政策擴展到 35 所學校。這項校園計劃目前已成為 Zipcar 的主要收入來源之一。此外，學校讓 Zipcar 在校內開展行銷，並提供廉價車庫，甚至組織專人負責車輛清潔與維護，這樣就抵銷了較高的保險費。更重要的是，客戶從年輕時就培養了對 Zipcar 的忠誠度，現在公司大約三分之二的會員都在 35 歲以下。

三、篩選重點客戶的指導思想

　　在瞭解企業篩選重點客戶的原因以及什麼是重點客戶後，我們應該站在企業的角度思考篩選重點客戶的指導思想，因為指導思想統領著企業篩選客戶的具體行為模式。通過瞭解企業篩選重點客戶的指導思想，我們才能運用具體的篩選方法幫助企業精準篩選。

（一）選擇與企業定位一致的客戶

　　選擇與企業定位一致的客戶是指導思想的出發點。客戶與企業在發展戰略、商業模式上的定位一致，能夠在很大程度上強化雙方的戰略夥伴關係，幫助客戶與企業形成命運共同體，雙方共享發展紅利、共擔經營風險，與企業定位一致的客戶更是指導思想的前提。

（二）選擇「好客戶」類型的客戶

　　選擇「好客戶」類型的客戶是指導思想的切入點。好客戶的標準包括具有先進的經營理念，具有良好的財務信譽，能帶來相當大的銷售額或具有較大的銷售潛力，具有較強的技術吸收和創新能力。以上幾條評價標準也是篩選重點客戶的基礎。

（三）選擇有潛力的客戶

　　選擇有潛力的客戶是指導思想的支撐點。什麼樣的客戶是潛力客戶？我們可以通過「波士頓矩陣模型」幫助我們定位潛力客戶，企業根據自身定位和篩選客戶的標準，結合市場增長率和市場佔有率兩個維度，我們認為「問題」「金牛」和「明星」都屬於潛力

客戶。

(四) 選擇「門當戶對」的客戶

選擇「門當戶對」的客戶是指導思想的落腳點。所謂門當戶對，是指客戶的產品質量和服務水準是否與企業的需求匹配，品牌信譽和企業形象是否符合企業自身定位。門當戶對有時勝過改變自己和改造客戶。

企業要怎樣尋找「門當戶對」的客戶呢？首先，企業要判斷客戶是否有足夠的吸引力，是否具有較高的綜合價值，是否能為企業帶來較大的收益。這些可以從以下幾個方面進行分析：客戶向企業購買產品或服務的總金額；客戶擴大需求而產生的增量購買和交叉購買等；客戶的無形價值，包括規模效應價值、口碑價值和信息價值等；企業為客戶提供產品或者服務需要耗費的總成本；客戶為企業帶來的風險，如信用風險、資金風險和違約風險等。其次，企業必須衡量一下自己是否有足夠的綜合能力去滿足客戶的需求，即考慮自身的實力是否能滿足客戶所需的技術、人力、財力、物力和管理能力等。尋找客戶的綜合價值與企業的綜合能力兩者的結合點，最好是尋找那些客戶綜合價值高，而企業對其綜合能力也高的客戶作為重點客戶，也就是將價值足夠大、值得企業去開發和維護的同時企業也有能力去開發和維護的客戶作為企業的重點客戶（圖6.10）。

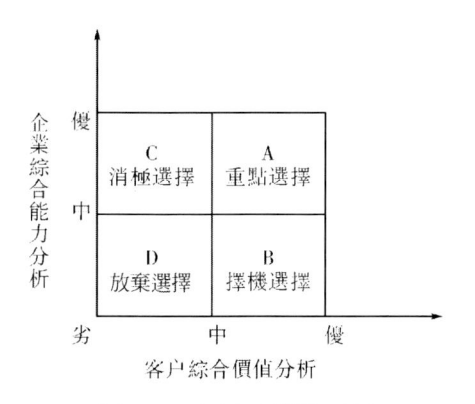

圖6.10　重點客戶選擇矩陣圖

四、篩選重點客戶的方法

篩選重點客戶不僅是一個程序或者一套工作方法，更是一種管理思想、一種如何篩選重點客戶並建立良好客戶關係的經營管理方式。企業必須針對重點客戶的特點和自身的實際建立切實可行的重點客戶管理模式、管理制度和管理流程等，找出關鍵的工作環節。

（一）認知分類法

　　篩選重點客戶的前提是瞭解和判斷重點的標準，這也是確定重點客戶的標尺。如經營理念、企業文化、發展方向等。如果客戶在以上方面與企業存在較大差異，那麼這些客戶將很難成為企業的重點客戶。客戶實力、信譽等因素也是判斷重點客戶的標準之一：確定客戶實力，保證合作的穩定性；調查客戶信譽，將企業受騙的可能性降至最低。同時，根據企業的具體情況，客戶實力、信譽等因素，判斷與客戶深度合作的可能性。

　　基於上述標準，我們可以根據企業和客戶的基本情況，對客戶市場進行如下篩選分類：成交客戶、意向客戶、目標客戶和潛在客戶。成交客戶是指與企業完成一筆或多筆交易的客戶，是企業重點客戶的首選。成交客戶的產品認知度高，一般可以將有實力、有信譽的成交客戶劃分到重點客戶裡面。企業對成交客戶要提供優質服務，努力與其成為戰略夥伴。意向客戶是指對企業產品產生購買慾望或有合作意向的客戶。企業可根據客戶的合作意向，制訂詳細的實施方案，建立供求關係，使其將產品意向轉化為實際購買行為。目標客戶是企業拓展業務的首選，需保證客戶有相關產品需求，其次企業要在客戶觀念中樹立品牌認知意識，通過附加服務吸引客戶，使其與企業建立交易關係，最終成為重點客戶。潛在客戶是指有潛在產品需求的客戶。對此，企業要建立良好的信息搜集程序，適時追蹤潛在需求者，使之成為目標客戶和意向客戶，並在不斷的合作中成為重點客戶。

　　確定客戶的方法包括建立評估體系、客戶信息搜集、信息分析打分、重點客戶篩選。企業要明確自身實際情況，針對企業日常銷售、服務等工作內容，圍繞重點客戶制訂有效的服務方案，以提升企業對重點客戶的管理水準；分析業務關係和成交記錄，通過分析企業與客戶之間的各項交易數據，對客戶能力、信譽等進行全面評估，確定哪些重點客戶能深入合作；指定客戶管理方法和策略，針對最終篩選出的重點客戶確定最終的行動目標，制訂客戶服務計劃，與客戶建立起一定的信任關係；時刻防止客戶關係的變更，要通過查找自身原因維繫與客戶之間的關係。

　　認知分類法思維導圖如圖 6.11 所示。

第六章 企業重點客戶篩選

```
                              ┌─ 企業具體情況
            ┌─ 判斷重點客戶的標準 ─┼─ 客戶實力、信譽等
            │                 └─ 深度合作的可能性
            │
            │                              ┌─ 產品認知度高
            │                 ┌─ 成交客戶 ─┼─ 劃分為重點客戶
            │                 │           └─ 提供優質服務，與之成為戰略伙伴
            │                 │
            │                 │           ┌─ 客戶合作意向
            │                 │           ├─ 針對意向制訂計劃
            │                 ├─ 意向客戶 ─┼─ 建立供求關係
            │                 │           └─ 意向轉化
            │                 │
            ├─ 客戶市場篩選分類 ─┤           ┌─ 有相關產品需求
            │                 │           ├─ 樹立對品牌的認知意識
            │                 ├─ 目標客戶 ─┼─ 附加服務吸引客戶
            │                 │           └─ 成為重點客戶
            │                 │
            │                 │           ┌─ 有潛在產品需求
            │                 │           ├─ 建立良好的訊息搜集程序
            │                 └─ 潛在客戶 ─┼─ 追蹤潛在需求者
筛選重點客戶 ─┤                             └─ 成為重點客戶
            │
            │                              ┌─ 訊息搜集
            │                 ┌─ 建立評估體系 ─┼─ 全面分析
            │                 │              └─ 綜合打分
            │                 │
            │                 │              ┌─ 銷售、服務等工作內容
            │                 ├─ 明確企業實際情況 ─┼─ 制訂有效的服務方案
            │                 │              └─ 提升管理水平
            ├─ 確定重點客戶的方法 ─┤
            │                 ├─ 分析業務關係 ─┬─ 分析各項交易數據
            │                 │  和成交記錄   └─ 全面評估客戶能力、信譽等
            │                 │
            │                 │              ┌─ 確定最終的行動目標
            │                 ├─ 制定客戶管理 ─┼─ 制訂客戶服務計劃
            │                 │  方法和策略   └─ 建立信任關係
            │                 │
            │                 └─ 時刻防止客戶關係的變更
```

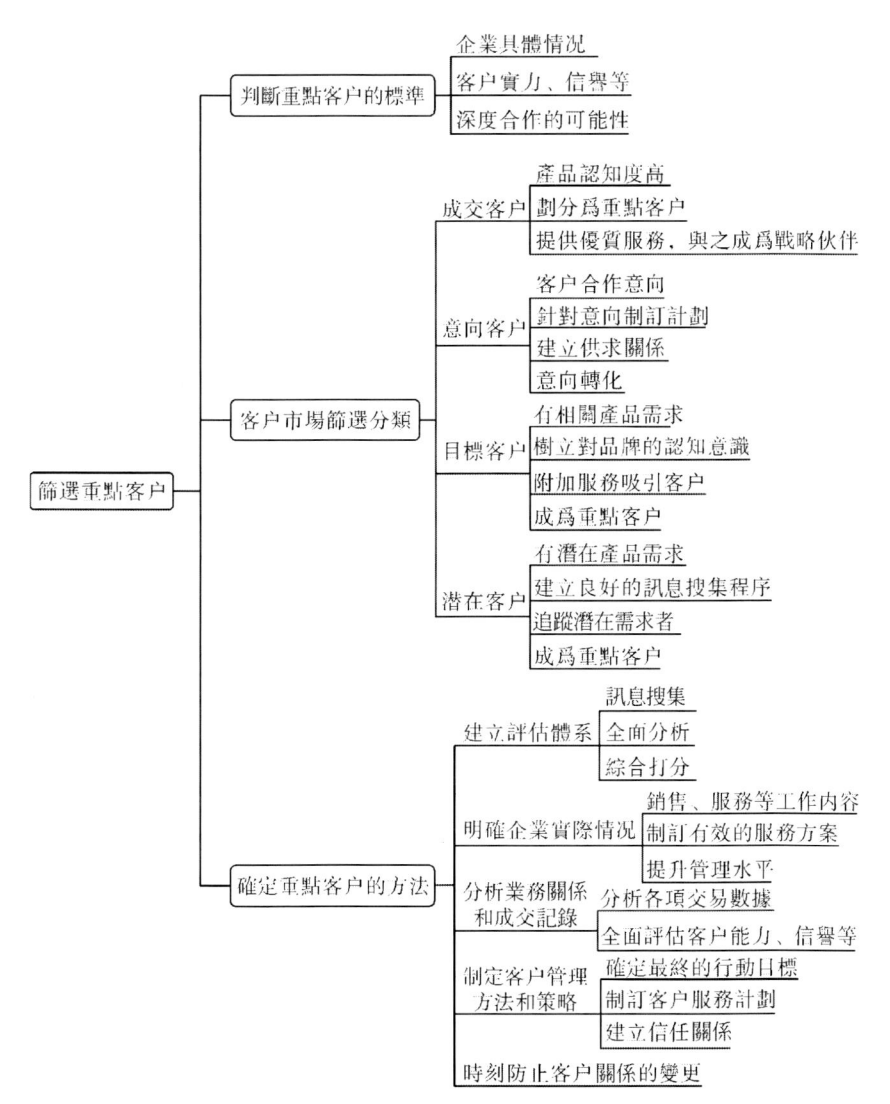

圖 6.11　認知分類法思維導圖

醫藥公司篩選重點客戶

　　H 醫藥公司在篩選重點客戶時運用了認知分類法，其具體措施包括篩選目標客戶、合理分配資源、制訂行動計劃。

　　首先，通過區域調查瞭解目標客戶。調查內容包括醫院級別、組織架構（科室設置、重點學科）、入藥情況與流程（主要商業渠道）等基本信息。潛在信息包括年度藥品採購

159

量、藥品分佈結構、門診量、床位數、醫院相關政策、醫院與公司合作關係等。機會信息包括科室成員等。H醫藥公司市場部經理結合這些信息綜合分析並判斷哪些醫院將會是公司的重點客戶，其重要參數包括處方能力、潛力等其餘需要考慮的因素。

其次，公司針對這些潛在客戶劃分行動小組，每個小組負責一家醫院，公司為每個小組配備相關資源，針對各小組實施目標和過程管理。第一步，填寫客戶檔案信息表（表6.2）；第二步，公司給每個小組一個歐洲年會的參會名額；第三步，小組負責人根據「80/20」原理和CV客戶級別計算公式進一步篩選出重點客戶。

表6.2　　　　　　　　　　　　　客戶檔案信息表

1. 姓名：_____　性別：_____　年齡：_____　生日：_____　婚否：_____
2. 職位：_____　職稱：_____　社會職務：_____　畢業院校：_____
3. 家庭狀況：_____
4. 個人喜好：_____
5. 講課能力：□好　□一般　□差　外語能力：□好　□一般　□差　學術影響力：□高　□中　□低
6. 性格類型：□權威型　□思想型　□外向型　□附和型
7. 門診時間：_____　最佳拜訪時間：_____　可以為進新藥提單：□是　□否
8. 平均每週門診量：_____　與相關疾病有關的平均每週門診量：_____
9. 所管床位數：_____　與相關疾病有關的每月病床使用數：_____
10. 與施貴寶以往合作關係：□好　□一般　□差
11. 與競爭對手關係：□好　□一般　□差
12. 公司重點產品每月用量(盒)：_____
13. 主要競爭對手產品每月用量(盒)：_____

最後，小組負責人根據「9-Boxes」判定目標客戶，然後進行客戶價值評分。其計算公式為：客戶價值分值＝科室×0.35＋職務×0.15＋門診量×0.35＋醫院等級×0.15。H公司小組負責人知道每個客戶的訂單都會為公司帶來銷售收入，但並不是每個訂單都能為公司帶來高利潤。公司的人力和物力有限，不可能對所有客戶一視同仁，不可能花費同樣的時間精力來管理每一個客戶。

義大利經濟學家維弗雷多·帕雷托提出的「二八原則」表明，事物80%的結果都是因為另外20%的起因。將它應用到客戶管理中，公司80%的銷售收入來自20%的客戶，公司80%的利潤來自20%的客戶。按最直觀的做法，是將公司中銷售排名最靠前的承擔了80%銷量的20%的客戶，列為重點客戶，很多公司都會按照銷售額來區分客戶的重要性。

事實上往往不能如此簡單，篩選重點客戶有很多定量和定性的參考指標。不能僅僅靠幾個數據就確定，選擇的重點客戶應符合企業當前目標。公司一定要綜合公司戰略、行銷目標、公司的細分市場、競爭對手的客戶現狀等眾多的因素。

（二）內外部分析法

內外部分析法主要是在分析過程中側重於企業自身與競爭對手的橫向分析。

第一，企業要建立一套考評指標體系對客戶進行全面評估、綜合打分，找出潛在客戶。

第二，搜集信息。對客戶進行全面分析，如客戶所處的行業和市場現狀等方面的信息，結合客戶戰略和企業實際情況、企業組織結構和管理體系、客戶歷年的經營業績和發展方向等情報，對客戶進行 SWOT 分析。

第三，分析競爭對手。弗雷德里克在《給將軍的教訓》一書中這樣寫道：「一個將軍在制訂任何作戰計劃的時候都不應過多地考慮自己想做什麼，而應該想一想敵人將做些什麼；永遠不應該低估敵人，而應該將自己放在敵方的位置，正確估計他們將會製造多少麻煩和障礙。要明白如果自己不能對每一件事情都有一定的預見性、不能設法克服這些障礙的話，自己的計劃就可能會被任何細小的問題所打亂。」所以重點客戶經理應該有這樣一個思想觀念，正確對待競爭對手。

第四，分析公司的狀況。分析公司與客戶之間目前的關係和業務活動。公司與客戶過去的關係如何？曾提供過什麼產品和服務？現在提供的是什麼？客戶原來和現在的銷售記錄和發展趨勢、銷售占比的變化情況如何？公司業務人員與客戶關係如何？建立了什麼關係類型？這些因素都是應該考慮的。

第五，制訂客戶計劃。制訂客戶計劃的主要目的是確定你希望與該客戶建立和發展什麼樣的關係以及如何建立和發展這種關係。制訂一份適當的客戶計劃是取得成功的第一步。與客戶共同討論發展目標，建立起一定的信任關係，制定一個遠景目標規劃，確定好行動計劃。

第六，時刻對客戶管理工作進行創新，保持緊密的合作關係，防止客戶關係的變更。哈佛大學教授特德·萊維特在《行銷的想像力》中指出：「不管是在婚姻中還是在企業裡，人們之間關係的自然傾向是處於不斷退降中，即雙方間的敏感性和關注程度會不斷削弱和退化。」因此，作為重點客戶的管理者，定期盤點重點客戶是必需的。

為什麼要將客戶置於重點客戶的地位？如果找不到對這個問題的合理解釋，解決的方案只有兩個：一是降低客戶的地位或刪掉這個客戶。客戶關係一旦建立，除非該客戶的存在已經不符合企業當前的經營目標，否則降低或刪除都是有一定損失的，顯然這種方法非常極端，不是事事都行得通。二是要找自身原因，比如是否在處理客戶關係中只是例行公事，不注重創新，使合作關係中的敏感性和關注度削弱和退化了，從而達不到重點客戶的期望要求。

重點客戶的管理是一種銷售管理方法，它將在公司的管理中處於越來越重要的地位，無論公司規模怎樣，都應該重視重點客戶的管理。畢竟市場的競爭激烈，市場的變化快

速，只有充分把握重點客戶，公司才能很好發展。其實重點客戶的管理更是一種投資管理，是公司對未來業務和發展潛力的一種投資，重點客戶管理的目的就是要充分利用銷售資源做好銷售工作，它將影響公司未來的發展戰略和發展目標。

農夫山泉嬰兒水百萬元投放背後的故事

農夫山泉嬰兒水一次廣告費用逾一百萬元、產品投入逾五百萬元的短期傳播引起了母嬰行業的關注。農夫山泉與中國母嬰第一股——中國育兒網絡控股有限公司（育兒網PC及旗下媽媽社區App，以下簡稱：育兒網）強強聯手獨家打造的大型換水活動，旨在喚醒母嬰核心用戶的嬰兒安全飲水意識並號召其付諸行動，樹立農夫山泉在嬰兒水領域的絕對領導地位（圖6.12）。

圖6.12　農夫山泉百萬好媽媽換水大行動

此次活動的參與熱度和用戶反饋度，讓很多業內人士都跌破眼鏡。中國父母對嬰兒水的瞭解畢竟有限，為何農夫山泉與育兒網的合作會如此成功？

首先，立足推廣背景，制定有效策略。2014年12月，農夫山泉通過育兒網開展了一項調查，結果顯示高達95%的媽媽從未聽說過嬰兒水，這個信息帶來的價值是農夫山泉發現了嬰兒水市場的空間，但僅僅依託網絡硬廣曝光是不妥的。在核心目標人群集中的母嬰垂直網站進行品類深度教育才是培養消費群和後期購買力的關鍵，這也是策劃本次活動需要重點考慮和解決的問題。最終，雙方確定本次推廣策略——通過教育激活媽媽對嬰兒水的需求，選擇重點地域，低門檻觸發換水行為，高門檻回收換水心得，讓嬰兒水口碑遍地開花，引發購買轉化（圖6.13）。

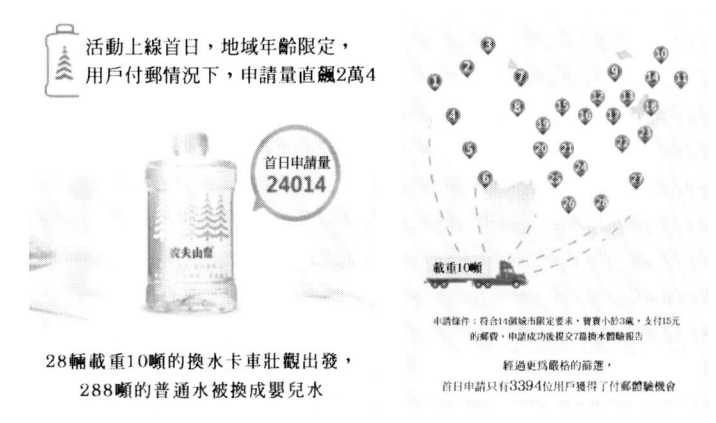

圖 6.13　農夫山泉換水行動方案

其次，緊扣媽媽人群特點策劃內容。隨著越來越多的「85 後」「90 後」加入媽媽人群，這個群體呈現出多元化特點——喜好搞怪逗趣、追求高端、舍得花錢、愛分享能吐槽、信賴口碑等。她們常泡在電腦旁，手機不離手。因此，要將這樣的媽媽人群吸引到活動中來，機制簡單、電腦手機都能玩就是必要條件。但是否僅憑這些就能獲得 18 萬的申請量和 4 萬多的優質口碑？答案是遠遠不夠。農夫山泉更要遵循用戶行為特點來設置——她們愛發帖（育兒網日均 7 萬的發帖量，媽媽社區 App 每日 13 萬的發帖量）、愛分享（平均單個活動被分享 60 萬次），所以在活動頁面即時展示換水心得，設置分享機制，讓不斷湧出的口碑刺激新申請，讓遍布公共平臺的分享內容吸引新人參與（圖 6.14）。

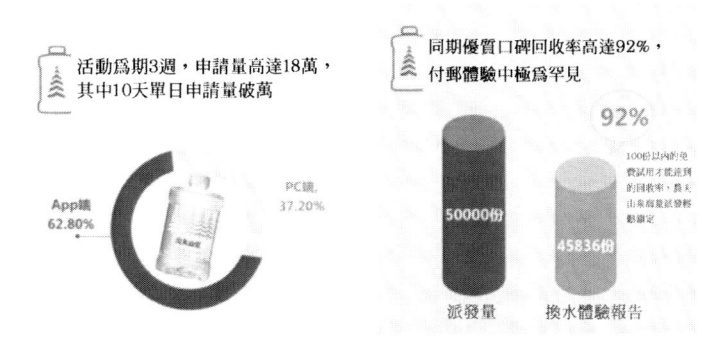

圖 6.14　農夫山泉換水行動成效

最後，尋求一個溝通點引爆換水活動。為了提升用戶對嬰兒用水的關注度和參與度，育兒網提出「好媽媽」和「換水」的概念，「好媽媽」應該給寶寶最安全的飲用水，「換」掉家中的隱患水，用好水沖泡好奶粉，保證寶寶健康，讓寶寶更健康地成長。這個概念直接擊中了客戶群的痛點。

「喚」醒媽媽們換水的迫切性認識，借助網紅媽媽呼「喚」朋友先換水。換水活動上線前通過一波短平快的「寶寶飲用水現狀」調研切入，10,122位媽媽參與調研，並開始關注嬰兒水，趁機展開試用，引導93%的調研用戶至試用頁面進行換水。調研開展的同期，借助網紅媽媽的影響力，邀請200位育兒網資深網紅媽媽，搶鮮體驗農夫山泉嬰兒水，並在論壇發布換水心得，以網紅媽媽的真實口碑激發用戶前往活動頁面換水的動作。

寬進嚴出，推進百萬好媽媽「換」水大行動。打出「百萬好媽媽換水大行動」的響亮口號，低門檻觸發「換水」動作，針對申請成功的媽媽，用「1箱農夫山泉嬰兒水，7天陪伴，一張圖，一句話，刻錄寶寶7天的微妙改變」的情感渲染，引導用戶給寶寶連續使用並提交7天換水記，高門檻回收換水心得，沉澱口碑。寬進嚴出的做法，呈現好媽媽爭相換好水贊好水的盛況。

認知「煥」新，口碑「煥」新。在本次換水行動中，巧妙融入對消費者的教育內容，通過對比純淨水、礦物質水、礦泉水、自來水，並引用國內外專家的研究和數據，讓用戶知曉嬰幼兒用水最好為溶解性總固體在100mg/L以下的軟水，鈉離子控制在20mg/L以下，有效地將中國父母的關注點吸引到嬰兒水品類上來。

換水活動結束後的二次人群認知調研顯示，用戶對嬰兒水認知度同比提升70%，很多媽媽意識到寶寶飲用水是有隱患的，為了寶寶的健康應該給寶寶嘗試嬰兒水。農夫山泉嬰兒水產品知名度大幅提升，參與用戶已經開始購買行為。

農夫山泉不斷滲透，好媽媽不得不選農夫山泉嬰兒水的三大理由：水源——長白山地下自湧泉；工藝——採用世界先進的商業無菌生產工藝；標準——在國家要求的標準之上，制定了非常嚴格的飲用天然水（適合嬰幼兒）企業標準，將產品的核心利益點持續傳達給目標用戶。媽媽們對農夫山泉嬰兒水的接受度頗高，部分媽媽因為體會到這款嬰兒水對寶寶的益處，已經開始購買產品繼續使用，成功轉化為品牌消費群。

◇ 創業問答 ◇

Q：為什麼篩選重點客戶對初創企業如此重要？

A：我們處在一個客戶革命的時代，顧客凌駕商家之上成了指點江山的上帝。他們擁有選擇的權力，他們憑自己的意願和好惡在鋪天蓋地的商品面前左挑右選；他們決定企業的銷售，決定企業的生產，甚至決定企業組織的設計。一言以蔽之，顧客幾乎決定一切！對於任何企業來說，能否提供差異化的客戶服務是企業幸存或覆滅的關鍵。這場革命來得如此迅猛，如此勢不可擋！顯而易見我們除了妥協別無選擇。但是，你完全沒有沮喪的必要。顧客成為主宰的同時也許能為我們帶來更多的商機。我們失去了權力的同時或許能贏

得更多的財富。塞翁失馬，焉知非福！客戶革命的時代，我們愉快地妥協。

Q：我們即將入駐孵化器，孵化器是怎麼篩選重點企業的？

A：孵化器在篩選重點扶持的企業的時候，一般從四個維度進行區分：首先是基於入駐企業的行為，比如說公司帳戶的資金流量、大額匯款業務記錄，企業主創團隊是否有境外證件，孵化器通過系統把這些客戶批量選出來作為觀察對象。其次是看行業，看這些行業是否有增長潛力，比如鋼鐵和產能過剩的行業不介入，反而更加青睞於新能源等新興行業。再次是看企業商業模式，基於企業商業模式和贏利模式等，判斷企業的經營理念、管理水準是否具有創新性和增長空間。最後是看項目主創團隊的行業背景、專業背景等，看是否具有在該行業長足發展的可行性。

◇ 關鍵術語 ◇

供應鏈：從擴大的生產（Extended Production）概念發展而來，其英文為Supply Chain，它是圍繞核心企業從配套零件開始到制成中間產品及最終產品、最後由銷售網絡把產品送到消費者手中的一個由供應商、製造商、分銷商直到最終用戶所連成的整體功能網鏈結構。

波士頓矩陣：由美國著名的管理學家、波士頓諮詢公司創始人布魯斯·亨德森於1970年首創，又稱市場增率-市場佔有率矩陣。它通過市場增長率和市場佔有率劃分出四種不同性質的產品類型——雙高的明星類產品、雙低瘦狗產品、高市場增長率低市場佔有率的問題類產品和低市場增長率高市場佔有率的金牛類產品。

CVM：客戶價值管理（Customer Value Management）是客戶關係管理成功應用的基礎和核心。客戶價值管理就是企業根據客戶交易的歷史數據，對客戶生命週期價值進行比較和分析，發現最有價值的當前客戶和潛在客戶，通過滿足其對服務的個性化需求，提高客戶忠誠度和保持率。它將客戶價值分為既成價值、潛在價值和影響價值，滿足不同價值客戶的個性化需求，提高客戶忠誠度和保有率，實現客戶價值持續貢獻，從而全面提升企業盈利能力。

◇ 本章小結 ◇

本章從對重點客戶內涵和外延的分析入手，梳理出篩選重點客戶的原因，明確重點客戶到底是什麼樣的客戶，並指出篩選重點客戶的指導思想，最後總結出不同的重點客戶篩

選方法。本章使用大量的案例分析和經驗總結，旨在幫助讀者瞭解篩選重點客戶對企業經營管理的積極意義，掌握切實可行的重點客戶篩選方法。

◇ 思考 ◇

1. 請簡述重點客戶對企業的價值。
2. 請思考篩選重點客戶的原因及指導思想。
3. 請結合具體案例分析不同重點客戶篩選方法。

第七章　大數據用於改善用戶體驗

◇ 學習目標 ◇

學習完本章後，你應該能夠：
- 理解用戶體驗的相關概念
- 瞭解大數據技術在用戶體驗研究方面的應用
- 運用大數據分析方法改善用戶體驗

本章課件

◇ 開篇案例 ◇

大數據時代挺進的電商先鋒

號稱「網上沃爾瑪」的1號店，目前網站註冊會員數已上千萬，每天都有幾百萬會員在網站瀏覽。大量會員產生的龐大信息，促使1號店走在了大數據時代的前列。

某日下午，家住北京的女士小楠從1號店網站訂購了一箱牛奶。就在小楠用電腦鼠標點擊「確定付款」的一瞬間，整個1號店的信息系統及供應鏈體系都發生了相應的變化。小楠作為1號店的老用戶，她的購物習慣早已進入1號店信息系統，所以當她在網站登錄自己的帳號時，後臺系統會結合她之前的購買和瀏覽記錄進行分析，選出她可能需要或感興趣的商品推送在瀏覽頁面上。這樣的商品推薦功能，就是1號店的信息系統利用大數據的挖掘和分析來完成的（圖7.1）。

圖 7.1　1號店官網截圖

　　1號店可以算是國內網上超市的先驅，互聯網企業的特點讓它更加注重對數據的收集整理和挖掘分析。比如在傳統超市，一個消費者拿起一盒牛奶，看了看，然後放回了貨架。這一看似隨意的動作通常被忽視，但其背後卻反應了消費者的購物習慣，說明他對該種商品感興趣、有購買需求。而對1號店而言，用戶的所有瀏覽痕跡和購買記錄都能夠保存到系統，由此為用戶進行更加精準的商品推送服務，相關的購買預測也使得供應鏈的反應更加快捷。比如，小楠購買了牛奶，系統就會將商品的品牌及購買日期記錄下來，她上個月買了一箱，按照規律應該喝完了，於是供應庫就會提前預存該品牌的牛奶，並通過服務信息提醒她購買。

　　在營運中，用戶的搜索、收藏、購買，包括商品瀏覽的路徑信息，為1號店累積了龐大的用戶數據，通過分析這些數據背後的規律，能瞭解到更多的用戶信息，比如喜好、習慣。1號店用這些系統記錄建立起用戶行為模型，依據行為模型來預測用戶需求，同時為用戶提供個性化的服務，向他們推薦感興趣的商品，使用戶產生良好的體驗。

　　問題與思考：

1. 1號店是如何實現商品與用戶精準匹配的？
2. 相比傳統零售，電商在獲取大數據上有哪些優勢？

第七章　大數據用於改善用戶體驗

◇ 思維導圖 ◇

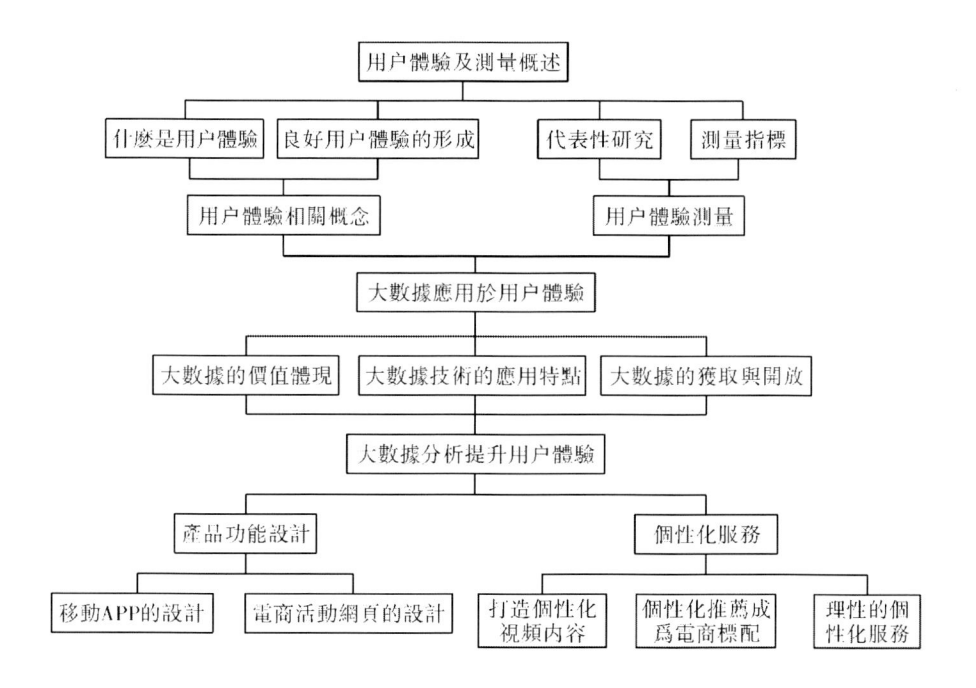

```
                        用戶體驗及測量概述
        ┌──────────┬──────────┬──────────┬──────────┐
    什麼是用戶體驗  良好用戶體驗的形成  代表性研究   測量指標
        └──────────┬──────────┘    └──────────┬──────────┘
              用戶體驗相關概念                用戶體驗測量
                        │
                大數據應用於用戶體驗
        ┌──────────────┼──────────────┐
    大數據的價值體現  大數據技術的應用特點  大數據的獲取與開放
                        │
                大數據分析提升用戶體驗
        ┌──────────────┴──────────────┐
        產品功能設計                個性化服務
     ┌──────┴──────┐        ┌──────┬──────┐
  移動APP的設計  電商活動網頁的設計  打造個性化  個性化推薦成  理性的個
                                視頻內容   為電商標配  性化服務
```

◇ 本章提要 ◇

　　對產品與服務用戶體驗的測量、研究和改善，離不開大數據的運用，它要求企業對用戶體驗有整體的認知，學會運用大數據分析的方法與技術，深刻理解用戶需求，把握用戶心理，從而有效預測用戶行為。在解決用戶訴求、處理用戶問題的過程中，找尋出最符合用戶需求的產品與服務，從而提升用戶體驗。

第一節　用戶體驗及測量概述

　　諾曼博士曾說過：「當技術不再成為生產商品的阻礙，可以滿足人們的日常生活需求，

用戶體驗便開始主宰一切。」隨著信息技術的飛速發展,「以人為中心的信息社會」與「良好的用戶體驗」等相關研究成為當前信息領域新的發展方向和研究熱點。為了增強競爭力,越來越多的企業開始重視提升產品與服務的整體用戶體驗以獲得長期的成功。

一、用戶體驗的相關概念

(一) 什麼是用戶體驗

「體驗」這一概念,在不同學科中有不同的含義。心理學中所說的體驗主要是指情感體驗,涉及主體的主觀感受和主體的行為。人們在評價主觀感受時,通常以客觀事物是否符合其需要作為判斷標準,從而產生積極或消極的感受。

用戶體驗是用戶使用產品或體驗服務時主觀的整體感受,這些感受包括情感、喜好、認知、生理、心理等各個方面。用戶體驗貫穿於產品或服務的全過程,尤其是產品,使用體驗更為直接。比如產品的物理屬性、視覺感受、操作方式等,從最初設計、產品使用到售後服務都屬於用戶體驗的範疇。

(二) 如何形成良好的用戶體驗

良好的用戶體驗就是產品或服務和用戶預期相吻合,用戶感到滿意,產生愉悅的心理感受。這種主觀的情緒體驗,會在很大程度上影響用戶的後續使用及評價,甚至還會延伸至其他相關產品,產生廣泛而深入的影響。比如用戶使用了某品牌的產品後非常滿意,就會對這個品牌產生信任,願意嘗試該品牌的其他產品,也樂於將該品牌推薦給身邊的人。因此,用戶體驗的滿意度越高,用戶對產品的忠誠度就越高,黏性就越強。對商家而言,用戶體驗成為決定產品成敗的關鍵。

像 1 號店這樣的零售電商,良好的用戶體驗形成應該包括以下方面:

(1) 良好的營運基礎。商品要豐富,有目標人群,還有商品的價格、安全、便捷、及時,這些都是滿足用戶的基石。

(2) 流程和系統簡單。系統設計要充分考慮用戶的需求和習慣,前期要做好用戶調查,甚至可以邀請用戶參與設計,討論設計方案,看是否人性化,是否符合用戶的消費習慣。

(3) 提供個性化服務。在購物過程中,可以根據用戶過去的購買行為、搜索行為、商品關聯行為,提供很多個性化的服務。比如客服定期致電用戶——「王先生,您大概每個月使用一瓶刮鬍液,距離您上次的購物記錄快到一個月了,提醒您是否需要購買刮鬍液」,這樣的溝通會讓用戶感到很溫馨。

(4) 高效處理問題。關注用戶需要解決的問題,比如,用戶想知道購買的商品能否及時送達,為什麼想買的商品缺貨了,如何退換商品……這些不是僅靠態度好就能解決的,關鍵是如何快速、完整、一次性處理好問題,讓用戶滿意。

（5）配套服務。包括用戶購買過程中的服務和售後服務，更好地服務用戶是提升用戶體驗的重點。

二、關於用戶體驗測量

（一）代表性研究

用戶體驗是一種主觀感覺，受個體認知差異的影響，帶有一定程度的不確定性。用戶從產品體驗中所獲得的滿足程度存在高低之分。為了理解用戶的根本需求，企業及其設計團隊需要對用戶體驗進行有效的測量。國外有一些關於用戶體驗測量的代表性研究。比如 Tom Tullis 等人提出的包括操作績效、可用性問題、各種類型的滿意度數據及生理行為數據的用戶體驗度量標準；戴均開等人提出了用戶體驗量化的五個維度；Kerry Rodden 分析得出了衡量用戶體驗的 HEART 指標體系（圖 7.2）。

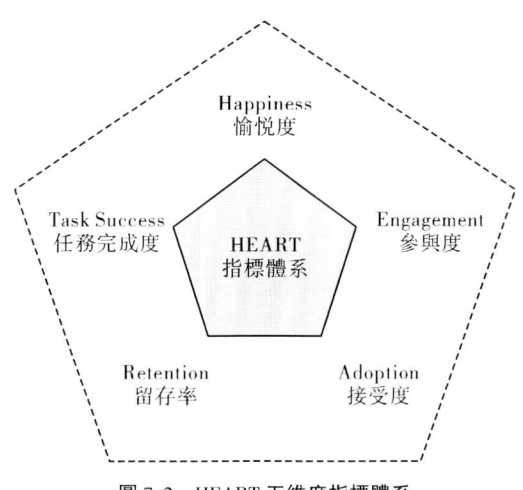

圖 7.2　HEART 五維度指標體系

圖中的愉悅度通過用戶使用產品過程中對產品的滿意度來測量。任務完成度通過最終任務完成的質量和效率來測量。參與度、接受度、留存率根據廣泛的行為數據分析來確定。在具體的指標測量中，不一定用到所有的維度，可以根據產品自身的特殊性靈活設定測量標準。例如，作為一個硬性使用的工具類產品，參與度對於產品評估沒有什麼意義，愉悅度或者任務完成度可作為重要的測量維度。

（二）測量指標

根據用戶生命週期不同階段的體驗內容，結合國內外文獻研究，以「1 號店」的網站購物體驗分析為例，可以歸納出用戶體驗的具體測量指標：

（1）接受度：指用戶對產品與服務的認知及接受程度，比如用戶的初次印象、使用反

饋。在用戶生命週期的認知、互動及獲得階段，用戶在1號店網站的所有操作痕跡都會被系統記錄保存，包括用戶瀏覽過的頁面、查看過的商品、放進購物車的商品以及最後購買的商品。

（2）完成度：指用戶完成網上購買的操作步驟、使用時間、錯誤及退出率等指標，可以反應用戶在購買、使用及反饋產品與服務過程中的體驗。測量範圍包括消費和支持階段，比如在1號店完成購買的用戶，其網上支付的相關操作是否順暢會直接影響他的使用體驗。

（3）愉悅度：指用戶體驗的主觀性感受，表現為用戶對購買、使用及反饋產品與服務的整體滿意度，體現在消費和支持階段。1號店創造了一種購物清單模式，網站的搜索框旁邊會顯示用戶曾購買過的商品，用戶還可另行添加，使其購買更加方便。1號店還結合用戶的購買記錄和評價等數據信息，建立用戶喜好和購物習慣的檔案，為用戶推薦感興趣的商品，很好地提升了用戶購買過程的愉悅度。

（4）忠誠度：主要指用戶對品牌的信任感、黏性度增強，表現為用戶持續購買產品，對產品與服務保持活躍的使用行為，測量範圍包括獲得、消費、支持和酬謝階段。基於在1號店購物的愉悅體驗，用戶往往會選擇多次購買，逐漸建立起對品牌的信任感，最終發展成為忠實用戶。

（5）推薦度：評估用戶是否會自發地推廣所喜歡的產品或服務，避免用戶生命週期進入結束階段。用戶在1號店有便捷的購物體驗、享受到商品的多元化推薦和個性化服務，在鞏固忠誠度的同時，也有助於形成用戶的推薦度。

第二節　大數據應用於用戶體驗

數據信息應用成為21世紀的時代主流，移動互聯、社交網絡、電子商務的發展，極大地拓寬了互聯網的邊界，各種數據加速膨脹，不斷變大。隨著大數據在各行業的廣泛應用，越來越多的企業開始專注用戶體驗研究，希望借助大數據更好地提升企業的產品質量和服務水準。

一、大數據的價值體現

大數據技術的運用越來越被重視，其主要的驅動力來自以下方面：

（1）社會經濟的發展使人們的生活水準提高，需求開始多樣化、個性化，要滿足這些需求必然要求企業具備龐大的數據支撐。

（2）互聯網技術的迅猛發展使海量數據的收集和分析成為現實，同時，互聯網特性又加速了數據的大容量傳播。

（3）互聯網用戶就是數據不斷產生的源頭，其特徵是多樣化、成本低、更新及時。比如微博、微信的出現就極大地減少了數據產生和收集的成本，再比如淘寶、京東可以直接收集用戶喜好和購物習慣等數據信息。

（4）人工智能、信息系統和決策科學的發展推動了多種分析方法及工具的產生，高效應用在數據挖掘、顧客行為模型建立、決策支持中，使得大數據分析發揮出更高的應用價值。在「互聯網+」環境下，各行各業都可以建立用戶體驗研究平臺。一方面通過大數據對大眾需求進行有效捕捉，研發出滿足更多用戶需求的大眾產品；另一方面通過模塊化定制研發，滿足小批量用戶的個性化需求，從而實現產品開發創新，提升企業的競爭力。

大數據被認為是創新的一個重要來源，其價值體現可分為四個階段，如圖7.3所示：

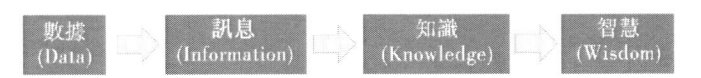

數據(Data) ⇒ 訊息(Information) ⇒ 知識(Knowledge) ⇒ 智慧(Wisdom)

圖7.3　大數據價值體現的四個階段

初始數據通常是零散的，表面反應不出規律性，經過過濾和整理後變成信息，相關聯的信息經過整合再轉化為知識，通過對知識的深層領悟進一步理解到事物的本質，最後沉澱為智慧。由此看來，大數據就是將零散的初始數據轉變成知識和智慧的過程。

對企業而言，整個商業管理過程都應該智能化、科學化，而數據就是管理中的基石。比如在電商領域，數據包括了訂單、庫存、銷售的供應鏈信息，註冊用戶的基本信息，用戶購物的瀏覽、收藏、購買信息等等。這些過程會累積大量數據信息，分析、運用其規律，對企業商業決策有著非常重要的意義。

二、大數據技術的應用特點

關於用戶體驗的研究起步較早，已有的研究方法甚多。比如常用的問卷調查、情景訪談、啟發性評估、可用性測試等等，它們著重於多方面調查用戶對產品或服務的感受、評價，通過各項測量指標使用戶體驗研究得以量化。但上述的傳統用戶體驗研究方法均以定性研究為主，缺少代表性的大樣本，難以獲得準確的數據統計，因此，定性研究存在著樣本少、代表性差、難以持續性追蹤用戶行為的弊端。用戶體驗研究要以具體的用戶行為信息數據作為支撐，這些要求在傳統數據分析技術條件下已經無法滿足，而大數據技術的發展正好為彌補這一短板提供了途徑。它能在更短的時間內，對更豐富的數據資源進行更快速的整合，從而滿足這一要求，並可以在大樣本下進行用戶體驗研究工作。

大數據技術應用於用戶體驗研究，主要表現為以下特點：

（1）更全面（volume），龐大的數據量讓研究範疇由抽樣用戶擴展至全局用戶。

（2）更快速（velocity），高速的數據處理系統讓用戶體驗即時追蹤變為現實。

（3）更多樣（variety），複雜多樣的數據源類別有助於全面瞭解用戶特徵。

（4）更準確（veracity），數據的真實可靠大大提升了分析結果的準確性。

大數據技術對互聯網用戶全面研究、即時追蹤用戶體驗、瞭解用戶個性化特徵、分析結果準確的4V特點，為企業即時跟蹤用戶體驗過程並發掘用戶的真實需求提供了更多機會。通過整體數據分析去理解用戶行為背後的原因，有助於企業設計開發新產品或提升產品與服務的質量，不斷創新商業模式，從而形成品牌影響力。因此，越來越多的企業開始使用數據資源和分析工具來改善用戶體驗。

三、大數據的獲取與開放

大數據技術擁有的突出優勢，對產品與服務的整體用戶體驗優化具有重要的推動作用，但如何獲取、提煉大數據並應用到實際中成為企業面對的一大難題。

（一）企業的大數據能力

企業擁有大數據能力通常表現在以下方面：

（1）能獲取多元化的數據源；

（2）能進行異構數據的管理；

（3）能處理與分析非結構化的數據；

（4）能挖掘數據價值並實踐應用。

1號店於2008年上線，開了中國電子商務行業「網上超市」的先河，不斷拓展的用戶數和業務量使其系統數據量飛速增長，這對系統的性能、架構及穩定性提出了較高要求。為給用戶提供卓越的消費體驗，1號店建立了數據倉庫，運用新型信息技術進一步整合供應鏈，自主開發了集供應商平臺、結算系統、倉儲管理系統、運輸管理系統、數據分析系統以及客服系統於一體的1號店SBY（Service By YHD）平臺，最終實現了數據的統一管理。

作為互聯網企業，1號店在數據挖掘上起步較早，建立了上百人組成的BI（商業智能）團隊。1號店每天的流量（獨立IP）已高達幾百萬，大量訪客又會瀏覽大量商品頁面，用戶的所有瀏覽路徑和操作行為都能被系統及時掌握。1號店智能團隊的工作就是收集、分析、處理這些營運中產生的海量數據，通過數據分析建立起顧客行為模型、預測模型、庫存管理模型、價格管理模型，幫助企業做出最優決策，更精準地為用戶服務。

1號店智能團隊的任務不僅為內部決策提供數據參考，還要將大數據產品化（可視

化），開放自己的大數據能力，以獲得市場認可。此外，1號店還為國家統計局提供快消品數據的相關報告，比如熱銷商品、顧客的消費趨勢變化、顧客價格敏感度等。

（二）大數據應用服務

近幾年，國內建立了很多研發能力強的大數據技術和應用服務公司。這些大數據公司為相關商業機構和政府機構提供可靠的數據綜合服務，提供具有產業化和產品化能力的大數據整體解決方案，有助於政府、企業提升決策效力。

比如成都市的映潮科技股份有限公司，作為專注於互聯網大數據應用的創新型企業，為全國各省市提供電子商務數據服務，是四川省商務廳指定的「電子商務大數據中心」。映潮科技提供的產品主要為通用標準的數據分析報告，能全面反應行業的發展脈絡，也對行業的未來走向提供前瞻性預測。比如在《2017年四川電子商務數據分析報告》中，它通過檢測網絡交易額同比增速預測了GDP增速走勢（圖7.4）。

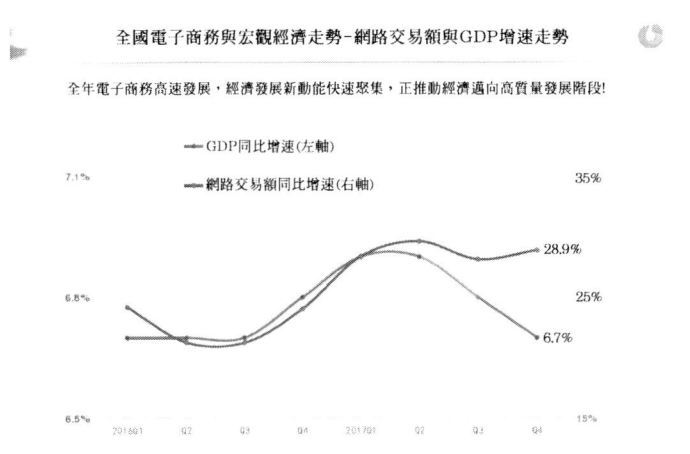

全國電子商務與宏觀經濟走勢-網路交易額與GDP增速走勢

全年電子商務高速發展，經濟發展新動能快速聚集，正推動經濟邁向高質量發展階段！

2015-2016年電子商務與GDP走勢具有高度的趨同性和一定的先導性，電子商務已經深度融入宏觀經濟發展之中。而今年以來，電子商務機搆加速態勢明顯，4個季度網絡交易額與GDP增速差均維持在20個百分點以上，反映出在創新趨動策略下「互聯網+」加速發展。經濟發展新動能快速聚集，經濟正向高質量發展階段邁進，經濟長期向好發展基礎正不斷夯實。

圖7.4　全國電子商務與宏觀經濟走勢

也有對四川地區實物型行業網絡零售的深入解析（圖7.5）。

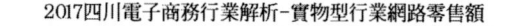

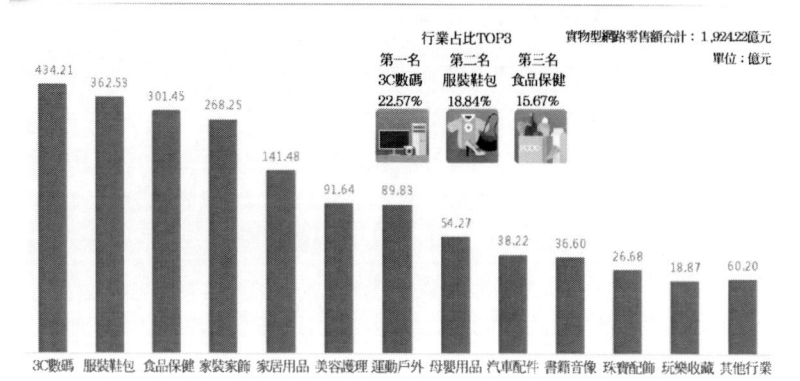

[圖 7.5 2017年四川電子商務行業解析-實物型行業網路零售額 柱狀圖：3C數碼 434.21、服裝鞋包 362.53、食品保健 301.45、家裝家飾 268.25、家用電器 141.48、美容護理 91.64、運動戶外 89.83、母嬰用品 54.27、汽車配件 38.22、書籍音像 36.60、珠寶配飾 26.68、玩樂收藏 18.87、其他行業 60.20。行業占比TOP3：第一名 3C數碼 22.57%、第二名 服裝鞋包 18.84%、第三名 食品保健 15.67%。實物型網路零售額合計：1,924.22億元]

隨著四川持續深化供給側結構性改革，快速增長的電子訊息製造業加深與互聯網融合發展步伐，2017年以極米科技、長虹電子、彩虹電器為代表的本土品牌在家庭影院、家用電器、家用取暖和家衛產品市場擁有較強的影響力，並以創新驅動為發展手段，積極拓展線上產品種類，線上備受消費者好評，銷量持續走高，加之美菱、西門子、沁園 等知名品牌電器同樣優異的表現，四川3C數碼網路零售額同濾州老窖、劍南春、竹葉青、水井坊為代表的全國知名白酒，以及摩記、黃老五、阿寬、徽記、吉香居等本土購食品製造業與互聯網加速融合後成績斐然，帶動食品保健網路零售同比增長70.48%，全年實現301.45億元，行業排名上升位，躍深到二，實物型網路零售供給側改革成效顯著。

圖 7.5 2017 年四川省電子商務行業解析

還有反應農村電商中熱銷農產品網絡零售的相關情況（圖 7.6）。

[圖 7.6 2017年四川年度熱銷產品集錦—安岳檸檬用戶評價詞雲圖。左：安岳檸檬網銷好評詞雲圖（新鮮、檸檬、滿意、好吃等）；右：安岳檸檬網銷差評詞雲圖（客服、檸檬、快遞、黑點等）。「新鮮」與「黑點」分別成為好評與差評高頻詞，反映出冷鏈物流至關重要]

圖 7.6 2017 年四川年度熱銷產品安岳檸檬用戶評價詞雲圖

第七章　大數據用於改善用戶體驗

報告數據翔實，內容全面，解析深入，反應出 2017 年全國電子商務發展質量與效益隨國內經濟強勁增長和結構改善明顯提升，四川持續深化供給側結構性改革，加快了製造業與互聯網融合發展的步伐，電子商務在新一輪科技革命和產業變革中蓬勃發展，呈現加速增長的態勢。

這樣的分析報告需要大數據公司以快速高效的數據抓取和處理能力作為保障。以映潮科技公司為例，它在數據抓取及分析平臺有自己的系統架構，即通過落地可視化服務器、雲端、可視化系統，對各類平臺進行監測（如針對電商類調研報告，主要監測交易平臺），作為數據源來源進行定向檢測網站數據來源層次（從店鋪到商品、頁面結構），然後進行數據化結構處理（單品價格、銷售量），最後追蹤到源頭（具體某個商品的頁面）。

大數據公司的數據信息源獲取能力非常重要，它直接影響數據的量和可信度。數據來源是根據不同的行業設定不同的信息抓取方式，比如互聯網爬蟲式、人工智能仿真。在獲取電商數據信息時，根據國家標準所要求的，所有平臺雖然要允許可見，但企業還是會盡量避免自己的信息被抓取。例如淘寶的數據防止被「爬」的能力較強，它會根據爬蟲協議裡面有哪些信息可以公開，嚴格滿足又極力規避，來屏蔽爬蟲機器行為。對此，大數據技術和應用服務公司還開發了模擬用戶使用的仿真操作系統，通過定義數據源進行信息抓取。

面對海量信息，如何在信息提取過程中進行降噪、去虛假處理呢？每種行業都有具體的去虛假方法以達到信息盡可能真實，這更多依賴於本身數據的特質，例如商品銷售類有銷售的刷單，刷單的數據、時間，可以讓機器甄別。去掉重複的刷單行為，模擬仿真用戶的使用頻率和習慣，將真實數據量化。但如果機器的操作出現異常，那麼系統會進行檢測，與本身交易的真實信息進行對比，進一步進行降噪和去虛假處理。

這裡，我們可以簡單梳理出大數據公司的分析框架：

（1）數據採集。掌握數據來源，瞭解大量的網站後可以摸索出規律，快速配置對接到後臺。

（2）對數據進行採集後，定制化統計，並即時採集，可複製到相同結構、數據顆粒結構的框架中。

（3）由分析師解讀，制定各種定義規則，利用可視化的系統，將其轉化成大眾可以理解的可視化方式，與雲技術結合。

（4）根據數據維度的清單，快速拼裝，「從用戶下單到可閱讀的分析報告」。

大數據報告的成本從幾萬元到近百萬元不等，而作為初創企業，數據購買能力較低，如何實現大數據在用戶體驗研究方面的應用，是其面臨的現實問題。這也對當下的大數據公司提出了更高要求，降低技術投入從而降低成本將成為其不斷努力的方向。

第三節　大數據分析提升用戶體驗

在商業模式中，產品好、服務好才能有最佳的用戶體驗。大數據分析並不適用於所有用戶體驗問題，但基於自身的優勢特點，它在產品功能設計、個性化服務方面提升用戶體驗的作用還是很顯著的。

一、產品功能設計

功能就是產品的使用價值，幫助用戶達成目標；功能是產品的基本屬性。功能設計是按照產品定位要求，在對用戶進行功能調查的基礎上，分析用戶需求，對產品應具備的目標、功能、內容系統進行概念構建的創造性活動。

由於科技進步和人們日益增長的物質文化需求，用戶對產品功能有了更多需求，功能也成為影響用戶體驗效果的因素之一。「椅子是椅子，桌子是桌子」這樣的思想已經落伍了，用戶需要產品擁有更多功能。現代的產品開發不再僅僅以技術為核心，需要先確定產品的目標用戶，針對用戶群體情況進行數據挖掘，分析用戶群特徵和需求，再根據用戶需求和期待設計產品。通過不斷地與用戶溝通和互動，挖掘出用戶的真實需求和心理預期，注入產品設計，打造產品價值，從而提升用戶體驗。

（一）移動 App 的設計

以移動 App 的功能設計為例。隨著移動互聯網和智能終端的興起，移動 App 迅速奪取消費市場，軟件產品的優化升級，使得產品走向多功能，最大化滿足用戶生活需求，緊緊連接網絡與現實生活。

爆紅的「小紅書」

在淘寶、京東這些互聯網行業巨頭的碾壓下，很多創業公司舉步維艱，但小紅書 App 卻在資本寒冬裡異軍突起，爆紅起來，吸引粉絲無數。上線三年時間，它從「海淘版知乎」進軍跨境電商，並在國內移動跨境電商 App 類目排行榜上占據第一，日均活躍用戶近兩百萬。

周鴻祎在《我的互聯網方法論》中提道：「在體驗經濟時代，要從用戶的角度來看問題，從巨頭們看不到、看不懂、看不起的小處著眼切入市場，通過快速地、持續地改進產品的用戶體驗，達到顛覆市場格局的目標，這種持續不斷的創新就叫微創新。」這段話為小紅書的爆紅找到了答案。當前，傳統的時尚雜誌、導購網站大都在做 PGC 式（專業生產內容）的單項輸出購物攻略。但研究表明，移動用戶的需求在不斷升級，新生代渴望融入、參與和表達，希望得到認可，體現自我價值。而小紅書早期的 UGC 式（用戶生產內

容）海外購物分享社區，以分享屬性充分滿足了新生代在社交方面的個性需求，也在用戶中建立起良好的口碑和信任度。用戶生產的內容使小紅書在用戶需求方面累積了大量樣本，也為其後面的商業轉化做了鋪墊。因此，小紅書又回到了滿足用戶「境外購物難」的需求原點，逐步轉型為社區型跨境電商（圖7.7）。

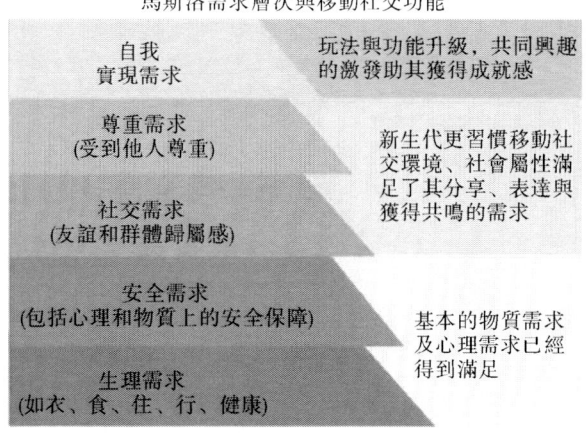

馬斯洛需求層次與移動社交功能

自我實現需求	玩法與功能升級，共同興趣的激發助其獲得成就感
尊重需求（受到他人尊重）	新生代更習慣移動社交環境、社會屬性滿足了其分享、表達與獲得共鳴的需求
社交需求（友誼和群體歸屬感）	
安全需求（包括心理和物質上的安全保障）	基本的物質需求及心理需求已經得到滿足
生理需求（如衣、食、住、行、健康）	

圖7.7 需求層次與移動社交功能圖

小紅書的用戶年齡集中在18～30歲，職業包括了城市白領、公務員以及留學生。此外，「辣媽」也是活躍型用戶，她們對美容美體和母嬰用品需求很大。基於最初的明確定位，小紅書在App功能設計上從用戶需求出發，以用戶數據為導向，抓住了女性用戶天生愛好購物、追求時尚，樂於分享彩妝、配飾、搭配心得的特徵，通過用戶上傳筆記，形成自發性傳播，進一步刺激了用戶的潛在購物慾望。在小紅書上，用戶要出境旅遊時，可以搜索相關的攻略筆記，形成購物清單；有明確的購物目標後，可以通過產品的筆記搜索，獲取產品的評價、性能等信息，從而增強用戶的購買意向；用戶在海外購物後，可以使用編輯功能製作圖片和標籤，及時上傳分享，在得到其他用戶認可的同時，也增強了用戶對品牌的黏性。

為了方便用戶使用App，小紅書將大量的優質筆記內容整理設置成了熱門話題、品質生活、全球購物、熱門專輯等專欄，用戶查看起來更加方便。此外，小紅書還設計了「長筆記欄目」，在每天發布的主題文章中融入用戶筆記，使用戶提供的內容的價值提升，也增強了用戶的參與感。在功能設計上，標籤是小紅書的一大亮點：標籤的管理使內容結構化，方便用戶搜索；購買頁面清晰的產品分類，方便用戶選擇；齊備的圖文編輯器功

能，方便用戶留下優質筆記；社區的規範化管理，避免了廣告橫流，極大地提升了用戶體驗。

小紅書從創業初期走到現在，幾經轉變，不斷探索、優化，深耕用戶體驗，開創了全新的 C2B 口碑行銷模式。當紅的小紅書不會止步，它已明確了未來目標，在社區基礎上，借力大量用戶的累積和數據沉澱，精選產品，打造爆款，成長為新一代社區電商。

中國古代思想家墨子曾說過：「衣必常暖，而後求麗，居必常安，而後求樂。」這也反應出產品功能有主次之分。設計多功能 App 要把握住用戶心理，從用戶行為數據中分析什麼功能是必需的，在完成 App 基本使命的同時添加其他功能，能給用戶帶去更好的體驗。比如社交型 App——微信，從 PC 端進駐移動端後，導入好友功能非但沒減少，反而錦上添花，在移動社交產品好友導入過程中，依託手機優勢新增了從手機通信錄列表添加的方式，這是為移動設備優化基本功能和內容。此外，它在設計中還延伸了許多相關業務的功能，如微信公眾號功能、大眾點評的團購功能、地理位置共享功能、打車功能、微信錢包等，都是基於移動社交產品的衍生與發展（圖 7.8）。

圖 7.8　微信相關業務功能

移動 App 產品設計要將用戶需求擺在首位，無論從產品功能、信息架構還是操作方式，都要確保產品的實用性、可用性、易用性，使其符合用戶的使用習慣，讓用戶感到自然舒適。當然，用戶需求基於數據，通過對數據的探索可以更直觀地發現用戶期待和關注點，這些是產品設計過程中提升用戶體驗的重要參考依據。以「用戶為中心」的移動互聯網產品設計可體現在以下流程：

1. 需求分析

移動互聯網產品核心競爭力來自對用戶和市場需求的把握能力和體現水準。根據產品類別的深度細分、用戶群體的特定情況，用戶和市場需求都非常精確地被「掃描」，用戶需要什麼、喜歡什麼、潛在期望又是什麼，這些是調研要解決的首要問題。獲得的用戶信息越充分，產品設計的難度就越小，高質量的數據才能輔助產品設計師進行正確的決策。

用戶需求分析過程中通常會運用到以下幾類方法：深入訪談法、實地調查法、用戶角色模型。通常幾種方法的混合使用會得到較好效果。通過研究用戶數據瞭解用戶需求，再依照用戶生活習慣設計產品功能和流程。如果一個移動社交 App 的目標用戶為大學生，那麼它的功能設置和信息架構都應以大學生的生活習慣為參照點。

2. 產品交互

交互，指的是人與所有事物互動的一種狀態。用戶使用移動互聯網產品進行的各種操作，如登錄 App、頁面切換、移動支付等實際就是人機交互，使用過程中所感覺的舒適或不順暢都是一種交互體驗。交互設計應考慮到用戶需求，努力使產品變得易用、好用，使用戶能輕鬆且正確達到使用目的。對於移動互聯網產品，人機交互主要通過視覺來接收信息。為了確保用戶接收信息的正確性及便利性，在不破壞產品完整性的前提下應盡量簡化信息，給用戶減少不必要的干擾。另外，過長的操作步驟會使用戶體驗變得冗長乏味，因此需要縮減操作流程，向用戶凸顯所需關鍵信息，對次要信息進行隱藏設置。

一個好產品會在用戶需要時提供給他們想要的東西，讓用戶放心地進行探索，引導用戶對其產品功能的認識。理想的引導方式應該是循序漸進的，產品核心功能應該是簡單直接，讓用戶不會感到迷惑。對用戶的操作也需引導，操作的引導可通過清晰的功能入口、用戶習慣及文字表述來實現。

3. 視覺設計

適宜的視覺設計可輔助產品交互，突出重要信息點以減少用戶搜索。移動互聯網產品在頁面色調、風格設計上要與品牌定位相符，不但易於突出視覺重點，同時讓用戶感覺柔和、清新。用戶瀏覽信息通常會按照慣用的視覺路線，比如從上到下、從左至右，因此將重要信息、操作設置在頁面頂端，更方便用戶獲取信息，進行功能操作。視覺圖標要有特點，以便突出信息的主次引導，加強用戶對產品及操作的理解。操作圖標表達了產品內涵，更強調了產品主題，是表現產品定位的一個重要途徑。設計圖標時要使產品貼近目標用戶，使用戶與產品之間形成一種氣質上的聯繫，以增加用戶滿意度。受限於移動設備，對產品界面佈局時還要考慮不同運行平臺的規格及多數用戶的使用習慣。

4. 可用性測試

可用性測試是用戶體驗研究中最常用的一種方法，通過觀察代表性用戶，完成產品的

典型任務，界定出可用性問題並解決這些問題來提升用戶體驗的舒適度。在產品設計開發和改進完善的過程中，可用性測試已成為必不可少的重要環節。通過可用性測試，不但能在開發中發現可能存在的問題，提出改進方案，而且能在操作中發現遇到的問題，提供解決思路，獲知一些潛在的用戶行為規律。

在移動互聯網時代，移動 App 成為人們獲取信息和服務的窗口，擁有龐大的用戶群體。如何做到「以用戶為中心」設計功能應用，需要研究用戶體驗現狀，從用戶數據分析裡發現規律，抓住用戶真實需求，不斷創新升級產品。只有讓功能設計走向數據驅動，才能帶給用戶更有效的產品體驗。

（二）電商活動網頁的設計

當人們使用電腦打開網頁進行瀏覽，用戶的關注點是界面本身，即界面的視覺元素、文字圖片的佈局及色彩風格等。界面設計包含了各種不同學科的參與，從認知心理學、語言學、設計學的角度思考視覺元素的呈現效果。一個出色的界面能給用戶帶去舒適的視覺享受，縮短人機距離。「以用戶為中心」的產品設計思路也可運用於互聯網產品界面設計當中。字面上的理解是設計應以用戶需求為核心，為此需要瞭解產品目標用戶及用戶需求等信息以此來指導產品設計。根據不同目標用戶群體，設計出合適的產品界面。將美觀的界面和易用的交互結合在一起的產品界面，才能為用戶創造良好服務。

以電商平臺為例。用戶體驗的提升是綜合性的，表現在產品上的指標就是商品要豐富、價格要實惠、系統要簡單、順暢，其中最能體現出功能設計的就是網頁設計和網頁內容安排。電商平臺的特徵是虛擬購物，很多時候是靠圖片、文字的引導去吸引用戶，靠流程的簡單性、人性化，使用戶購物更加便捷。電商數據顯示，大多數的消費者會根據網站頁面的視覺效果來建立相關產品的印象，這也是影響他們做出購買決定的重要因素。

現有的電商活動頁面存在諸多問題，大同小異的網頁設計很難讓產品脫穎而出，即便用戶進入頁面，頁面導航不清晰、操作體驗感差、文案混亂等問題也常常影響用戶的決策，造成用戶體驗不佳，導致轉化率降低，從而影響銷量。因此，電商平臺的過程自動化除了需要大量的技術去支持系統，還需要有能力的網頁設計師，懂得運用大數據分析用戶心理，瞭解用戶喜好，用優質的頁面設計、文案推薦和色彩搭配去影響用戶，讓他們在購物過程中有更好的體驗。

電商頁面設計師的設計決策要基於數據分析，通過數據分析來瞭解用戶，從而改善頁面設計，提升用戶體驗。比如用戶對頁面是否滿意，可以通過查看用戶在產品頁面的停留時間、網頁的流量和轉化率等數據來判斷，這些都是設計網頁的重要參考指標，體現在頁面設計的整個流程中。

1. 前期策劃

在頁面設計之前的策劃階段，需要對產品的消費人群進行分類和分析，按照用戶的訪問時段、所在地域、行為特點等分佈情況做類別對比，從而確定產品的目標人群。這些分析主要依據網站用戶的動態數據，也就是用戶在網站的活動痕跡，比如搜索、瀏覽、收藏、購買、評論和退換貨等操作記錄。通過分析用戶行為，可以更清晰、準確地瞭解用戶偏好，並以此設計網頁的產品推薦等應用模塊。

完成消費人群特點分析後，要圍繞活動主題來確定活動的利益點，這更多體現於產品的文案表達。對同類產品店鋪中引流最高的店鋪進行數據分析，根據搜索人氣、點擊率、成交指數和轉化率等數據找出熱賣產品的搜索關鍵詞，並把它們融入產品文案設計中。研究發現，用戶不會花長時間去閱讀網頁上的文字信息，因此產品文案簡潔明瞭、重點突出更有助於用戶做決策。在文案設計中，可以結合用戶的習慣和需求，通過表達喚起用戶的情感共鳴。比如一些品牌在打造高端頁面時，會在文案中使用「限量版」「VIP 專享」等字眼，突顯用戶獨一無二、享受尊貴的感覺。在教師節、母親節等節日，可以圍繞「感恩」話題做效果渲染，以契合用戶心理，加強用戶的接受程度。

2. 頁面設計

電商頁面能夠帶給用戶最直觀的印象，也直接影響著用戶體驗。在頁面設計時要充分利用大數據作指導，根據用戶的行為習慣和需求來增強色調風格、框架佈局、內容模塊、導航設計等頁面要素的合理性、操作的便捷性，確保用戶在頁面上的所有體驗都在規劃、設計之內，這樣才能帶給用戶高效、愉悅的使用體驗。

現在的電商頁面內容趨於動態，因為網頁上的直播或產品視頻更容易刺激用戶的購買欲。這種通過人為地創造沉浸式、衝動式、隔離式和單獨評估的消費場景，從而誘導用戶進行消費的模式，我們稱之為「內容電商」。京東曾發布過一組有趣的商品短視頻數據報告，報告從視頻播放率、用戶畫像、商品轉化率等多個維度進行了分析。數據顯示，25%的京東用戶會在購買前主動觀看視頻，家居家紡、禮品箱包、服飾內衣目前是視頻轉化率最高的商品類型。對家電品類的測試顯示，高質量視頻可以將銷售轉化率值提升18%，有的商品轉化率甚至可以翻倍。這證明商品短視頻在提升用戶體驗、促進高效轉化上起到了重要作用。所以在不影響活動頁面模塊的情況下，可以增加內容電商模塊。

3. 後期優化

經過前期策劃和設計的頁面，上線運行後還要根據系統數據不斷優化調整。比如通過查看頁面的點擊量和關注度，明確用戶的使用流程，判斷訪問路徑設計的合理性。通過頁面的轉化率等數據，分析活動頁面要素的設置問題，有針對性地進行調整，以適應用戶要求。

1號店最初做網頁設計時一味模仿美國網頁的冷色調、簡約風。但用戶數據反應出，中國消費者受民族特性影響，在審美上更傾向於暖色調的頁面，尤其在春節、元旦這些傳統節日，喜慶、熱鬧的頁面設計更能激發他們的購買衝動。另外在網頁的操作習慣上，中國消費者也有別於歐美消費者。歐美消費者瀏覽網頁不會打開多個窗口，他們通常在一個頁面上靠著導航箭頭逐個翻頁、搜索來操作。而中國消費者喜歡多頁面瀏覽，同時在不同的頁面間切換選擇。海量的用戶數據能為網頁設計提供很多優化參考數據，通過數據分析歸納出用戶的特點和習慣，從而改進網頁設計。基於用戶數據優化後的頁面將更符合用戶需求，更容易獲得用戶的信任感，當然，用戶對頁面的瑕疵也會給予更多的包容。

運用累積的用戶數據分析以增強電商頁面的設計效果，是對傳統設計行業的顛覆，有助於電商企業在激烈的差異化競爭中脫穎而出，在給用戶帶來更好購物體驗的同時還能讓企業獲得顯著的經濟效益。

二、個性化服務

標準化在餐飲、酒店和旅遊等服務業中運用較廣。所謂標準化服務，是為了達到服務質量目標，對服務標準的制定和實施，通過規範化和程序化，讓不同用戶獲得同樣標準的優質服務。服務的標準化能使企業較大程度地降低採購、人力、服務等管理成本，尤其運用在連鎖、加盟企業中，有助於成就企業品牌。但現在已進入個性化時代，市場日益多變，用戶選擇更加廣泛，單一的標準化服務無法滿足用戶持續變化的消費習慣和需求，固守傳統的服務模式將造成用戶不斷流失。

個性化服務體現了企業以人為本的經營理念，是現代企業提高核心競爭力的重要途徑。當然，如果個性化服務只是建立在壓縮管理成本的基礎上豐富其服務類型，那麼仍然停留在狹窄的程度，企業要實現真正的個性化服務，必須依託龐大的數據支持和有效的管理。身處大數據時代，企業有更多的機會去瞭解用戶，並快速把握用戶的個性化需求和心理預期，大數據讓昔日的個性化服務有了更好的延伸和更大的價值。

大數據資源為企業管理用戶提供了能全方位刻畫用戶特徵的數據條件，也就是說，可以依靠用戶數據來創建用戶畫像。用戶數據中包含的信息很多，用戶畫像主要依賴於用戶的動態信息，動態信息就是用戶的行為信息。對企業來說，用戶畫像的目的是通過分析用戶行為，瞭解用戶的特徵、習慣和需求，增強與用戶的有效溝通，幫助企業為目標用戶提供個性化服務，從而提升用戶體驗。

（一）打造個性化視頻內容

個性化服務可以作用於各行各業，但最能體現數據價值的還是與數字網絡相關的產業及產品，比如視頻行業。目前，中國互聯網視頻用戶規模已超過5億，網絡視頻消費成為

主流，而多元化、原創性、個性化的視頻內容則是視頻行業的核心競爭力。基於大數據，視頻網站可以實現個性化的推薦和優質內容的創作。

1. 對用戶的瞭解催生個性化推薦

用戶在視頻網站上的瀏覽行為大多沒有目標性，如何為用戶提供更為有效的個性化服務，讓用戶在海量視頻中輕鬆選擇，是國內外視頻網站共同面臨的難題。愛奇藝是國內視頻網站中行動較早的，在 2011 年，它根據用戶的瀏覽記錄、互動評論和分享歷史等數據記錄建立了「用戶行為脈絡圖譜」，推出網站智能推薦引擎。經過不斷優化升級，全新改版的愛奇藝 PC 客戶端於 2013 年上線，它運用數據分析在視頻行業率先實現了「千人千面」的首頁個性化內容推薦，它能做到使每位用戶在不同地區、不同時間獲得的推薦內容都不相同，並且都是用戶感興趣的。愛奇藝系統根據用戶的在線觀看行為，比如選擇的視頻類型、觀看視頻的時長等細節來分析用戶的興趣點，更精準地為用戶推薦視頻內容。據統計，愛奇藝為用戶推薦內容的準確率已經超過 35%，推薦帶來的播放量在總流量中的占比超過 50%。憑藉來自百度、愛奇藝、PPS 三大平臺的大數據優勢，「千人千面」的首頁個性化已運用到用戶覆蓋面更廣的愛奇藝其他平臺和終端。

為用戶提供個性化視頻，建立在對用戶數據進行精細分析的基礎上。愛奇藝每天都會產生大量數據，大部分來自視頻的流量和用戶的日志，可以根據用戶的在線行為軌跡和評論來瞭解用戶對內容的喜惡；另一部分可以通過網絡搜索行為來收集用戶信息，比如百度產品線的基本數據信息，這些數據給了愛奇藝分析用戶行為、瞭解用戶習慣的大數據基礎。愛奇藝會通過大數據提供地域、人群、行為方面的精準定型。在內容推送上，用戶在不同終端、不同時段、不同地點需求的視頻內容都不同，只有全面瞭解用戶行為，才能做到投其所好。

YouTube 的視頻推薦算法

作為全球最大的在線視頻網站，YouTube 的個性化推薦視頻一直為用戶所津津樂道。推薦引擎的任務極為艱鉅，僅僅因為 YouTube 視頻庫的規模非常之大。「YouTube 的推薦系統負責為其超過十億的用戶找出各自感興趣的內容，從其日益龐大的視頻庫中推薦個性化內容。」這是 Google 的研究人員在 YouTube 推薦算法論文中所做的描述。YouTube 一脈傳承了自己母公司 Google 強大的搜索引擎技術，運用亞馬遜的搜索技術並加上自身的行業累積，開發出了一套適合自身機器深度學習的加權式綜合算法，並熟練地運用到了用戶身上，不斷改進創新從而達到了個性化智能推薦。

YouTube 會對用戶的瀏覽足跡、行為等進行建模分析。比如對搜索軌跡、推薦並播放了的視頻所屬標籤、行業分類、視頻留存度、觀看完整度、觀看次數、觀看分辨率、字幕設置等等進行分析，建立詳細的用戶屬性模型，再比較自己的數據庫，選出適合推薦的一些視頻。

然後將其和其他有相關類似行為的用戶進行比較，再次篩選出相關性更高的一些視頻，並進行用戶行為預測及視頻評分，通過協同過濾及評分排序等方法綜合推薦出用戶適合的視頻。簡而言之，就是通過分析用戶行為和數據庫，選出最優解完成匹配。作為行業的先驅，YouTube在大數據運用上有著許多創新和實踐。

2. 基於大數據的個性化定制

基於大數據的個性化定制是大勢所趨。通過數據挖掘、分析，打造個性化視頻，不僅有助於視頻網站等內容平臺提升用戶體驗、增強用戶黏性，還能創新製作模式、強化內容導向，做到以用戶需求來決定生產內容，從而實現大眾創造C2B。

美國電視劇《紙牌屋》，就是基於數據分析「定制」電視劇的成功案例，這部劇從劇本、導演到演員的選擇都取決於它的出品方兼播放平臺Netflix數千萬觀眾的喜好。Netflix是美國規模最大的商業視頻流供應商，擁有近3,000萬視頻流客戶。龐大的客戶群為它帶來巨量數據信息，Netflix開始推出基於即時用戶分析的原創節目。Netflix用大數據捧火了《紙牌屋》，最新的原創劇《牧場趣事》也同樣獲取了眾多忠誠的觀眾，新鮮創意的不斷嘗試給用戶帶來了與眾不同的體驗，大家對此類劇的熱愛正與日俱增。

基於對用戶觀看行為及視頻需求的把控，將大數據分析運用到影視作品的市場決策、用戶定位、行銷推廣上也能取得實效。聚集了40多家視頻網站資源的百度視頻，是中國目前最大的視頻搜索和內容分發平臺。百度視頻借助其優勢每年都會發布《影視大數據報告》，以全方位解讀和精準分析，為影視網站、內容製作團隊提供專業、權威的決策依據。在製作階段，可以根據目標受眾的特點對其精準定位，選擇他們感興趣的影視題材，選擇有影響力的導演和高人氣的偶像明星，為目標受眾量身打造影視作品。以電影《私人訂制》和《小時代》為例，百度視頻的數據顯示，《私人訂制》的觀看人群主要是中青年男性，「馮小剛+葛優」的賀歲片黃金組合搭檔，對這個年齡段的觀眾來說極具號召力。而《小時代》的觀看人群集中為年輕女性、最容易產生狂熱的追星粉絲，因此對郭敬明和楊冪的接受度較高（圖7.9）。

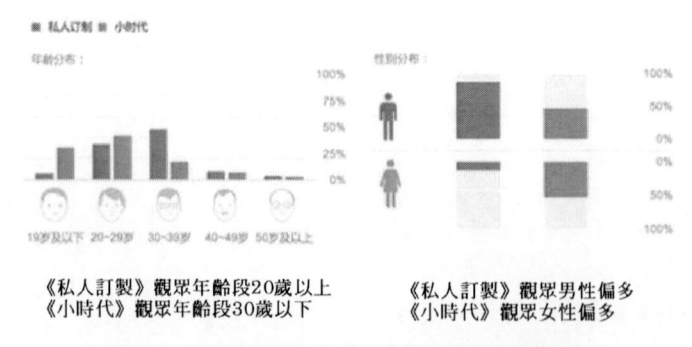

《私人訂製》觀眾年齡段20歲以上
《小時代》觀眾年齡段30歲以下

《私人訂製》觀眾男性偏多
《小時代》觀眾女性偏多

圖7.9 《私人訂制》與《小時代》的用戶特徵對比

3. 搶占短視頻風口

從視頻網站到移動互聯網催生的直播、短視頻等新生代平臺，不僅是海量用戶的積澱，更是年輕人娛樂形式的變遷。在 2017 年崛起的短視頻，迅速搶占流量市場，並呈持續增長趨勢。以土豆視頻為例，自轉型短視頻後，其活躍用戶數以每月超過 20% 的速度上升。

企業訪談視頻

第一財經商業數據中心（CBNData）在 2017 年發布的《短視頻行業大數據洞察報告》表示，要滿足短視頻用戶不斷升級的需求，必須從提升用戶黏性，加強平臺內容的組織化、垂直化、個性化方面下功夫。隨著短視頻的爆發增長，優質的視頻內容不斷湧現，但短視頻未來面對的是更為細分的用戶群體，精準的個性化推薦將扮演更為重要的角色。CBNData 報告指出，當前的短視頻市場主要分為興趣個性化和地域個性化，前者利用大數據技術精準分析用戶喜好，按用戶的需求進行內容推送；而後者可憑藉地域特點來打動受眾的情感心智。在個性化算法分發的時代，垂直內容能夠被更精準地推薦給潛在用戶。

作為現象級產品，短視頻無疑成為各大資本追逐的新風口。騰訊、阿里、微博等行業巨頭以及陳翔六點半、PAPI 醬、二更等初創企業紛紛入駐短視頻市場，其火熱程度重現了當年直播行業的「百團大戰」。熱鬧過後，等待企業的是現實的生存問題，唯有深入洞察用戶與市場，緊跟短視頻發展趨勢，才能在持續升級的行業競爭中搶占機遇。

（二）個性化推薦成為電商標配

個性化服務在電商平臺上的體現是個性化推薦。亞馬遜在個性化推薦方面做得很好，據稱它有 35% 的訂單來自個性化推薦系統，針對用戶進行的個性化推薦轉化率達到 60%，個性化推薦系統已成為亞馬遜最重要的產品（圖 7.10）。

1. 個性化推薦貫穿服務始終

1 號店是國內較早利用大數據分析來開展用戶服務的互聯網企業。「她是職場媽媽，男寶寶不到 1 歲，目前買兩段奶粉，預計很快買三段；她對進口尿布和男童服裝也有需求……」這是 1 號店千萬用戶中的一幅「畫像」。1 號店根據用戶的購物行為，逐漸描摹出用戶畫像，並以此預測分析用戶需求，確定推薦商品及頻率，從而實現用戶需求與產品的精準匹配。這種數據挖掘和分析的精準性，甚至能對女性的懷孕指數進行預測。當女性計劃懷孕後，其生活方式會進行相應調整，開始關注母嬰用品、健康食品，她的購物內容相對之前自然會有所變化（圖 7.11）。

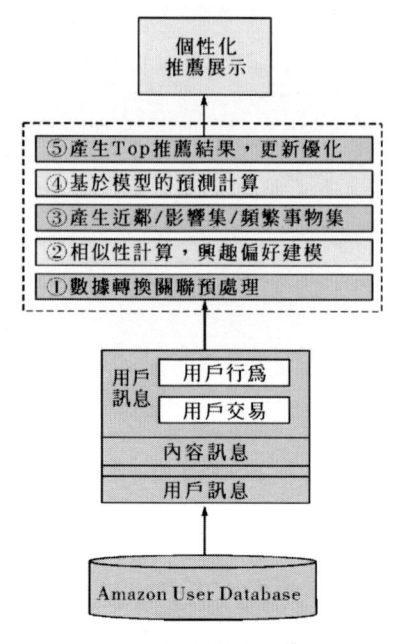

圖 7.10　亞馬遜個性化推薦流程圖

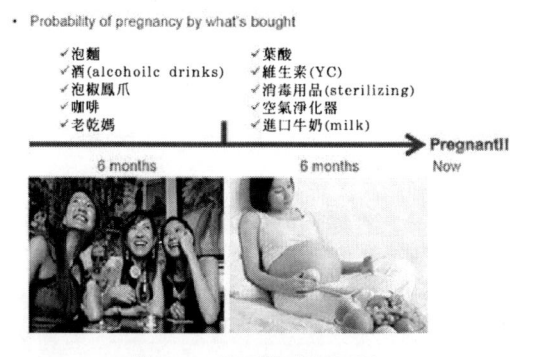

圖 7.11　懷孕預測購物列表

　　上千萬的註冊會員讓 1 號店累積了海量的數據，這些用戶數據也為企業改進營運提供了可靠依據。經歷了大數據探索初期的 1 號店，逐漸形成了有效的應用模式，對數據的捕捉和分析也更加「精細化」。不論是頁面瀏覽軌跡、商品購買頻次、消費支付方式等用戶操作行為，還是用戶的性別、年齡、居住區域等個人信息，都成為 1 號店洞察用戶個性化需求的端口，幫助它有的放矢地進行推薦銷售。

第七章　大數據用於改善用戶體驗

在與用戶的互動過程中，1號店會像商場的導購員一樣為用戶進行商品推薦。基於數據分析，系統會在用戶進入頁面後做出反應提示，向用戶推送他感興趣的商品。用戶瀏覽點擊或搜索的第一個商品，可能就是他的目標商品，後續推薦就要體現出關聯性。比如用戶瀏覽了牛奶，那麼可以推薦多個品牌的牛奶，但如果用戶長期購買固定品牌的牛奶，那麼就應推薦與牛奶搭配的早餐糕點、餅干、穀物等商品。在購買過程中，還可以根據用戶行為判斷其購買目的，進行有針對性的推薦。比如用戶在頁面是直接搜索商品，便可以初步判斷他的購買目的性很強，系統就應該直接推薦目標商品；如果用戶更多是瀏覽商品，並且選擇不同類別的商品，則說明他目的性不強，時間較充裕，這時的頁面推薦應該多樣化，多展示新品或熱銷、促銷商品，以不斷刺激用戶的購買行為。

在向用戶推送最新商品信息時，1號店會運用數據模型分析作為參考。譬如，當一個用戶瀏覽了商品後沒有購買，那麼有幾種可能：①缺貨；②價格不合適；③不是想要的品牌或不是想要的商品；④只是看看。這時首先分析問題出在購物過程的哪個環節，如果是該商品缺貨，那麼下次庫存到貨後系統會提醒用戶購買；如果當時有貨，那很可能是用戶對價格不滿意，則在該商品降價或有促銷活動時通知用戶購買；如果商品已經加入了購物車而沒有購買，那就分析用戶是否對運費或運輸方面有所顧慮，需要進一步溝通協調；如果用戶瀏覽了許多類似商品最終仍沒有購買，則可以推測用戶對這類商品感興趣，但沒有找到想要的品牌，那麼後期有與該商品類似或相關商品時，1號店就會第一時間推薦用戶購買。

通過系統數據，可以觀察用戶購買頻次的規律性，挖掘其購買習慣，在臨近用戶購買週期時提醒用戶，並做適時的推薦。用戶一次購買行為的結束並不意味著終結，有數據表明，用戶在購買三四單以後，忠誠度會明顯提升，因此需要不斷推動用戶跨越這個門檻，努力將其發展為忠實用戶。1號店會通過數據分析篩選出那些最有可能發展的用戶，向他們推送積分換購等會員優惠活動信息，不斷刺激那些用戶的購買慾望，推動其產生購買行為。1號店將個性化推薦服務貫穿於引入用戶流量、引導用戶購買到提升用戶忠誠度的整個生命週期中，對提升用戶體驗和增強用戶黏性起到了積極作用。

2. 有效的個性化推薦

個性化推薦並不是簡單的基於集體行為的總結，把瀏覽某款商品的用戶歸類到「可能購買這款商品的人群」中，這只能算個性化推薦的初級階段，真正有效的推薦要綜合考慮用戶個體特徵，滿足用戶多方面的需求。

根據前面的案例，我們可以總結出電商個性化推薦最基本而有效的方法：

（1）對用戶展開多維度的分析：充分收集用戶性別、地域、收入狀況、婚否、家庭人口、興趣愛好、消費能力等具有人文屬性的標籤，建立起多維度的分析模式，再對應所推薦的商品信息，是否能和用戶的標籤定位相匹配。這樣的分析模式能快速定位用戶，大幅

提升推薦效果，至少用戶收到的推薦信息在某些方面能和自己產生相關性，可能還會有感興趣或需要的商品。

（2）進一步評估、細分用戶群體：根據用戶過去是否購買過推薦商品、消費的頻率、消費的金額等信息，對用戶價值進行量化、評分，由此評估用戶對推薦商品的接受程度。依據這些評估可進一步細分用戶群體，比如分為忠實用戶、風險用戶、需提升用戶等群體，有針對性地制定推薦策略，預測用戶的興趣點，確定推薦商品細類及頻率，以提高用戶的反饋率。

（3）更全面地瞭解用戶喜好：可以在所有推薦的商品旁邊增設一個「不喜歡」的反饋點擊模塊，收集用戶不喜歡的商品，對個性化推薦來說同樣具有重要價值，有助於全面瞭解用戶喜好。

（三）理想的個性化服務

用戶的個性化需求得到滿足，意味著對產品和服務滿意，對企業而言，這將直接縮短設計、生產、運輸、銷售等週期，提升商業運轉效率，這是企業共同追求的目標。企業要為用戶提供理想的個性化服務，應該把握兩點：一是通過大數據分析全面瞭解用戶個性；二是合理地掌控和設計個性化服務。

瞭解用戶個性，就是為用戶提供需要的產品和服務。首先，企業需要在數據庫中篩選出最具含金量的數據，大數據的質量決定了企業後續能利用的數據價值；其次，將數據表現相同的用戶歸類，瞭解數據背後的用戶需求，有針對性地開展服務。在個性化服務過程中，往往遭遇需求較多的用戶，他們正代表了自我認知程度較高的社會群體，具備較高的消費能力，相應也有較高的需求標準。對這樣的用戶群體開展個性化服務，更加考驗企業對用戶核心數據的挖掘、分析和運用能力，而一般企業很難具備這樣的專業能力，通常只能由數據公司來操作完成。那麼，企業是否有經濟能力聘請專業的數據服務公司？是否願意開放公司的核心數據？這些都需要權衡。還有一些必須思考的問題，比如當通過數據分析歸類列出的服務項目過多時，是否會造成管理成本增加、服務效率降低？個性化需求的單位可大可小，大到需求相同的用戶群體，小到每個用戶個體，而過於分散的個性化服務勢必會加大企業的服務難度和管理難度，所以需要合理掌控和設計個性化服務。

總之，企業在實現個性化服務的過程中會面臨兩大難點：一是關鍵數據的可靠性，二是管理成本的可控性。因為個性化服務的設計，是以關鍵數據的分析為依據，如果在數據篩選和分析環節出現錯誤，其導致的後果可想而知；另外，個性化服務附帶著各種成本的增加，比如在數據管理上的投入，所以必須同時考慮企業實際的成本投入和收益回報。

◇ 創業問答 ◇

Q：創業初期資金有限，無法建設大數據系統時，如何獲得數據資源？

A：大型互聯網行業在用戶數據累積和數據挖掘分析上優勢明顯，這對傳統企業及中小型互聯網企業的經營決策很有價值，但像1號店這種有大數據能力並開放大數據能力的企業畢竟不是多數，中小型企業或者初創企業還可以通過向大數據公司購買服務的方式共享數據資源。

Q：向用戶郵箱大量推送EDM郵件，是不是有效的個性化推薦？

A：很多團購公司每天給訂戶發送各種促銷信息，其中一些的確非常優惠且有吸引力，但這些團購網站在EDM的思路上基本還是粗放式的，回到了傳統零售門店和郵寄銷售模式的階段。其實在電商環境中，這樣的EDM有時候比沒有還糟糕，長期用不相關的促銷郵件占領訂戶郵箱，會給那些潛在用戶造成負面的體驗。而訂戶動動鼠標，這些精心推送的郵件便直接進入垃圾箱，對企業而言，不僅失去了潛在用戶，還有行銷費用的虧損。

◇ 關鍵術語 ◇

用戶體驗：用戶使用產品或體驗服務時主觀的整體感受，這些感受包括情感、喜好、認知、生理、心理等各個方面。良好的用戶體驗就是產品或服務和用戶預期相吻合，用戶感到滿意，產生愉悅的心理感受。

用戶生命週期：指從用戶開始對企業進行瞭解，到用戶與企業的業務關係完全終止且與之相關的事宜完全處理完畢的這段時間。具體到不同的行業，對此有不同的詳細定義。用戶的生命週期就是企業產品生命週期的演變，反應出用戶關係從一個階段向另一個階段運動的總體特徵。可以形象地理解為，用戶對企業而言有類似生命一樣的誕生、成長、成熟、衰老、死亡的過程。

功能設計：按照產品定位要求，在對用戶進行功能調查的基礎上，分析用戶需求，對產品應具備的目標、功能、內容系統進行概念構建的創造性活動。

可用性測試：用戶體驗研究中最常用的一種方法，通過觀察代表性用戶，完成產品的典型任務，界定出可用性問題並解決這些問題來提升用戶體驗的舒適度。在產品設計開發和改進完善的過程中，可用性測試已成為必不可少的重要環節。

個性化服務：個性化服務與傳統的標準化、規範化服務方式及表現截然不同，是根據

用戶的設定來實現，充分利用各種資源優勢向用戶提供和推薦相關信息，主動開展以滿足用戶個性化需求為目的的全方位服務。

用戶畫像：作為一種勾畫目標用戶、瞭解用戶需求與設計方向的有效工具，是實際用戶的虛擬代表，使產品的服務對象更加聚焦。「畫像」主要依賴於用戶的動態信息，也就是用戶的行為信息。

C2B：Customer to Business，是互聯網經濟時代新的商業模式。這一模式改變了原有生產者（企業和機構）和消費者的關係，和我們熟知的供需模式（Demand Supply Model，DSM）剛好相反。C2B 的核心是以消費者為中心，消費者需求決定企業生產，即先有消費者提出個性化需求，後有生產企業按需求進行定制化生產。

◇ 本章小結 ◇

隨著互聯網發展，新的數據類型和更完善的工具、技術以及分析功能，能夠根據行為和事實的預測，發現更深入、更相關的用戶見解，準確滿足用戶需求。在此基礎之上，用戶將獲得更為出色、更加個性化的用戶體驗，企業可以顯著提高用戶滿意度和長期品牌忠誠度。毫無疑問，運用大數據可以提升用戶體驗，二者密不可分，相輔相成。但這並不意味著在可預見的未來，基於人工智能的機器就能徹底代替人。其關鍵在於，是否能夠在大數據搜集、挖掘、分析、利用的基礎上充分提高人介入的效率，降低人服務的成本。目前大數據仍有許多難題待解，企業在認識和運用大數據的時候要充分認識到其局限性，用長棄短，在未來的發展道路上才能走得更遠、更穩。

◇ 思考 ◇

1. 選擇某個行業領域，嘗試歸納其用戶體驗測量的指標。
2. 列舉某類移動 App 在功能設計上對用戶數據分析的運用。
3. 結合具體案例，分析企業如何鎖定目標用戶、開展個性化服務。

第八章　SCRM 中的客戶分級管理

◇ 學習目標 ◇

學習完本章後，你應該能夠：
- 理解 SCRM 中的客戶分級管理的概念和價值
- 理解客戶分級管理的關鍵因素和陷阱
- 根據案例分析掌握客戶分級管理的方法

本章課件

◇ 開篇案例 ◇

興業銀行的客戶分級管理

興業銀行（Industrial Bank）成立於 1988 年 8 月，總行在福建省福州市，2007 年 2 月 5 日在上海證券交易所掛牌上市（股票代碼：601166），註冊資本 190.52 億元。主營業務包括個人金融業務、公司金融業務、同業金融服務、電子銀行服務。

2005 年 9 月，興業銀行推出「自然人生」家庭理財卡，該卡是國內首套家庭系列理財卡，它利用電子貨幣綜合理財工具和綜合性個人金融服務平臺，實現了集存取款、轉帳結算、自助融資、代理服務、交易消費、綜合理財於一體的多帳戶、多功能的集中管理服務。

興業銀行的客戶分級結構和數量占比分別包括小客戶（50%）、普通客戶（30%）、主要客戶（19%）和重要客戶（1%），不同級別客戶持卡種類和申請標準也有所區別（圖 8.1）。

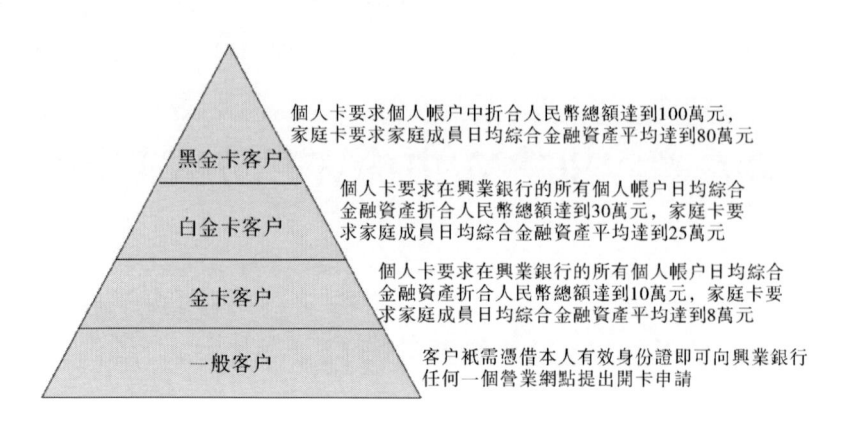

```
                    個人卡要求個人帳戶中折合人民幣總額達到100萬元,
                    家庭卡要求家庭成員日均綜合金融資產平均達到80萬元
         黑金卡客戶
                    個人卡要求在興業銀行的所有個人帳戶日均綜合
                    金融資產折合人民幣總額達到30萬元,家庭卡要
         白金卡客戶   求家庭成員日均綜合金融資產平均達到25萬元

                    個人卡要求在興業銀行的所有個人帳戶日均綜合
         金卡客戶    金融資產折合人民幣總額達到10萬元,家庭卡要
                    求家庭成員日均綜合金融資產平均達到8萬元

         一般客戶    客戶祇需憑借本人有效身份證即可向興業銀行
                    任何一個營業網點提出開卡申請
```

圖 8.1　不同級別卡種及申請標準

　　興業銀行主要通過三種方法實現客戶分級管理：一是對不同持卡級別的客戶群提供差異化的禮遇服務進行管理；二是從人文關懷、貴賓服務、困難解決、娛樂方式等多個方面區分不同等級客戶；三是興業銀行通過實施 CVM 幫助客戶提升等級。

　　興業銀行對 1%的重點客戶提供黑金卡尊貴禮遇：家庭理財顧問、時尚高爾夫行、機場貴賓服務、全國道路救援、免費精靈信使、綠色通道服務、貼心人文關懷、附贈商旅保險、應急支付支持。對 19%的主要客戶提供白金卡尊貴禮遇：專屬客戶經理、時尚高爾夫行、機場貴賓服務、免費精靈信使、附贈商旅保險、綠色通道服務。而對普通客戶只提供最基本的服務。

　　思考：1. 興業銀行為什麼要對客戶進行分級？
　　　　　2. 興業銀行客戶分級管理的目標和策略是什麼？
　　　　　3. 請對興業銀行客戶分級管理的經驗啟示和問題進行分析。

第八章　SCRM中的客戶分級管理

◇ 思維導圖 ◇

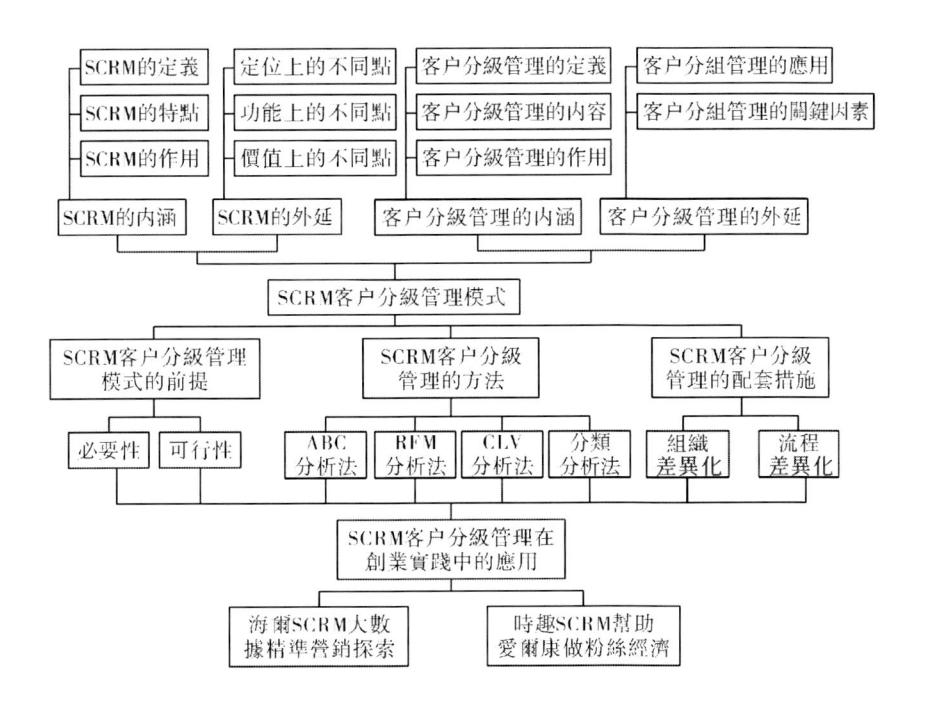

```
SCRM的定義 ─┐      ┌─ 定位上的不同點      客戶分級管理的定義 ─┐    ┌─ 客戶分組管理的應用
SCRM的特點 ─┤      ├─ 功能上的不同點      客戶分級管理的內容 ─┤    ├─ 客戶分組管理的關鍵因素
SCRM的作用 ─┘      └─ 價值上的不同點      客戶分級管理的作用 ─┘
       SCRM的內涵   SCRM的外延        客戶分級管理的內涵   客戶分級管理的外延
                            │
                   SCRM客戶分級管理模式
         ┌──────────────────┼──────────────────┐
   SCRM客戶分級管理       SCRM客戶分級         SCRM客戶分級
      模式的前提          管理的方法          管理的配套措施
      ┌────┴────┐    ┌──┬──┬──┬──┐      ┌────┴────┐
     必要性    可行性   ABC  RFM  CLV  分類     組織      流程
                    分析法 分析法 分析法 分析法   差異化    差異化
                            │
                  SCRM客戶分級管理在
                   創業實踐中的應用
              ┌──────────┴──────────┐
          海爾SCRM大數            時趣SCRM幫助
         據精準營銷探索           愛爾康做粉絲經濟
```

◇ 本章提要 ◇

　　結合《企業重點客戶篩選》和《大數據用於改善用戶體驗》所學內容，我們已分別從企業和客戶的角度學習了篩選重點客戶的原因、意義和具體方法以及大數據幫助提升用戶體驗的種種優勢。本章我們將在前面章節的基礎上，進一步學習SCRM中的客戶分級管理。由於知識點相對較新穎，所以本章將從SCRM和客戶分級管理的內涵與外延入手，梳理SCRM客戶分級管理模式，並根據其前提、方法和配套措施梳理相關理論知識，最後通過兩個經典案例分析SCRM客戶分級管理在創業實戰中的應用。

第一節　SCRM 與客戶分級管理的內涵與外延

研究機構「We Are Social」曾經預測，2016 年下半年，社交媒體在全球市場將繼續保持高速增長，活躍用戶占全球總人口的 29%。隨著社交媒體的快速發展，越來越多的消費者聚集在社交媒體，企業客戶管理模式也隨之發生了改變。企業需要不斷地發出聲音，教育和引導用戶，與消費者溝通互動。傳統 CRM 作為一種內部優化工作流程的工具尚可，但要發揮客服、行銷乃至公共關係等功能就遠遠不夠了。這就催化了傳統 CRM 的社會化趨勢，SCRM（Social CRM）應運而生。

一、SCRM 的內涵和外延

（一）SCRM 的內涵

SCRM 全稱社會化客戶關係管理，即 Social CRM，由於傳統 CRM 是一種通過系統和技術手段實現的服務模式和商業策略，目的是提高客戶與企業交互時的體驗。但是，隨著社交媒體的誕生、發展，越來越多的消費者聚集在社交媒體中，客戶管理模式發生了翻天覆地的變化；加之大數據時代的來臨，企業就需要一個適應這種趨勢的分析、管理系統，從形色各異的社交用戶中尋找企業的目標群體。

知識點講解視頻

1. SCRM 的定義

首先，SCRM 是一種經營管理戰略，它包含了多種不同的工具和技術，是基於顧客的參與和互動，並能夠影響顧客的行為模式。SCRM 戰略重點是讓顧客能夠參與，銷售只是其附帶功能。

其次，SCRM 包含了 CRM 的所有內容，也就是說，SCRM 同樣需要用戶反饋和溝通的機制，通過一套高效專業的流程管理系統幫助企業管理客戶關係和處理用戶數據。

最後，SCRM 對於不同企業會有不同的含義。最關鍵的是要充分瞭解自己在經營中最大的挑戰和最需要解決的問題是什麼。SCRM 是一種社會化商務或者說協同商務經營發展的工具，能夠從企業的內部和外部兩個方向同時產生作用。

總之，SCRM 順應了當下的共享經濟、粉絲經濟和循環經濟的發展趨勢，其 S 代表著 Social（客戶——融合社交）、Simple（管理——簡單有效）、Smart（銷售——智慧賦能）（圖 8.1）。

第八章　SCRM 中的客戶分級管理

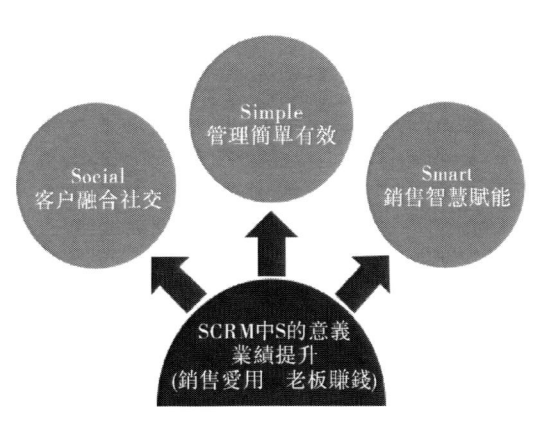

圖 8.1　SCRM 中「S」的定義

2. SCRM 的特點

首先，SCRM 的戰略重點是經營與參與。它要求企業的經營管理層轉變思維和觀念，充分認識到互聯網時代的消費者不是其管理對象，而是在與消費者的互動過程中強化消費者的品牌認知。因為消費者在互聯網時代是真正的主人，他們掌握了從信息獲取、產品購買到售後服務幾乎所有環節的主動權，所以他們早已厭倦了王婆賣瓜式的叫賣、貼身跟班式的兜售和狂轟濫炸的廣告。他們需要更為個性化的產品和服務，尋求更為走心的品牌參與和體驗。所以企業應該轉變角色，把消費者看成合作夥伴。

其次，SCRM 的系統變革是開放與共享。SCRM 通過採集客戶在微信、領英等社交媒體上的分享信息，在企業網站和移動 App 上的行為信息，在支付寶、財付通等支付渠道上的交易信息等，結合大數據和雲計算建立客戶的「數據畫像」。企業通過跟蹤收集客戶在這些渠道上的行為數據，幫助企業深層次瞭解每一位客戶，以此為客戶提供更個性化的產品，更定制化的服務。同時利用和激發客戶在這些渠道上的影響力擴充更多的客戶資源。

最後，SCRM 的核心基礎是溝通與互動，SCRM 除了體現企業與消費者之間的互動外，更強調由這種互動及消費者自身的體驗（包括消費體驗、服務體驗、溝通體驗等）引發的消費者主動代言（指主動在社交媒體上將相關正面信息傳播出去）。在此期間，消費者之間的互動也是一種必然。因此 SCRM 對企業組織和消費者來說都是一種新型的溝通渠道，通過這種溝通渠道強化彼此的關係。

3. SCRM 的作用

首先，SCRM 能夠整合觸點上的客戶數據，累積用戶畫像。客戶體驗後給予的評價渠道是多元化的，其中最主要的渠道就包括網絡、電話、面對面等，這些觸點也滲透不同的客戶活躍週期。因此企業的客戶關係管理就是針對不同渠道觸點客戶數據的管理，這種管

理之所以有效，是因為它能夠打通、整合、管理不同平臺的客戶數據。SCRM 的管理體系是基於大數據技術的廣泛和深入運用，根據特定的算法將不同渠道上的客戶數據源關聯在一起，從而進行數據挖掘分析。這樣做最大的好處是可以幫助企業對不同渠道上的同一客戶進行身分識別。換言之，當某一個客戶在微信渠道的數據被企業發現並分析後，無論這個客戶在哪一個渠道的行為數據，企業都能夠準確認出這個客戶。這也就意味著企業能夠通過各環節對客戶進行即時跟蹤，形成實際意義上的「銷售漏門」。

其次，SCRM 能夠深度挖掘客戶數據，進行個性化服務。對於企業來說，如果能夠針對特定客戶在網絡上體現的社交關係進行準確挖掘，將會有極高的行銷價值。SCRM 通過為客戶貼標籤和細分之後，可以進一步實現對高價值客戶深挖的效果，比如可以針對「興趣」挖掘其社交軟件中的圈子成員，根據其圈子特點進行更準確的客戶個性化建模，實現個性化服務甚至一對一溝通。這就是說，對於已經有客戶畫像的客戶，企業還可以挖掘出其所屬的多種社交網絡圈子，包括同事圈、朋友圈、家人圈等，並通過貼標籤的方式對不同圈群進行區分，為更進一步的個性化服務以及挖掘潛在客戶提供價值。

最後，SCRM 能夠實現客戶分級管理，引導用戶逐層轉化。從理論層面來看，企業應該對客戶進行階梯化管理，就好比「開篇案例」中的興業銀行，對客戶進行層級管理，以便配置最合適的資源。大多數企業都是以忠誠度為標準將客戶劃分為潛在客戶、一般客戶、忠誠客戶和重點客戶等不同層級，然後再進行逐層轉化。然而 SCRM 體系可以幫助企業輕鬆達到這個目標，基於前期的客戶畫像、客戶識別和數據關聯，系統已經根據之前的預設程序對客戶進行分級，我們需要做的僅僅是策劃相關活動並實施獎勵機制，篩選出高價值的客戶，將潛在客戶向忠誠客戶轉化。再通過互動和溝通，不斷豐富客戶的數據標籤，此時系統也會同步更新客戶忠誠度生命週期，達到不斷累積重點的目的。

（二）SCRM 的外延

很多企業認為 SCRM 是在 CRM 基礎上產生的，這種認識僅僅看到兩者的相同點，即兩者的系統功能核心都是客戶關係管理，在功能上注重提升企業工作效率、科學地進行銷售管理、高效地進行客戶關係管理與客戶開發，從而實現業績提升。但兩者的主要區別在於：SCRM 打通並整合了不同社交網絡，注重這方面功能的延伸與拓展，CRM 則沒有實現這一功能。這個看似簡單易懂的不同點，卻導致了兩者在理念和功能上的巨大差異，並衍生出截然不同的應用價值。

1. 定位上的差異

CRM 是企業 ERP 系統中專門針對客戶的一個模塊。這個理念 1999 年由美國企業家蓋特納率先提出並很快被全世界的企業所接受。正是因為這樣的寄居基因，CRM 很難形成一個完全獨立的系統，因為它無法與企業龐大的數據庫系統割裂開來。事實上，大多數企業的 CRM 也僅僅局限於「客戶資料庫」的功能，方便企業留存和查詢客戶信息。SCRM

和 CRM 有著本質的區別，這是因為最積極推動 CRM 的是從事行銷的企業而非軟件企業。可以說，SCRM 更像是企業社會化行銷體系的一種延伸，而不是單純的客戶關係管理系統。

2. 功能上的差異

大多數企業的 CRM 系統基本上僅限於表單軟件，而負責操作的則是客服人員，其工作內容就是查詢電話、撥打電話、接通電話、推銷產品等。從這方面看，CRM 的產品功能在今天依舊停留在傳統行銷時代，數據的獲取全靠外部輸入，系統本身完全不能主動獲客，只能作為電話回訪或者短信行銷的目標，然而這樣的套路在今天毫無用武之地。

SCRM 所構建的是一種基於社交媒體的網狀關係，它能夠主動影響顧客，把握用戶的需求。每一個消費者的社交網絡數據都會沉澱在 SCRM 數據庫系統中，企業只需按照需求提取、整理便能夠分析消費者的個性化需求。基於這樣的模式，無論是企業與消費者之間，還是企業合作的關鍵意見領袖（KOL）和消費者之間都能夠實現相互連通的效應。用今天的話來講，在粉絲經濟和共享經濟的作用下，客戶管理已經從以前企業向消費者的單向傳達進化到了雙向即時連通。

3. 價值上的差異

由於定位偏低，功能單一，CRM 在過去對於企業的價值也相對有限，大多數時候僅作為一種整理和儲存客戶信息的工具而存在。同時，CRM 作為銷售驅動的左膀右臂——電話回訪和短信行銷已經在大數據時代沒有立足之地，消費者對回訪電話的厭惡和短信行銷的排斥讓這兩種方式日漸式微。10 年前信息渠道相對匱乏的時候，這些渠道曾經有著不錯的轉化率，例如家具連鎖商場紅星美凱龍，2010 年左右，每年的 9—10 月的電話行銷都能帶來較高的轉化率。但是隨著法律對個人信息的保護日益注重，IT 企業對於自身大數據也越來越重視，傳統的 CRM 獲客難度將會越來越大。

移動互聯網的紅利期也催生了社交網絡的井噴景象，無論是國外的 Facebook，還是國內的微信，都成為各大品牌拓展市場的重要渠道。這個時候，SCRM 的價值體現就突顯了出來：它不僅可以讓企業的獲客效率更高，還可以通過對這些社交數據的挖掘、整理和分析，協調企業與用戶的交互關係，最終有效提升用戶活躍度和忠誠度，加強雙方的關係。

Facebook 的 SCRM 白皮書顯示：SCRM 體系中的「行銷自動化」給企業帶來的價值分數最高。SCRM 的核心價值在於可以解決過去企業無法將「品牌行銷」與「行銷轉化」聯繫起來的痛點，它並不僅是一種新的技術和工具，還代表著企業在新時代、新模式下，在行銷方式與溝通方式全方位轉變的一個標誌。

總之，CRM 與 SCRM 的區別在於兩者分別代表了傳統思維和互聯網思維。隨著社會化行銷成為企業市場戰略中不可或缺的存在，SCRM 也將成為企業行銷體系的標配之一。

二、客戶分級管理的內涵和外延

(一) 客戶分級管理的內涵

市場競爭日趨激烈，讓越來越多的企業在研發、設計、市場、銷售、服務等各個環節越來越強調用戶思維，即企業經營管理的全過程都要瞭解客戶需求、滿足客戶需求。就好比現在的高校教學改革，用人單位要參與教學管理的全過程，尤其是人才培養方案的制定，站在用戶的角度，只有這樣，才能培養出社會真正需要的人才。但是，客戶這麼多，需求也千差萬別，到底應該以哪個客戶為中心？我們將從理論層面剖析客戶分級管理的定義、內容和作用。

1. 客戶分級管理的定義

「以客戶為中心」並不代表以所有的客戶為中心。企業的資源總是有限的，考慮到投入產出比，就必須把資源投入到最能夠產生價值的客戶身上。所以客戶應該是分層次的：具有最大價值的客戶在最核心的位置，對他們需求的瞭解和滿足也應該擺在最首要的位置，具有次要價值的客戶則處於次核心的位置，對他們需求的瞭解和滿足也處於次首要的位置。

換言之，客戶分級管理是根據客戶對企業的貢獻率等指標進行多角度衡量與分級，最終按一定的比例進行加權，然後依據客戶帶來利潤的多少和創造價值的大小對客戶進行分級，最後依據客戶級別高低設計不同的客戶服務和關懷項目。根據分類標準對企業客戶信息進行分類處理後，在同類顧客中根據銷售信息進行統計分析，發現共同特點，開展交叉銷售，做到在顧客下訂單前，就能瞭解顧客需要，有針對性地進行商品推薦。

2. 客戶分級管理的內容

針對關鍵客戶管理的目標是提高關鍵客戶的忠誠度，並且在基礎關係上進一步提升關鍵客戶給企業帶來的價值。不是對所有客戶都平等對待，而是區別對待不同貢獻的客戶，將重點放在為企業提供利潤的關鍵客戶上，為他們提供上乘的服務，給他們特殊的禮遇和關照，努力提高他們的滿意度，從而維繫他們對企業的忠誠，積極提升各級客戶在客戶金字塔中的級別，放棄劣質客戶，從而使企業資源與客戶價值得到有效的平衡。

對於普通客戶的管理，主要強調提升級別和控制成本兩個方面：針對有升級潛力的普通客戶，努力培養其成為關鍵客戶；針對沒有升級潛力的普通客戶，減少服務，降低成本。對於小客戶的管理，也要進行區分，針對有升級潛力的小客戶，努力培養其成為普通客戶甚至關鍵客戶；針對沒有升級潛力的小客戶，可提高服務價格、降低服務成本；堅決淘汰劣質客戶。關鍵客戶由重要客戶和次要客戶構成。關鍵客戶的管理在企業管理中處於重要的地位，關鍵客戶管理的成功與否，對整個企業經營業績具有決定性作用。

3. 客戶分級管理的作用

首先，客戶分級管理可以提升企業客戶服務水準。這也是眾多企業實施客戶管理的主要目標之一。為此，需要系統整合併記錄各部門所接觸的客戶資料，然後將這些資料進行統一管理。通過客戶分級挖掘不同層級客戶的差異化需要，從而提供有針對性的服務。

其次，客戶分級管理可以增強企業行銷管理能力。客戶管理系統可以幫助制訂可行性更高的市場行銷計劃，對各種行銷渠道觸點上的客戶進行記錄、分類和辨識，尤其是加強企業對關鍵客戶的管理和潛在價值客戶的挖掘，同時評價企業的各項行銷活動效果。但問題的關鍵在於企業能夠將內部業務流程與 CRM 系統進行整合。我們發現，當前很多企業的客戶管理僅僅在各獨立的部門內部營運，缺乏統籌協調和整合連結，並沒有實現與企業內部應用系統的整合，所以，在很大程度上影響了客戶管理系統的發展。為了使業務流程能夠有效重組，就必須實現職能管理重塑和業務流程再造（BPR）。

再次，客戶分級管理可以提高企業銷售收入。客戶分級管理的最大優勢是能夠充分挖掘不同層級客戶價值：對次重要客戶和普通客戶，企業可以管理和服務引導企業向上一層級提升，在享受更優質服務的同時創造更多的銷售收入；對最重要的客戶，企業通過最優質的服務和其他方式突顯企業地位，讓他們創造更多的銷售收入。

最後，客戶分級管理能夠得到決策者的重視。在公司的任何一項重要變革中，高層領導的支持都是必不可少的。高層領導的重視可以為項目提供必需的時間、人力、財力和物力。同時，在項目實施過程中出現問題時，能夠協調各部門解決。因為客戶管理系統的實施涉及公司內部深層次的業務流程再造（BPR），所以高層領導的支持更加有利於促進不同業務流程、部門之間的協調與合作。

（二）客戶分級管理的外延

在掌握客戶分級管理的定義、內容和作用的基礎上，我們需要進一步瞭解客戶分級管理的應用及其關鍵因素，這樣更有利於我們明確客戶分級管理的必要性和重要性。

1. 客戶分級管理的應用

客戶分級管理在企業經營管理中的應用範圍非常廣，如通信營運商對客戶的分級管理、銀行對客戶的分級管理、機場對客戶的分級管理等。例如大家手中的儲蓄卡、信用卡、會員卡等，大到航空公司，小到餐廳、理髮店。信用卡有白金卡、金卡和普通卡，各種會員卡也常常分金卡會員、銀卡會員，不同級別的卡代表了不同的客戶級別，意味著發卡企業將會提供不同的服務，這些都體現了客戶分級管理的思想。

不過，客戶分級管理的做法雖然很多，可是真正充分理解和發揮了客戶分級管理作用的企業卻不是很多，企業要做好客戶分級管理，就需要考慮以下這些問題：面向已有客戶和潛在客戶的分級問題，如何進行分級，分級之後怎麼辦，客戶分級與服務內容、銷售政策的制定等。這樣才能將客戶分級管理思想通過企業經營管理過程轉化為具體執行措施。

2. 客戶分級管理的關鍵因素

客戶分級管理的關鍵因素之一是客戶數量已經超過行銷管理者所能管理的幅度。這個管理幅度即管理者能夠進行有效行銷管理的客戶數量，企業內部管理存在一個最佳的管理幅度和承載能力。一個行銷管理者所能管理的客戶幅度是有限的，超過管理幅度的客戶需要通過客戶分級分配給企業內部不同層級的人員去開發和維護。其中，最重要的客戶可能由行銷總監甚至總經理親自主導銷售或提供服務，而次要的客戶則可以交給次一層級的銷售經理或者主管人員。行業不同、產品或服務不同、面向的客戶不同，企業行銷活動具有一定的複雜性，行銷管理者的管理幅度和承載能力也會相應不同。

這裡應該注意的是，行銷活動的複雜性與行銷管理者的管理幅度應該呈反比的關係。一般來說，就單筆交易而言，對企業客戶的行銷活動比對消費者客戶的行銷活動複雜，針對工業品服務的行銷活動比針對消費品服務的複雜，耐用消費品的行銷活動比快速消費品的複雜，批發客戶的行銷活動比零售客戶的行銷活動複雜。因此，小區便利店可以同時為小區內幾百家業主提供零售服務，而無須考慮客戶分級。而如果你面對的是企業端的客戶，甚至客戶數量在幾十家，就應該考慮對客戶分級管理了，超過100家的時候，客戶分級可能就成為一項非常有價值的工作。

客戶分級管理的關鍵因素之二是同一客戶可能帶來兩次或兩次以上的銷售或服務。如果一個客戶的銷售或服務機會只有一次，即雙方屬於一次性購銷關係，那麼客戶分級就轉變為銷售機會分級或服務機會分級，客戶的價值也等同於銷售機會的價值或服務的價值。只有客戶帶來兩次或兩次以上的銷售或服務時，客戶價值才會不同於單個銷售和服務機會的價值，才需要對客戶進行專門分級。

客戶分級管理的關鍵因素之三是不同客戶間的價值差異明顯。客戶分級的主要目的在於找出價值最大的客戶，客戶價值的層級差異明顯程度與客戶分級的意義呈正相關的關係。例如一個小區的便利店，小區居民雖然多，但都是零星小額採購，並不會出現經常大額採購的客戶，也不會有哪一戶居民的採購能夠占到便利店零售額的5%以上，因此對小區居民客戶的分級管理可能就是不必要和無意義的。相反，一個沙發製造企業，其面料供應商可能有許多家，但暢銷款沙發的面料則可能主要來源於某幾家主要供應商，因此沙發製造企業對客戶的分級管理就顯得非常必要。

第二節　SCRM 客戶分級管理模式

最近十年來，社交文化的發展對行銷方式的影響頗為突出。用戶的交流工具、社交習慣、邏輯思維隨著社交文化的變遷而改變。品牌與用戶之間的交流方式、交流工具、交流

第八章　SCRM 中的客戶分級管理

內容必然也要與時俱進，才能使行銷活動更容易被用戶接受並信賴。然而，行銷的接受和信賴程度主要源於 SCRM 客戶分級管理模式不斷迭代，它主要體現在社會化的顧客、社會化的渠道、社會化的數據和社會化的營運。本節將從 SCRM 客戶分級管理模式的前提、方法和配套措施三個方面詳細闡述。

一、SCRM 客戶分級管理模式的前提

（一）SCRM 客戶分級管理模式的必要性

由於企業對移動辦公的需求，基於雲端存儲的多終端交互訪問成為企業軟件系統發展的一種必然，所以，SCRM 客戶分級管理不可避免地需要跟當下最流行的社交平臺、電商平臺、支付平臺等集成，通過這種集成進行快速更迭。因為，SCRM 的應用場景豐富多樣，涵蓋新品發布、產品銷售、客戶服務、問卷調查甚至人事招聘等企業營運管理的方方面面。由於每個企業的需求差異很大，所以 SCRM 客戶分級管理系統必須能夠支持個性化定制以及與企業其他系統的連結集成。

因為系統對客戶開放，一個企業會邀請少則幾萬，多則幾百萬甚至千萬級別的消費者參與進來，加之企業多會在系統上實施一些時效性極強的行銷活動，引入巨大的瞬時流量。所以 SCRM 客戶分級管理對系統穩定性、快速性、擴展性要求極高，對系統營運能力的要求更非一般。例如現象級咖啡品牌 Luckin Coffee 創立僅半年時間，就有 130 多萬註冊用戶、300 多萬訂單，提供 500 多萬杯咖啡，線下佈局不同級別直營店 400 餘家，這需要強大的系統支撐。同時，大數據能力是 SCRM 客戶分級管理的根本要求，它需要採集和分析每一個客戶方方面面的數據。隨著企業跟客戶、客戶跟客戶之間的不斷互動，數據量甚至會產生指數級別的增長。數據分析方法，也會隨著需求的發展不斷增加和豐富。這要求該系統具備強大的數據存儲和計算能力，並且能夠按需擴展。

（二）SCRM 客戶分級管理模式的可行性

數據即趨勢。2016 年中國移動互聯網網民數量已經高達 6.2 億。其中每天使用移動互聯社交平臺進行互動玩樂的人數達 3.9 億。這兩組數據說明社交平臺是國內互聯網領域發展的主流，社交平臺也逐步成為企業開展客戶分級管理的主戰場，因為以社交平臺為接口連結的電商平臺、搜索引擎、網頁點擊等都會產生流量，而流量已經成為企業尋找行銷入口的關鍵環節。

用戶即流量。在社交媒體中，用戶是流量的本身，也是創造流量的主力軍。流量的遷移其實本質上是客戶時間的遷移。這個新型的購買流程使得社交流量成為品牌行銷和客戶分級管理的重要組成部分和參考依據。

消費流程改變。以前消費者購買商品的過程一般是引起注意力→產生興趣→有需求→

購買。當社交媒體出現後，在對一個商品感興趣之前，消費者會通過多種渠道和平臺瞭解商品基本信息、用戶評價、售後服務內容和渠道價格等，最後才決定是否購買、在哪裡購買。消費者已經成為專家型買手，一旦消費者在使用產品的過程中有任何好感或者負面評價，基本上都會通過社交平臺進行分享和傳播，這些分享內容會影響其他潛在消費者的購買行為。這個時候用戶就是一個移動的廣告牌，很多口碑會在這個過程形成。

信息流通方式。網絡改變信息流通方式的同時也改變了用戶接收信息的方式。SCRM客戶分級管理可以通過PC端Web頁面、移動端H5頁面、公眾號、App等，整合QQ群、電話、微信、短信等社交渠道，將多個平臺的訪客軌跡、標籤、需求等客戶信息統一歸入客戶數據庫，形成行銷、服務及協作的閉環，並以此幫助品牌與客戶建立全方位的連接，實現客戶分級管理。

用戶標籤。當給用戶貼上標籤後，就意味著初步的市場細分完成，標籤越多、越細分，品牌也可以根據標籤為用戶提供符合個性化特徵和特定需求的商品或服務。由SCRM入手，基於社交大數據，消費者畫像描繪得越精準詳盡，目標用戶的顆粒度就越低。社交經濟時代，需要精準識別來訪用戶特點和需求，優化購買環節和行銷策略，實現效果提升。

二、SCRM 客戶分級管理的方法

（一）ABC 分析法

ABC分析法是根據事物在技術、經濟方面的主要特徵，進行分類排列，從而實現區別對待、區別管理的一種方法。ABC分析法脫胎於帕累托「二八」法則，所不同的是帕累托「二八」法則強調的是抓住關鍵，ABC分析法強調的是分清主次，根據客戶的貢獻度和創造的價值的大小，將管理對象劃分為A、B、C三類。

企業面對眾多客戶，如果不分清主次，其結果就是「眉毛鬍子一把抓」，嚴重影響企業的經營效益和管理效率。如果能區分出關鍵的少數和一般的多數，一定可以起到事半功倍的效果。比如在生產營運管理和庫存管理中，這一法則的應用就可以在不影響工作效率的前提下幫助企業創造最大化的經濟效益。

（二）RFM 分析法

RFM分析法（Recency Frequency Monetary）是衡量客戶價值和客戶創利能力的重要工具和手段，在眾多的客戶關係管理分析模型中，RFM分析法是被經常提及並廣泛應用的分析法。它主要用於觀察和測量客戶的三個維度——近期購買行為（Recency）、購買的總體頻率（Frequency）以及消費金額（Monetary），其中X軸表示Recency，Y軸表示Frequency，Z軸表示Monetary，坐標系的8個象限分別表示8類用戶（圖8.2）。

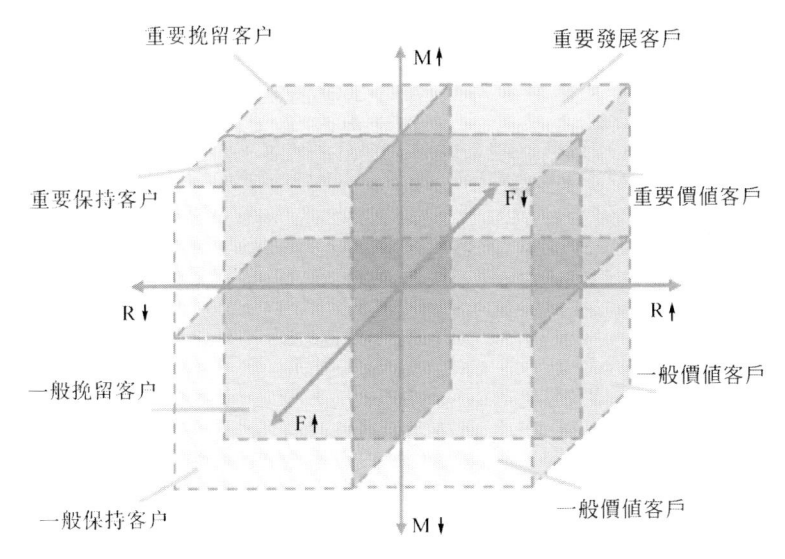

圖 8.2　RFM 三維模型

RFM 分析法非常適用於產品線較豐富的企業，而且這些商品的單價相對不高，例如日化用品、小家電、小食品等；它同樣適合只有少數耐久商品的企業，但是該商品中有一部分屬於易耗品，如複印機、剃須刀、汽車維修等消耗品；RFM 分析法對於加油站、旅行保險、運輸配送、快餐店、KTV、證券公司、便利店等也很適合。

因為 RFM 分析法較為動態和客觀地呈現了一個客戶的消費行為輪廓，這對個性化的溝通和服務點奠定了基礎，如果觀測時間較長，還能夠較為精確地判斷該客戶的長期價值，結合客戶的實際情況和有針對性的行銷策略改善這三項指標的狀況，從而提高客戶創造的價值。

(三) CLV 分析法

CLV 分析法是指對在客戶生命週期（Customer Lifetime Value）內客戶為企業創造的價值進行分析的方法。它是對客戶未來利潤的有效預測，因此 CLV 分析法的計算是制定正確客戶戰略不可或缺的一步。廣義的 CLV 指的是企業與客戶保持交易關係的全過程中從該客戶處獲得的全部利潤的現值。

CLV 分析法主要包括兩個部分：一是歷史利潤，即到目前為止客戶為企業創造的利潤總現值；二是未來利潤，即客戶在未來可能為企業帶來的利潤總現值。企業真正關注的是客戶未來利潤，因此狹義的 CLV 僅僅指客戶未來利潤。針對當前和未來客戶價值劃分的模型如圖 8.3 所示：

客戶未來價值

「改進型」   「貴賓型」
　客戶　　　　　　　客戶

　　　　　　　　　　　　　　　　　客戶當前價值

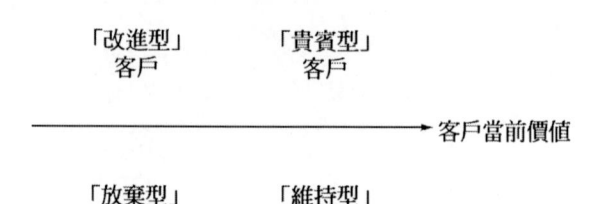

「放棄型」   「維持型」
　客戶　　　　　　　客戶

圖 8.3　CLV 分析模型

需要注意的是，客戶價值細分的兩個維度中，客戶當前價值和增值潛力的計算都是以客戶關係穩定為基本前提的。然而現實中的客戶關係是複雜多變的，絕對的穩定並不存在。因此，僅僅依據客戶生命週期利潤分析客戶，不考慮客戶關係的穩定性，就不能衡量客戶關係的質量，這樣會大大增加資源配置的風險。

（四）分類分析法

不同企業的客戶分級可能有兩種情況，所以我們將客戶分為兩類：已有客戶和潛在客戶。這種方法源自企業分級的目的不同，實施分級的部門不同。

為提高客戶滿意度、忠誠度而進行的分級，主要面向已有客戶。某些產品和服務屬於一次性建立客戶關係，長期進行交易或者提供服務。在這種情況下，企業在經過初創時期大量拓展新客戶的階段之後，更多的精力會花費在存量客戶身上。為了區別不同存量客戶的價值，保證重點客戶重點維護，很多企業會考慮建立客戶分級（圖 8.4）。

服務成本

最不具獲利性　　　　具獲利性
　的客戶　　　　　　　的客戶

具獲利性　　　　　最具獲利性
　的客戶　　　　　　　的客戶

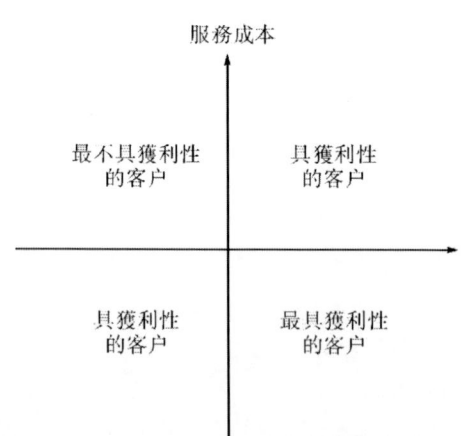

圖 8.4　根據當前贏利能力細分客戶

實施和應用已有客戶分級的部門，主要是企業內的服務型部門，包括以服務為主要交

付物的企業中的服務提供部門（如理髮店中由最好的理髮師為 VIP 客戶提供理髮服務），也包括以產品為主要交付物的企業中的商務部門。

為提高成交率，保證銷售資源利用效率的分級，主要面向潛在客戶。企業與客戶建立關係和達成交易的過程非常複雜，這體現在時間長、參與人員多、資源投入大等多個方面。為了保證資源投入的有效性，避免大量銷售投入花費在無效或低產出的客戶身上，這些企業可以考慮對潛在的客戶進行分級，分析其潛在價值，對重點潛在客戶重點攻關，對次要客戶一般攻關（圖 8.5）。

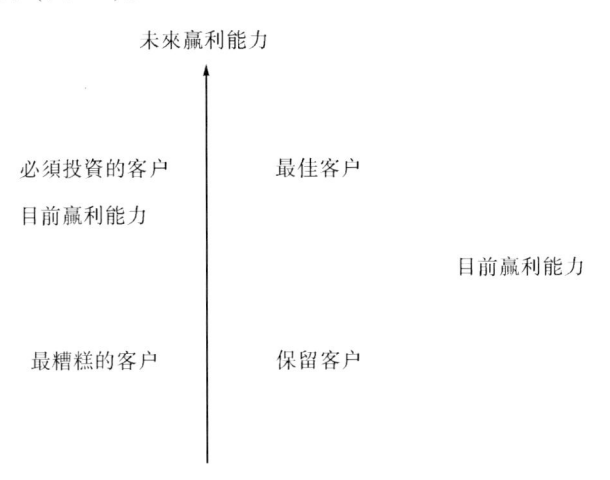

```
                    未來贏利能力
                         ↑
                         │
     必須投資的客戶        │     最佳客戶
     目前贏利能力         │
                         │                   目前贏利能力
                         │
                         │
     最糟糕的客戶         │     保留客戶
                         │
                         └──────────────────→
```

圖 8.5　根據未來贏利能力細分客戶

實施和應用潛在客戶分級的部門，主要是企業的銷售部或市場部。如果企業與客戶的交易只是一次性的，那麼對潛在客戶的分級就等同於銷售機會或服務機會的分級。如果企業與客戶的交易是多次性的，那麼為了建立客戶關係和達成初次交易而進行的潛在客戶分級，也可能變成已有客戶的分級。

三、SCRM 客戶分級管理的配套措施

（一）組織差異化

客戶經理制：客戶經理制是客戶分級管理的一種重要形式，不同客戶的管理差異在於是否有專職客戶經理提供長期、一對一的專業服務，或者在於由不同水準的人員擔任不同類別客戶的客戶經理。

代理制：某些企業可能同時存在代理銷售和直接銷售兩種銷售模式。對於中小客戶，他們主要通過代理商進行銷售和提供服務；而對於大客戶，他們則往往通過自己的銷售組織和銷售人員直接進行銷售和提供服務。

（二）流程差異化

企業可通過差異化的流程為不同級別客戶提供差異化的服務，或者針對不同級別客戶，採取不同的市場策略和銷售策略。需要說明的是，流程的差異化一般都是通過信息系統來實現，客戶所屬的級別，可能會因為客戶價值的變化而快速發生變化，比如隨著交易量越來越大，一家客戶可以快速地從 C 類上升為 B 類甚至 A 類。客戶分級造成的更多是產品性能或服務品質的差異化，比如更快的交貨期、更優惠的價格、更好的付款條件。

第三節　SCRM 客戶分級管理在創業實戰中的應用

SCRM 客戶分級管理的應用領域非常廣泛，包括製造企業、醫院、銀行等。隨著大數據、雲計算在各行各業的廣泛應用，企業管理者的經營理念也發生了顛覆性的改變：行銷的本質不是為產品找用戶。SCRM 客戶分級管理的背後就是數據的分級管理，數據的核心是人，而數據採集的核心是連接。數據雖然是「冰冷」的，但其背後的人是有感情有「溫度」的，所以 SCRM 的本質就是以人為核心來挖掘、分析和呈現數據的過程。

一、海爾 SCRM 大數據精準行銷探索

（一）案例背景

海爾從 1984 年創立至今已經有 30 多年，作為旗下高端品牌的「卡薩帝」，怎樣才能脫胎於母體的品牌定位，提高品牌知名度和美譽度，是海爾快速適應新規則面臨的一次大考驗。管理層的重要法寶就是「交互」。交互包括內容交互、社群交互和場景交互，通過這些「交互」不僅要把行銷做成廣告，還要實現品牌與用戶的連接（圖 8.6）。

海爾實現「交互」的途徑是用大數據分析用戶需求，並服務好用戶。但是用戶是誰？用戶在哪？用戶要什麼？在實施 SCRM 的過程中，我們需要瞭解海爾行銷的三個階段：第一個階段是以產品為中心，目的是銷售。改革開放初期的白色家電市場，產品供不應求，只需要投放傳統廣告，就能快速實現銷售，將商品交給客戶，拿到回款就結束了。第二個階段是以顧客為中心，目的是吸引回頭客，創造新客戶。當時國內白色家電市場已經供過於求，海爾通過動畫片《海爾兄弟》從廣告舞臺走到了電視熒幕中，從廣告進化到行銷策劃，開始潤物細無聲地引導和教育顧客，讓這一代兒童成長為海爾的忠實用戶。第三個階段是進一步發展到以人文精神為中心，顧客開始參與產品、行銷等全流程創新。

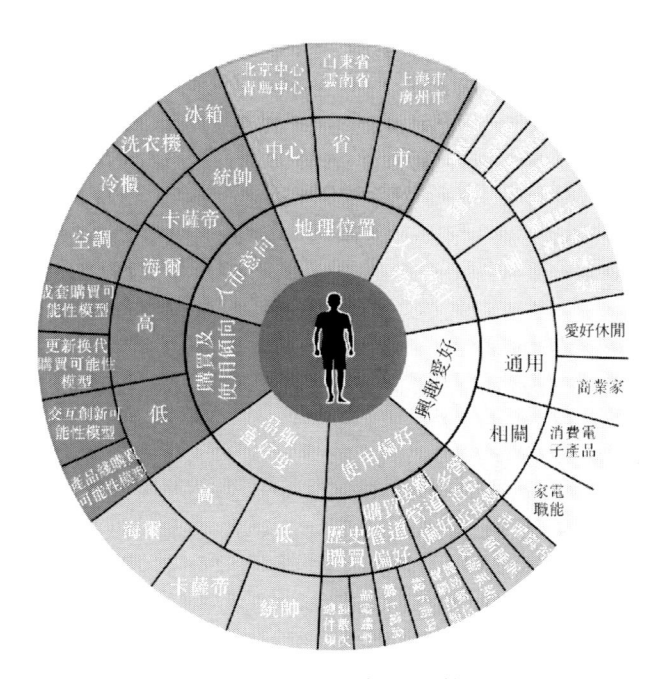

圖 8.6　海爾大數據交互行銷圖

(二) 海爾 SCRM 建設

在行銷第三個階段時，海爾提出了「無交互不海爾，無數據不行銷」的行銷理念，基於大數據開展交互行銷的過程中，海爾的管理層發現了四個問題。

第一個問題是數據的核心是人。回款不是交易的結束，而是交互的開始。企業需要研究用戶需求，數據平臺營運的核心也要聚焦活生生的人。因此，行銷團隊通過兩個層面來營運客戶數據：底層的 SCRM 數據平臺——該平臺打通了 8 類數據資產，核心是 1.4 億用戶數據；上層的會員平臺——該平臺是海爾夢享會員俱樂部，活躍會員超過 3,000 萬人。

用戶註冊夢享會員後，產生的數據都存放在 SCRM 管理平臺。這個數據平臺的數據類型包括會員註冊數據、產品銷售數據、售後服務數據、官網登錄數據和社交媒體數據等，SCRM 將這些數據孤島連接成了一個大數據平臺，後臺可以進行數據清洗、融合、識別。

這些數據有兩個核心用處：第一，用數據挖掘的方法，查看這些用戶在什麼時候有購買或者置換家電的計劃，這就是精準行銷；第二，識別用戶的活躍程度，與用戶進行溝通，滿足他們的需求，這就是交互創新。

第二個問題是數據採集的核心是連接。數據不等於有價值的信息，就像產品不等於商品。數據經過連接才能變成信息。海爾以用戶數據為核心，全流程連接企業營運數據，全

方位連接社交行為數據，特別是連接網絡交互數據、網器行為數據。

大企業在發展過程中，每個業務部門都會有自己的信息化業務系統，這些系統很容易成為一個個數據孤島，互相孤立、互不連接。所以，海爾在建立企業級用戶數據平臺時，以用戶數據為核心，將分散在各系統中的數據連接起來。

數據連接的目的，是生成360度用戶畫像，精準洞察用戶。SCRM通過數據清洗，識別每個用戶的姓名、電話、年齡、住址、郵箱……為了更全面認識用戶，SCRM又獲得了用戶在網上的行為數據，進行全網用戶識別。可以這樣說，海爾甚至比你的伴侶更加瞭解你的特點、愛好和生活習慣等。

第三個問題是數據挖掘的核心是預測。優秀的企業滿足需求，偉大的企業創造需求。在進行數據挖掘時，最核心的是預測消費者的行為和需求，或者是對已有產品、方案有什麼更新的需求。海爾經過數據融合、用戶識別，生成數據標籤，建立數據模型。現在已建立3類10個「需求預測數據模型」，用量化分值定義用戶潛在需求的高低。當然還有其他模型，如會員活躍度模型、誠信指數模型等。

第四個問題是數據應用的核心是場景。數據的靈魂是應用，數據採集和挖掘的最終目的是使用這些數據。數據平臺要分析業務部門在什麼時候、開展什麼業務、可能遇到什麼問題，在解決這個問題時需要用到哪些辦法，這些辦法中哪些可以用數據挖掘的路徑達到。把這些業務應用場景梳理出來後，才能開發出數據產品。

從其中一個角度可以將場景分為線上場景和線下場景。線上場景有上網瀏覽、電商購物、線上社交；線下場景有居家生活、門店購物、電話交流等。消費者無論出現在哪一個場合，我們都需要在正確的時間、正確的地點給消費者提供正確的產品或服務。

（三）海爾SCRM大數據應用

海爾SCRM大數據已經逐步產品化、常態化，它可以基於自身的數據管理平臺（DMP）實現用戶觸點管理。線上基於數據做精準行銷，主要路徑是SCRM平臺對接需求方平臺（DSP）、程序化精準採買、大規模精準行銷，具體形式包括即時競價（RTB）、私有交易（PMP）等。

海爾曾經開展過「三方聯合數據精準行銷」，總體策略是海爾SCRM數據平臺將海爾用戶數據和新浪微博用戶數據進行匿名匹配，當匹配上的共同用戶在微博上出現的時候，直接把用戶引流到國美購買海爾家電。具體的操作過程包括：第一步，海爾SCRM數據平臺基於底層的「需求預測數據模型」，精準預測出1.4億海爾忠實用戶中有超過3,000萬人存在更新換代、交叉購買等潛在需求；第二步，海爾SCRM、新浪微博雙方都對自己的數據進行加密處理，在同一個第三方「數據安全港」進行匿名匹配，結果發現，海爾的3000多萬潛在用戶中，有500多萬人在新浪微博也有數據，屬於「重合潛在用戶」；第三步，海爾、國美聯合策劃一個行銷方案，並在新浪微博上面向500多萬「重合潛在用戶」

精準投放。活動期間，這 500 多萬目標用戶中有 120 多萬人登錄新浪微博，成為這次大數據行銷的精準受眾。這個行銷方案的精準轉化率超過平時行銷活動的 3 倍（圖 8.7）。

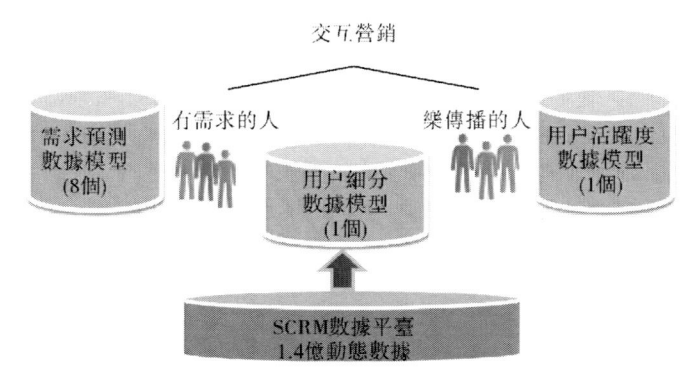

圖 8.7　海爾 SCRM 數據平臺用量化分值定義用戶潛在需求高低

為了開展線下精準交互行銷，SCRM 大數據平臺開發了兩款產品：行銷寶和交互寶。「海爾行銷寶」是為行銷人員開發的具有精準行銷功能的大數據產品，可輔助其面向區域、社區和用戶開展精準行銷。「海爾交互寶」是為研發人員開發的具有用戶交互功能的大數據產品，可以幫助研發人員更全面地瞭解用戶痛點、受歡迎的產品特徵、用戶興趣分佈、可參與交互的活躍用戶（圖 8.8）。

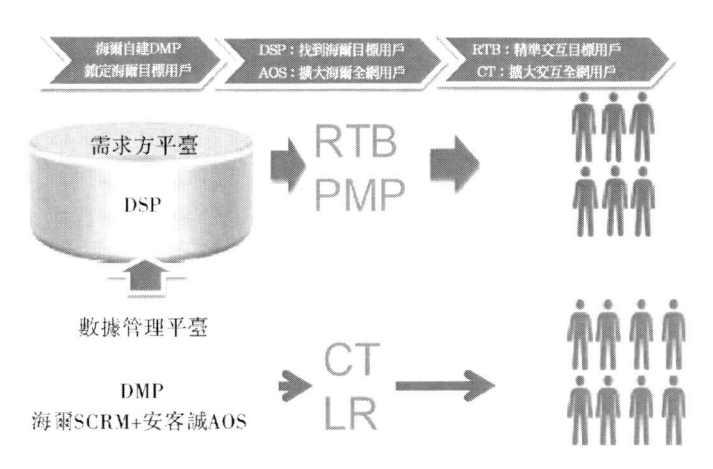

圖 8.8　海爾線上交互行銷

行銷寶 App 有四個功能：社區熱力圖、用戶熱力圖、小微播音臺、小微搖錢樹。「社區熱力圖」體現的是互聯網社區，告訴小微公司目標區域在哪裡、區域裡的目標人數有多

少。底層的基礎是「需求預測數據模型」。當你打開社區熱力圖時，它會基於你所在的地理位置把周邊 30 個小區顯示出來，你可以知道每個小區有多少海爾用戶、哪些用戶可能需要對他的家電進行更新換代，這樣就便於行銷人員能夠在正確的時間、地點把產品送給正有需要的人。「用戶熱力圖」本質上就是互聯網加門店，它可以告訴我們門店人員在你周邊 5 千米範圍內有多少海爾用戶現在需要進行產品更新換代。你可以與用戶取得精準聯繫，這個過程信息通過後端數據平臺出去，而不是從個人手機出去，這樣既能送出精準方案，又確保了用戶的隱私數據可用而不可見。「小微播音臺」是給海爾 42 個區域小微公司使用的，當他們想對所有區域的需求用戶進行精準溝通時，數據平臺可以告訴你這個區域有多少海爾用戶、他們對海爾的哪一款產品有需求，你可以大規模和用戶精準聯繫（圖 8.9）。

圖 8.9　海爾線下交互行銷

　　海爾交互寶有四個核心應用：活躍用戶雷達、用戶通電雷達、用戶興趣雷達和用戶生活圈。「活躍用戶雷達」可以告訴開發人員有哪些消費者願意和海爾打交道，底層的基礎是「用戶活躍度數據模型」。例如產品企劃人員想組織一個線下座談活動，請海爾老用戶來反饋他們對老產品的使用體驗，給新產品提意見。可到哪裡找到這些老客戶？即使找到了，客戶願意和海爾交流嗎？這時，他打開活躍用戶雷達，通過購買產品型號、所在地區、活躍度等條件，篩選需要邀請的客戶，瞬間，符合條件的候選客戶列表一目了然。點擊「推送聯繫人」，設置交互名稱、時間和內容等，交互邀請短信就會自動發送到客戶手機，整個過程任何人都接觸不到用戶隱私數據。「用戶痛點雷達」是根據售後百萬條/天以上的數據進行大數據挖掘，然後告訴開發人員，現在的消費者對海爾哪一款產品或哪一個功能有抱怨、用戶體驗有哪些痛點，需要在哪些方面優化（圖 8.10）。

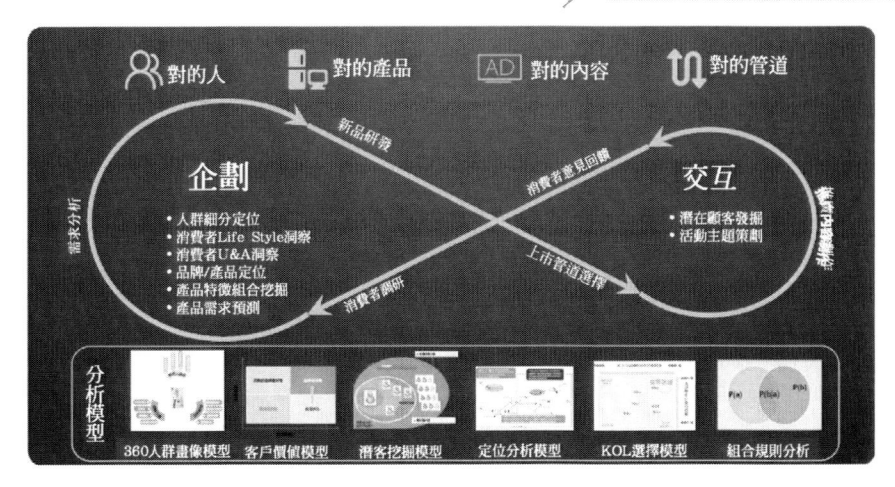

圖 8.10　交互寶營運模式

（四）案例思考

海爾企業平臺化、用戶個性化、員工創客化和建設大數據平臺提供後臺支持的新行銷探索實踐，基於大數據開展交互行銷建設 SCRM 大數據平臺，是如何為企業轉型升級助力的？在挖掘、分析客戶行為體現在哪些方面？其具體營運機制是什麼？

二、時趣 SCRM 幫助愛爾康做粉絲經濟

（一）案例背景

時趣互動（北京）科技有限公司（簡稱時趣）成立於 2011 年，是中國領先的移動社交行銷解決方案服務商。時趣致力於幫助企業構建以用戶為中心的智能行銷生態。時趣的產品包括 SCRM 和 SDMP，它們能夠為企業提供品牌社交行銷營運服務、行銷軟件與技術以及廣告技術與服務；通過一站式解決方案，幫助企業實現智能商業，獲得移動社交時代的行銷成功。時趣主要聚焦在快消、消費電子、服裝、旅遊、金融服務等領域，其中包含寶潔、聯合利華、沃爾瑪、可口可樂、工商銀行、海航、華為等全球 Top100 企業，也有類似 Airbnb、滴滴、騰訊等數字化創新企業。

時趣 SCRM 從行銷業務入手，幫助品牌建立高忠誠度的客戶關係，解放行銷生產力，提升個性化行銷能力，有效挖掘用戶價值並推進價值轉化。時趣 SCRM 讓粉絲資產為品牌創造更大價值，品牌可以通過移動社交應用為消費者提供更豐富的內容以及更全面、更精準的服務和更完整的用戶體驗；但與此同時，更加碎片化的行銷場景、更加挑剔的用戶、更加透明的品牌，讓品牌行銷和會員管理也變得更加複雜。時趣 SCRM 能夠有效地幫助企業應對行銷升級挑戰：以用戶為中心的關係管理模式，通過對用戶在全渠道的消費歷程認知和設計，結合智能行銷引擎，為每一個用戶帶來全新的個性化行銷體驗。

（二）客戶痛點

愛爾康是全球著名的眼科藥品與醫療器械專業公司，主要從事眼部醫藥品、眼科手術

設備裝置的經營以及隱形眼鏡相關護理產品的研發、生產和行銷。由於愛爾康在中國市場起步較晚，以及 B2B/2C 的商業模式造成與消費者的溝通不暢，傳統的溝通方式無法有效觸及用戶，因而導致國內消費者對愛爾康的認知度不夠充分。不僅品牌辨識度急需提升，同時銷售方式也需進行線上轉型。

（三）時趣解決方案

時趣針對愛爾康的 SCRM 方案從線上和線下的會員渠道著手，與消費者直接建立聯繫。從行銷和服務發揮 SCRM 的價值。在洞察消費者人群方面，愛爾康在社交平臺上利用大數據技術收集大量貼近年輕人群的標籤以及他們喜聞樂見的生活方式，並用生活方式來劃分目標消費人群，讓消費者對產品產生興趣，鼓勵消費者通過「選擇自己的標籤」完成「購買自己的產品」。

1. 現狀分析：「斷裂」

從品牌分析得知，愛爾康的產品質量過硬，但過度依賴經銷商，導致品牌缺少與用戶之間的直接溝通，單方面的行銷推廣後沒有進一步促成用戶的轉化留存機制。

基於品牌與用戶溝通存在斷裂的現狀，愛爾康可選的最佳行銷方案便是搭建 SCRM 系統，建立起品牌與用戶直接溝通的平臺，把用戶當作自己的「儲備促銷員」一樣管理起來，進而將品牌無感者、品牌關注者、品牌互動者和品牌追隨者這四種消費人群經營成一個社交閉環，實現分層滲透並逐級轉化。

2. 方案實施

SCRM 系統的核心價值是利用各驅動的數據進行分析，最後將用戶進行標籤分類，針對不同用戶的喜好推送定制化行銷內容。針對 SCRM 平臺的特性，愛爾康採取了「六步走」的戰略實施方案。

第一步，建立品牌與用戶直接溝通的平臺，將用戶信息牢牢掌握在自己手中。愛爾康於 2014 年年初搭建了 SCRM 平臺，平臺對各渠道銷售數據進行匯總、分析，為會員提供定制化的服務，進而拉動會員的購買行為（圖 8.11）。

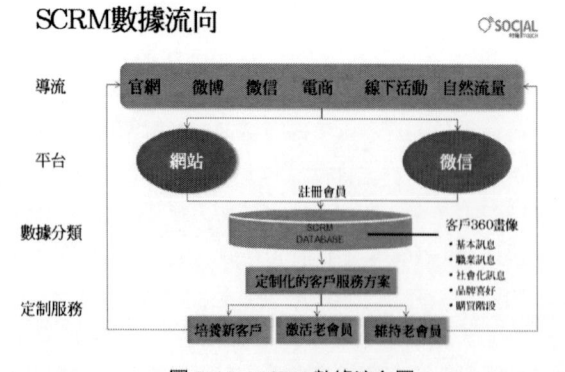

圖 8.11　SCRM 數據流向圖

第二步，建立會員服務模塊，包括產品信息服務、會員優惠專區與客服專區，與用戶進行有效溝通。愛爾康微信端 SCRM 提供註冊、積分兌換、產品兌換、訂單查詢、消費者問題諮詢等一系列服務。

在 SCRM 系統兌換的禮品，均可以通過系統進行訂單狀況的查詢。平臺也提供產品到期提醒的服務，會員使用的隱形眼鏡鏡片及護理液快要到期時，微信端會員頁面就會出現相應的提醒，這給消費者提供了非常好的售後服務和體驗。

第三步，原有系統數據導入，用於識別老會員身分並降低老會員遷移門檻，進而實現「以老帶新」的嘗試。2014 年 9 月 22 日，愛爾康通過 SCRM 進行數據分析，對篩選出未綁定微信的老會員開展一輪定制化信息的推廣，活動 3 天時間共增長了 5,935 名粉絲（圖 8.12）。

圖 8.12　愛爾康 SCRM 微信端推廣圖

第四步，充分發揮會員影響力，即通過「朋友推薦」的方式，帶動全體會員進行全方位的會員招募。2014 年 10 月 24 日，愛爾康通過微信平臺開展了會員邀請函活動，利用會員積分和派樣激勵老會員帶新會員註冊，活動共一個月時間，會員轉化的人均成本不到 30 元（圖 8.13）。

第五步，採集數據，包括會員信息、活動數據及數據來源渠道，進一步進行數據分析，細分會員並採取定制化行銷。2014 年 10 月，愛爾康篩選出不活躍的會員，定制化推送給他們首次積分免費領護理液的活動，活動結束時，活躍會員數增長了 2 萬人左右，會員活躍度也從之前不足 50% 增長到了 70% 以上。

第六步，數據關聯和洞察，為用戶畫像，充分分析用戶信息及消費習慣等。愛爾康通過設立優秀會員獎勵機制及回饋用戶的小活動，比如會員積分制、特價促以及互動游戲等，提升用戶體驗，為 SCRM 系統增添渠道力，使所有用戶能夠在該閉環內更加順暢地轉動，進而促使用戶成為品牌傳播的資產。

圖 8.13　愛爾康 SCRM 微信端會員邀請活動圖

截至 2016 年 12 月，時趣通過 SCRM 幫助愛爾康把微信粉絲增長到 25 萬以上，提升 4 倍會員增長速度，會員活躍度由 20% 上升到 78%，線下會員增長占整體會員增長數量的 39%。

（四）案例思考

時趣為愛爾康量身定制的 SCRM 方案主要有以下幾個方面的作用：一是能夠整合多接觸點客戶數據，累積用戶畫像；二是能夠深度挖掘客戶圈群，進行個性化用戶服務；三是能夠分級管理客戶，引導用戶逐層轉化。根據案例的學習，請思考時趣 SCRM 的平臺架構和客戶分級管理營運模式。

◇ 創業問答 ◇

Q：初創企業怎麼做好 SCRM？

A：有效的客戶關係管理，不只是為了收集客戶數據，更是為了維護客戶關係。SCRM 就是幫助企業在與客戶建立有效連接的基礎上進一步實現深入洞察客戶需求、與客戶一對一溝通、挖掘客戶社交網絡等效果，從而逐步影響並引導客戶的行為，最終實現獲取更多客戶、留住老客戶並逐步提高客戶忠誠度的效果。

Q：SCRM 的核心本質是什麼？

A：SCRM 的核心是站在客戶的角度思考每件事情和每個問題，或者進一步說是由客戶來驅動每件事情的處理和每個問題的解決。其本質包括五個方面；一是讓客戶驅動，站在客戶角度；二是客戶細分，基於客戶的分級分類分群，實施差異化和個性化；三是聆聽和學習，在社交網絡，進一步意味著聆聽、學習、參與、互動；四是客戶體驗，通過個性化、人性化的交互來傳遞給客戶更好的體驗；五是對企業的衡量評估標準進行變革，那些

銷量、市場份額、品牌知曉度等要讓位於客戶社會資本，包括客戶信任、客戶關係強度、客戶活躍度、客戶平均貢獻等。

◇ 關鍵術語 ◇

銷售漏斗：它是把每一階段銷售機會的數量用一個橫條圖表示，每個階段的數量不一樣，橫條也就有長有短，最後，把所有的圖按照階段靠前在上的規則上下排列，整個圖形呈漏斗狀。其意義在於：通過直觀的圖形方式，指出公司的客戶資源從潛在客戶階段，發展到意向客戶階段、談判階段和成交階段的比例關係，或者說是轉換率。

粉絲經濟：架構在粉絲和被關注者關係之上的經營性創收行為，是一種通過提升用戶黏性並以口碑行銷形式獲取經濟利益與社會效益的商業運作模式。

即時競價：簡稱 RTB（Real Time Bidding），是一種利用第三方技術在數以百萬計的網站或移動端針對每一個用戶展示行為進行評估以及出價的競價技術。與大量購買投放頻次不同，即時競價規避了無效的受眾到達，針對有意義的用戶進行購買。

智能數據管理平臺：簡稱 SDMP（Smart Data Management Platform），是大數據時代升級版的數據管理系統，SDMP 把數據與商業相結合，在傳統數據管理模式基礎上，賦予商業模型與智能算法，結合行銷應用場景，讓傳統的數據管理實現商業價值變現。

◇ 本章小結 ◇

本章開篇以 SCRM 和客戶分級管理兩個關鍵詞的內涵和外延作為切入點，詳細闡述了兩者的定義、特點和作用，深入分析 SCRM 與 CRM 的區別，明確 SCRM 客戶分級管理的關鍵因素；然後站在企業和用戶的角度講解 SCRM 客戶分級管理的前提，並簡述了 SCRM 客戶分級管理的不同方法；最後，通過兩個具有代表性的案例分析讓同學們形成 SCRM 客戶分級管理思想，掌握基本的理論知識和具體的操作方法。

◇ 思考 ◇

1. 請簡述 SCRM 相比 CRM 有哪些優勢。
2. 請思考客戶分級與客戶分類的異同點。
3. 請結合具體案例分析客戶分級管理存在哪些陷阱。

第九章　發現新市場與新趨勢

◇ 學習目標 ◇

學習完本章後，你應該能夠：
- 瞭解行業發展和大數據分析與預測方法
- 運用科學的方法對新市場與新趨勢進行預測和判斷
- 運用大數據分析方法對新市場與新趨勢進行預測、分析，並進行決策
- 掌握大數據行銷4P模式

本章課件

◇ 開篇案例 ◇

工業化思維 VS 互聯網思維

　　世界上曾經有一家世界500強的企業「柯達」，在1991年的時候，他的技術領先世界同行10年，但是2012年1月破產了，被做數碼的「索尼」干掉了；當「索尼」還沉浸在數碼領先的喜悅中時，突然發現，原來全世界賣照相機賣得最好的不是它，而是做手機的「諾基亞」，因為每部手機都是一部照相機，於是「索尼」業績大幅虧損，瀕臨倒閉；緊接著原來做電腦的「蘋果」出來了，把手機世界老大的「諾基亞」給干掉了，而且沒有還手之力，2013年9月，「諾基亞」被微軟收購了。

　　這樣的案例越來越多，360的出抬，直接把殺毒變成免費的，淘汰了金山毒霸；淘寶和京東等電商的崛起，逼得蘇寧、國美這些傳統零售巨頭不得不轉型，逼得「李寧服裝」關掉了全國1,800多家專賣店，連「沃爾瑪」也難以招架。「餘額寶」的出抬，18天狂收57億元資金存款，開始搶奪銀行的飯碗；微信的出抬，吸納8個多億的用戶，這是騰訊的自我革命，更是對中國移動、電信和聯通的挑戰。

　　思考：這是一個跨界的時代，每一個行業都在整合，都在交叉，都在相互滲透，如果原來你一直獲利的產品或行業，在另外一個人手裡，突然變成一種免費的增值服務，你又如何競爭？如何生存？

第九章　發現新市場與新趨勢

◇ 思維導圖 ◇

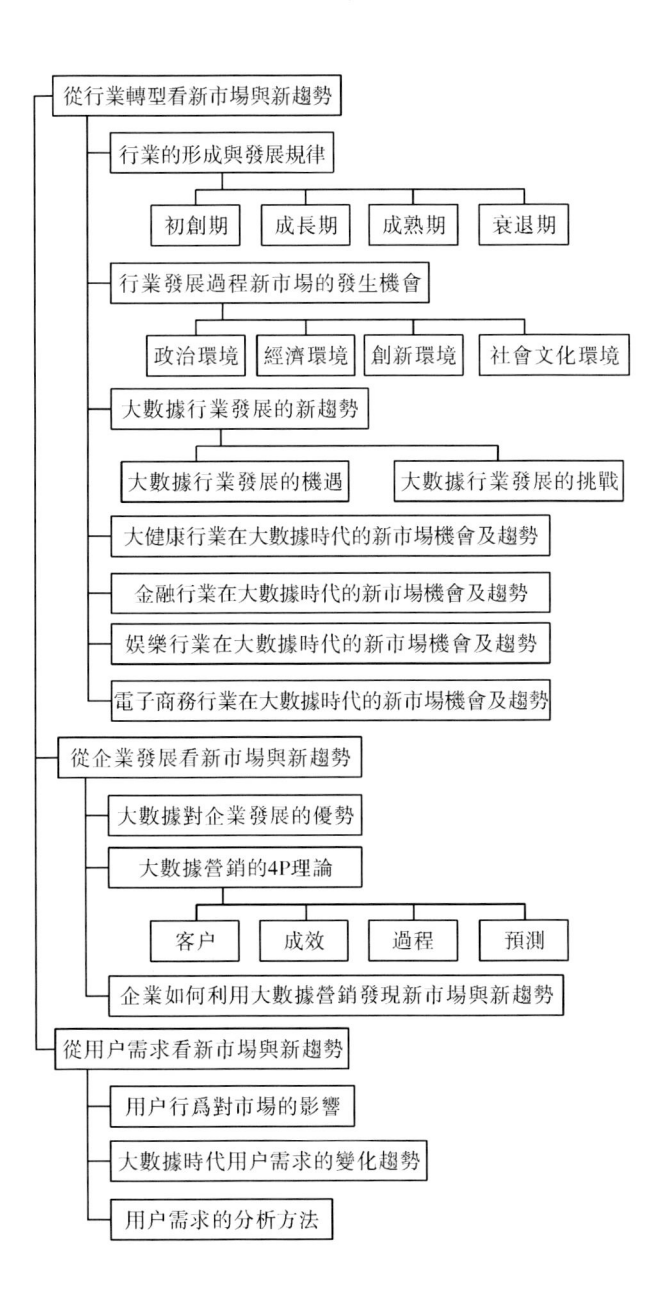

- 從行業轉型看新市場與新趨勢
  - 行業的形成與發展規律
    - 初創期
    - 成長期
    - 成熟期
    - 衰退期
  - 行業發展過程新市場的發生機會
    - 政治環境
    - 經濟環境
    - 創新環境
    - 社會文化環境
  - 大數據行業發展的新趨勢
    - 大數據行業發展的機遇
    - 大數據行業發展的挑戰
  - 大健康行業在大數據時代的新市場機會及趨勢
  - 金融行業在大數據時代的新市場機會及趨勢
  - 娛樂行業在大數據時代的新市場機會及趨勢
  - 電子商務行業在大數據時代的新市場機會及趨勢
- 從企業發展看新市場與新趨勢
  - 大數據對企業發展的優勢
  - 大數據營銷的4P理論
    - 客戶
    - 成效
    - 過程
    - 預測
  - 企業如何利用大數據營銷發現新市場與新趨勢
- 從用戶需求看新市場與新趨勢
  - 用戶行為對市場的影響
  - 大數據時代用戶需求的變化趨勢
  - 用戶需求的分析方法

◇ 本章提要 ◇

　　前面我們已經學習了一系列大數據時代下的行銷管理工具，那麼如何在一個已知的行業中發現並把握新的市場及趨勢？如何結合大數據的特點讓創新和創業更有優勢？本章將從行業、企業和用戶角度入手，分析如何發現新市場與新趨勢。從行業形成規律中發現新市場與新趨勢的產生機制，通過案例分析理解這些規律。通過深度分析，掌握創新創業的思維方法和實踐技巧。分析不同行業的新市場和新趨勢有哪些規律，以作為讀者對大數據時代下的創新創業思維有所引導和啓發。

第一節　從行業轉型看新市場與新趨勢

一、行業的形成與發展規律

　　根據國家質檢總局和標準化管理委員會在 2017 年 6 月 30 發布並於同年 10 月 1 日實施的《國民經濟行業分類》(GB/T 4754—2017) 國家標準，行業 (Industry) 是指從事相同性質的經濟活動的所有單位的集合。根據這一標準，中國的行業分為 20 個門類和 97 個大類，大類又進一步細分為 473 個中類和 1,381 個小類。詳見表 9.1：

表 9.1　　　　　　　　　　國民經濟行業分類表

行業門類	大類	中類	小類
A 農、林、牧、漁業	5	24	72
B 採礦業	7	19	39
C 製造業	31	179	609
D 電力、熱力、燃氣及水生產和供應業	3	9	18
E 建築業	4	18	44
F 批發和零售業	2	18	128
G 交通運輸、倉儲和郵政業	8	27	67
H 住宿和餐飲業	2	10	16
I 信息傳輸、軟件和信息技術服務業	3	17	34
J 金融業	4	26	48
K 房地產業	1	5	5

表9.1(續)

行業門類	大類	中類	小類
L 租賃和商務服務業	2	12	58
M 科學研究和技術服務業	3	19	48
N 水利、環境和公共設施管理業	4	18	33
O 居民服務、修理和其他服務業	3	16	32
P 教育	1	6	17
Q 衛生和社會工作	2	6	30
R 文化、體育和娛樂業	5	27	48
S 公共管理、社會保障和社會組織	6	16	34
T 國際組織	1	1	1
（合計） 20		97	473	1,381

　　從這裡可以看到，大的分類上基本是穩定的，反應了整個社會經濟最主要的領域，但很多的細分行業以及這些細分行業的經濟活動內容和特徵，卻在隨時發生變化。

　　一個行業的完整發展過程會經歷四個階段：初創期、成長期、成熟期和衰退期。有些行業可能需要一兩百年才會走完這個過程。但有些行業只需要10~20年，也有一些行業可以快速地從初創期或者成長期進入衰退期。行業的發展軌跡取決於它對社會需求的滿足程度，行業技術突破和成熟度，標準化的程度，以及競爭行業發展的情況等眾多因素影響（圖9.1）。

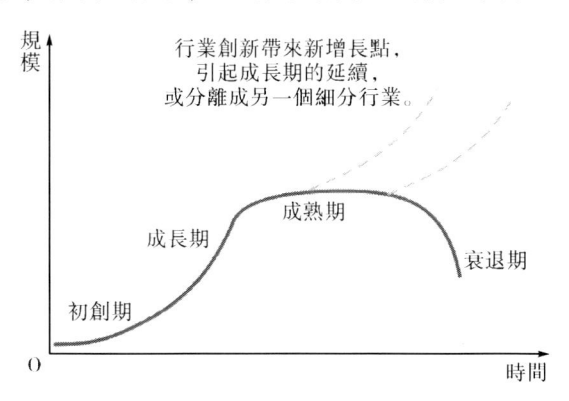

圖9.1　行業生命週期圖

（一）初創期

　　通常由於現有行業活動中，客戶或者社會的某些需求未能得到充分的滿足，或者由於新技術或商業模式的突破，以致客戶的需求滿足或者相關的經濟活動的效率可以通過新的手段來更好地實現和提高，這樣就出現了新行業產生的空間和存在的必要。在新行業產生

的時候，為數不多的企業會參與用戶需求的探索、新產品的開發、新服務的推出以及新營運模式的探討。在這個階段，參與的公司需要投入大量的精力和費用進行產品開發、市場推廣，甚至包括消費者和社會行為的教育和改變，以求快速地證明新行業的價值，也為新行業規則的快速制定打好基礎。由於這一系列的產品和服務開發、探索及市場推廣工作，這些創業公司很難快速盈利，反而虧損會比較常見，增加了這些早期參與企業的破產風險。

電子商務開拓者：亞馬遜初創期的艱難

在網絡初步萌芽的時代，連著名的 Web 語言 HTML 也才僅有 5 年的歷史，而就在這樣的環境下亞馬遜的創始人便看見了電子商務的巨大潛能。然而作為電商領域的開拓者，亞馬遜的創業歷程十分艱難。

亞馬遜的創始人杰夫‧貝佐斯（Jeff Bezos）原本是在華爾街享受優厚待遇的對沖基金公司副總裁，一個偶然的機會讓他意識到了互聯網產業的巨大潛力，於是他辭去工作在車庫中創立了早期的亞馬遜（圖 9.2）。

圖 9.2　亞馬遜創始人杰夫‧貝佐斯（Jeff Bezos）

財力的限制使貝佐斯只能通過股權吸引來兩位技術人員。經過幾個月的熬夜奮戰，1995 年春天貝佐斯終於發布了網站的測試版，並發動家人和朋友對網站進行測試。初期的網站十分簡陋，設計不人性化，整個網頁幾乎都是文字堆砌，沒有商品展示，購買方式不便捷等。但這在當時已經是最前沿的科技革新了。

其核心競爭力存在的問題有：粗陋的供應鏈模式，顧客從網站下單購書後，亞馬遜就向大圖書批發商購書，幾天後當書本到貨，亞馬遜再轉寄給下訂單的顧客，從中賺取微薄的差價。一本書從顧客下單到拿到貨物的收貨時間，短則一週長則一個月。網站技術存在很多不盡如人意的地方，顧客抱怨也無法即時解決；沒有圖書倉儲中心來滿足用戶對「長尾」圖書的需求；由於亞馬遜粗陋的供應模式，其內部出現了發貨量遠遠跟不上用戶下單量的問題，發出的圖書連訂單總量的一半都不到。

第九章 發現新市場與新趨勢

連鎖書店大鱷巴諾書店和鮑德斯書店都注意到了這個影響力暴增的新型競爭者。1996年，亞馬遜銷售收入比前一年增長了30倍，卻也只有1,570萬美元，這對於亞馬遜當時的發展而言是遠遠不夠的，而同年巴諾書店銷售收入已達20億美元。要與競爭對手抗衡，亞馬遜在人力、技術、物流等問題上都需要增加投資和改進才行。

在這種情況下，貝佐斯制定了「擴展優先」戰略（Get Big Fast），這也是目前很多服務型企業仍然在採用的策略，即發揮先發優勢，搶占市場份額，不惜一切代價讓亞馬遜迅速長大，避免被較強大的競爭者吞並（圖9.3）。

圖9.3　1996年改版後的網站首頁

通過不懈努力，貝佐斯成功為公司拉來了第一筆100萬美元的A輪融資，緊接著從凱鵬華盈公司獲得了800萬美元B輪融資。到1997年，亞馬遜銷售收入已飆升到1.47億美元，借助第一波網絡熱潮，於同年5月在納斯達克IPO上市（圖9.4）。

圖9.4　2018年亞馬遜中國網站首頁

223

在面臨巨大的考驗和挑戰之時，貝佐斯虛心向世界零售業老大沃爾瑪學習，並成功挖來了當時負責沃爾瑪技術和物流的兩位負責人，也正是這兩位為亞馬遜奠定了在技術和物流兩個核心競爭力的堅實基礎，成為亞馬遜日後迅猛發展的強大支持力。1997年亞馬遜在物流方面就投資了3億美元現金，採取了最先進的理念和自動分揀技術，建立即使在今天看來也仍很先進的物流中心。貝佐斯不斷鼓勵創新，其間發明至今都耳熟能詳的「一鍵下單」「自動薦書」「第三方開店」等功能，採取互鏈推廣、流量導入等策略，並通過申請專利保護，為自己築起了高高的競爭藩籬，產品線也從圖書擴展到了DVD、音樂、玩具和電子產品等領域。

　　亞馬遜通過23年的發展，經歷多次重大的戰略轉變，不斷調整、適應、強大，終於在一次次的危機中存活下來，而這種經歷也是一個企業從初創期到成熟期的必經之路。

　　思考：1. 亞馬遜在網絡萌芽時期與目前在大數據行業萌芽階段的創業有什麼相似之處？

　　　　2. 亞馬遜不到3年就從建立到上市的過程，對今天的互聯網行業創業有何啟示？

　　　　3. 初創期面對各方面資源不足的條件，作為CEO的你應該關注的要點有哪些？

　　在新行業初創期，政府的政策支持以及經濟補償，也會對新行業更快地發展起到很好的幫助。例如，生物醫藥行業的創新藥物研發是一個週期長、投資大的長線項目，根據歐美國家統計，目前成功開發一種新藥大概需要10年約26億美元，單靠個人企業的投資很難堅持，對此國家科技部重大創制專項在過去10年對創新藥物開發提出了各項鼓勵措施，有力地推進了生物製藥行業的發展，也讓生物醫藥的專家樂於自主創業，形成了很好的創新環境。

　　隨著新行業生產技術提高、規模擴大、成本降低和市場需求擴大，新行業逐步由高風險低收益的初創期轉向高風險高收益的成長期。例如光伏產業，簡稱PV（photovoltaic），在歐美國家早經政府鼓勵使用取得了突破發展，但國內還沒有掌握電池所需要的多晶硅提純技術，領先技術被國外大企業壟斷，導致國內生產太陽能光伏電池的成本很高。2012年12月19日，時任總理溫家寶主持召開國務院常務會議，研究確定了五大促進光伏產業健康發展的政策措施，這些政策推動中國從光伏電池的代工工廠逐漸成為太陽能光伏發電強國。據國家能源局發布統計數據顯示，2017年1~11月，中國光伏發電量達1,069億千瓦時，同比增長72%，光伏年發電量首超1,000億千瓦時，在政府的政策之下，光伏產業已經通過技術突破和規模擴大，實現從初創期到成長期的轉變。

　　（二）成長期

　　通過在初創階段的產品開發和市場廣泛宣傳，新行業的特色和價值逐漸被認可，新行業和老行業的差異也慢慢凸顯出來，消費者和社會的選擇行為也逐漸向新行業傾斜。同時，由於新行業在商業模式、產品優勢等方面基本成熟和穩定，更多的投資者會加入新行業中來，成為產品開發商或者供應商，促進新行業內的進一步分工，生產效率也得到提

高，技術優勢更加集中。從而，產品也逐漸走向多元化、個體化和高品質的路線，新行業也繁榮起來。

在成長期，市場增長率通常較高，客戶需求增長快速，對原有行業的衝擊不斷擴大，在經濟活動中的分量更加擴大，行業內技術逐步定型，技術產品和服務更趨標準化，客戶在消費新行業的產品和服務的同時，也會進一步地提出更細的需求和更高的期待，從而又會促進新行業的成長。在表面繁榮的後面，新行業內的競爭逐步加劇，進入的門檻不斷提高，行業內資本和技術實力不足或者經營管理稍弱的公司，在這一階段也會被淘汰和兼併。

在這一階段，雖然產品和市場還在不斷地開發和完善，比初創期已經有了更好的預測性，行業的正常成長率和規模基本可以預測，投資盲目性大大降低，投資成功率也相應得到提高。隨著行業規模進一步擴大和優勢企業的出現，兼併和壟斷進一步加強，新行業逐步進入成熟期。

（三）成熟期

在經過快速成長階段後，行業的增長速度逐步回落到一個合理的水準，客戶對新行業的產品和服務的需求也逐步得到滿足，在下一輪新的技術革新和另一個新行業的衝擊到來之前，這個行業慢慢轉入一個穩定發展的階段。由於市場容量已基本確定，生產效率的浪費和產品成本已經在前一輪的競爭中，充分地得到控制，所以在買方市場開始形成後，行業盈利能力下降。從而迫使行業關注點集中到公司間的整合、產品質量的保障以及客戶滿意度的提高這些方面。由於盈利空間的壓力，行業基本形成被少數優勢企業瓜分的格局，每個企業在市場上有一定比例和相對固定的市場佔有率，各自的優勢和不足也基本穩定，彼此勢均力敵。

在這一階段，通過局部的技術革新、產品開發和已有的市場推廣手段難以戰勝對手，需採用商業模式改進和資本市場運用來實現進一步的發展。在行業的成熟期，准入門檻已經相對較高，技術和高端人才被壟斷，銷售和傳播渠道也以各種戰略合作協議和同盟的形式被壟斷，所以在這個階段，新企業很難加入也很難有競爭的優勢。但這樣的局面也避免了在這個行業上過度投資和資源浪費，從而使資金和技術開發轉移到其他新行業和新市場的開發中。例如，制藥工業始於 19 世紀中葉，從醫療事業的邊緣進入醫療事業的核心，並成為全球的工業行業，但到 19 世紀 90 年代後期已經進入成熟期或者發展停滯期。但生物技術的突破、重組產品以及新的治療手段不斷推出改變了制藥行業的格局，產生了眾多新的重量級的生物制藥企業。

（四）衰退期

當客戶的需求可以通過更好的方式來滿足，或者原來的需求已經發生了改變，或者另一個地區的同一個行業有巨大的價格或質量優勢，當地行業內原有的產品和服務逐步被替

代，產品的銷售量不斷下降，行業市場佔有率逐漸降低，從而導致行業的規模削減和進一步兼併重組，將利潤集中。最終，如果仍然不能得到合理的經濟回報，行業就會徹底被另一個行業取代。

二、行業發展過程中新市場的發生機會

市場機會的出現一般從政治環境、經濟環境、創新環境和社會文化環境這四個方面分析。

（一）政治環境

政治環境，從小的方面來說指的是國家行業政策。寬鬆的經濟政策會刺激更多的投資活動，投資活動的增加促進技術的創新與應用，也促進行業內生產規模的擴大，從而創造新的市場機會。例如，一個電商擴大投資，建立本地的送貨網絡，提出新的商業模式，進軍到傳統的餐飲行業，實現網上點餐、付款、下單，網下專人跟進和送餐上門，推出了一個新的市場機會，並快速為上班族和居家老年人所接受，這就是如美團、餓了嗎等多個電商的故事。

行業政策對市場機會的出現也起了很重要的作用。行業政策可以是國家對某一個領域的立法，也可以是對某些領域的扶持政策。例如2017年7月1日生效的《中華人民共和國中醫藥法》就是針對中醫藥這一個大行業的立法，其第十八條和第四十七條的內容顯示，縣級以上人民政府及其有關部門制定基本醫療保險支付政策、藥物政策等醫藥衛生政策，應當有中醫藥主管部門參加，注重發揮中醫藥的優勢，支持提供和利用中醫藥服務。新能源行業在發展過程中，各國對光伏板的生產及安裝給予了大量的補貼，對電動汽車的研發和購置也有大量補貼，這些補貼政策使一系列本來不具有經濟競爭力的產品能提前進入市場。隨著市場需求的擴大、更多資金的投入和生產的改進，光伏板和電動汽車的成本得以快速下降，在市場上的競爭優勢開始顯現，政府的補貼也就慢慢退出。

（二）經濟環境

經濟環境，在這裡更多是指除了以上政治環境對經濟產生的影響外的經濟領域本身的因素，例如經濟週期、經濟增長率、行業增長率和人均可支配收入等。多年來的經驗表明在經濟快速擴張期，對基礎材料、運輸、大型設備、金融等領域的需求會很大，市場機會也會較多，在經濟放緩和緊縮期，投資一般會轉入健保、醫藥等傳統的保守領域。行業增長率與整體經濟增長率的比較，以及與類似行業增長率的比較可以部分表明這個行業的潛力和發展空間。

馬斯洛需求理論指出，只有當下一層需求得到充分滿足時，人才會去追求更上一層的需求。科技的進步、工業化帶來的生產成本降低以及社會保障體系的完善，使得現代滿足人類更高層次的需要的成本也不斷下降，個人的收入不斷提升，市場在社交需求、尊重需

求、自我實現需求方面的實現越來越多，與滿足社交需求、尊重需求、自我實現需求相關的行業出現了更多的市場機會。

<h3 style="text-align:center">旅遊業的蓬勃發展細分領域——智慧旅遊</h3>

隨著國民收入的日益增長、人民生活水準的不斷提高，旅遊已經成為國人在滿足基本溫飽之外的主要需求之一，國人旅遊對全世界的旅遊業發展產生了重要影響。2017 年中國 GDP 首次突破 60 萬億元，同比增長 7.4%，其中旅遊總收入約為 3.25 萬億。三大旅遊行業市場情況分別為：國內遊依舊保持高熱度，出境遊也在平穩增長，入境遊上半年呈現下降趨勢，下半年開始回暖。旅遊業總體發展穩定向好，對國民經濟的貢獻也越來越大，旅遊業正成為「穩增長、調結構、惠民生」的重要力量。

在此背景下出現了越來越多的新型旅遊創業公司。由於經濟環境及人民需求的變化，相關產業的公司均做出了相應的調整。例如過去簡單的「上車睡覺、下車拍照」的淺度跟團「打卡式」旅遊已經漸漸只能滿足少數遊客的需求，並且這種需求也在減少，旅遊的主流方式已經從過去的跟團旅遊逐漸變為個人遊、深度遊，國內的攜程旅遊、驢媽媽、馬蜂窩、途牛旅遊等等互聯網品牌均是自由行的主要服務提供平臺，海南航空等航空公司也開發出了自己的旅遊 App，國外的 Airbnb、Booking 等均是在自由行的基礎上產生的新型自由行攻略、酒店民宿預定、遊玩社群集中平臺。這類在傳統行業下成立的創新型公司均是緊隨甚至是預知人民需求的變化的。

中國政府也明確鼓勵和促進相關產業的發展建設。《「十三五」旅遊業發展規劃》明確旅遊業發展的主要目標是，到 2020 年旅遊市場總規模達到 67 億人次，旅遊投資總額 2 萬億元，旅遊業總收入達 7 萬億元。到「十三五」期末，在線旅遊消費支出占旅遊消費支出的 20% 以上，4A 級以上景區實現免費 WiFi、智能導遊、電子講解、在線預訂、信息推送等全覆蓋。

（三）創新環境

創造市場新機會的一個重要因素是創新的環境。創新環境包括科技創新和商業模式的創新。科技的創新，特別是技術的突破使得原來無法實現的服務和產品得以問世。

最典型的例子就是基因測序。人類基因組計劃（Human Genome Project，簡稱 HGP）由美國科學家於 1985 年率先提出，於 1990 年正式啓動。HGP 的宗旨在於測定組成人類染色體（指單倍體）中所包含的 30 億個鹼基對組成的核苷酸序列，從而繪製人類基因組圖譜，辨識其載有的基因及其序列，達到破譯遺傳信息的目的。參與這一計劃的有美、德、英、法、日和中國的科學家，整個計劃預算達 30 億美元。截至 2005 年，人類基因組計劃的測序工作已經完成。到 2006 年，人類全基因組測序的花費降至了 2,000 萬美元；2007 年，二代測序技術誕生，並將人類全基因組測序的花費進一步降低至 200 萬美元；2008 年，人類全基因組測序成本降至 20 萬美元；2010 年降至 1 萬美元以下。進行人類全基因

組測序的時間成本已經從 11 年下降到了數周時間；到 2018 年三代測序技術（例如 Oxford Nanopore Technologies 公司的納米孔單分子技術）的成熟和應用，測出一個人的全基因序列的市場價格約 3,000 美元，耗時不超過一天。

正因為如此，多個基因治療和免疫治療的新藥得以開發、上市，更為重要的是這個技術的突破造就了一個新興的行業——醫用基因檢測行業。現在我們可以在常規的體檢中，加幾百到上千元的費用，就可以對很多已知的遺傳性疾病進行有針對性的篩查和風險預防，也可以對癌症等重大疾病進行基因分型，從而給出更精準的個性化的治療方案。基因測序的工作並沒有因為人類基因庫的完全解碼而終止，相反，誕生了一個每年幾十億到一百多億元的價值的基因測序行業。

共享經濟也是一個商業模式創新的典型案例。在傳統經濟中，一般是擁有或者租用了才能享有產品和服務，而共享經濟打破了原來的擁有租用產品或服務的界限，將服務和產品結合起來，借用互聯網的傳播手段和行銷方式，快速、有效地將個人手中可共享的資源，如汽車、時間、房間等提供給需求方使用，這樣減少了市場推廣等費用，使傳統的雇主成為提供商，整個商業模式的效率和價值有了重要的突破，減少了資源的閒置和浪費，例如 Uber、Airbnb。

（四）社會文化環境

社會文化環境通常是指慣有的行為、共同的信仰等引起的市場變化和機會，社會文化環境一般包括教育狀況、價值觀念、消費習俗、宗教信仰等方面。宗教、社會和文化的傳承等相對穩定，需要比較長的時間才會有所變化，對市場的影響相對而言也比較平緩，但是共同的行為、潮流、時尚等的變化有可能會比較快。特別是在信息化、大數據時代很多過去固有的思維方式和行為慣例都在不斷被打破，這裡面會經常產生很多的新的市場機會。

最好的例子就是電子貨幣、電子支付手段的出現將幾千年來一直使用的硬通貨支付方式進行了很大程度的顛覆。即時便捷的手機轉帳、支付方式已經逐步成為消費者日常行為的趨勢和主流。與電子支付所匹配的智能手機的進步、安全應用的開發、消費社區的建立、評估體系的建立以及其他可以帶來的進一步附加價值的機會也正在被深入開發。

三、大數據時代行業發展的新趨勢

近年來，中國網絡購物、移動支付、共享經濟等新經濟蓬勃發展，走在了世界前列。2016 年，中國數字經濟規模總量達 22.58 萬億元，躍居全球第二。

（一）大數據時代行業發展的機遇

大數據時代帶來了以下幾個特點：第一是數據量（Volume）大量增加，第二是數據的複雜性（Variety）增強，第三是信息的價值密度在降低（Value），第四是獲得數據的速度

（Velocity）更快。以下分別簡述各個特點對行業的影響：

（1）數據量大量增加意味著消費者可以從更多的渠道獲得科學的知識、同類產品競爭者的信息等，使得消費者可以更理性地做出選擇，也就會促使產品供應商把產品開發成性價比更優的產品，而市場差異化帶來的壓力就會在各個行業中更加明顯。

（2）數據的複雜性增強和信息的價值密度逐漸降低意味著對信息的判斷、篩選也成為需要的關注點。文娛服務行業的更新和新領域的誕生更趨向於以用戶偏好為發展趨勢。例如豆瓣、網易雲音樂、微博、知乎等領域對於信息獲取，交流平臺會在用戶剛使用時引導用戶進行偏好設置，並在長期的使用中總結用戶偏好，更精準地推送信息，從而不僅提高用戶滿意度，實現某種程度上的從通用產品到「私人定制」的進化，還讓用戶對產品逐漸依賴、適應，增加用戶黏性和忠誠度，用戶更換產品的代價變得越來越大，更進一步形成對同類產品的競爭優勢，有利於商業價值變現。

因此，產生了一些數據處理軟件和公司——有為用戶直接服務的信息過濾及推送軟件，有為相關企業提供數據抓取、處理技術的公司，甚至相關的用戶服務企業自身也需要對信息的判斷、篩選、處理進行不斷技術升級，以提高信息的價值密度。而這類信息過濾和處理公司的存在還值得觀察，因為如果無法實現獨特的、技術領先的專業化服務，那麼這個需求很可能是一個「偽需求」，僅僅是大數據運用過程中各類服務供應平臺需要加強的技術弱項，是科學技術跟不上用戶需求速度的一個暫時性技術短板，隨著大數據處理技術的發展和日趨成熟，加上商業信息的保密等原因，這個「偽需求」很可能會逐漸降低對第三方的需要，每一個服務平臺可自行把控。但在大數據的處理過程中，對數據的過分處理、數據收集的邊界、處理重複等要達成行業的共識和標準。

（3）獲得數據的速度更快，也就意味著用戶、消費者對產品的更新和對需求滿足的實現性要求更快，對產品、服務、「盡快能夠實現」的容忍度會越來越低，一切都快起來了。同時，對產品、服務的知情權以及即時反饋的需求也更加強烈。例如美團外賣、淘寶等，一旦用戶下單後，用戶就會想知道所訂購的產品送到了哪裡，甚至會隨時催促，若稍有疏忽，就會產生抱怨和投訴。

（二）大數據時代行業發展的挑戰

大數據時代行業發展也面臨諸多挑戰：

（1）數據的共享和公開性。雖然現在數據的獲得量很大，但是很多有價值的數據依然掌握在機構、公司，如何實現數據的共享和隱私的保護以及加速國家相關法規政策的制定成為行業亟待解決的問題。

（2）數據的真實性。

（3）從浩瀚的數據中如何能有效地獲取有價值的、趨勢性的啟示，以便可以成為可靠的決策依據。

（4）大數據對行業的影響會根據這個行業的不同特點而有顯著的差異。

對於技術、知識密集型行業，如大健康行業，大數據的到來恰恰彌補了這個行業所需的數據的補充、完善的需求，可以很好地促進這一類行業的發展。但是對於偏重人文化、創新型的行業，例如娛樂業的發展更多受到經濟、人文的影響，具有比較大的不確定性，大數據如何能夠提供良好的分析、預測和幫助，應該是目前大家正在嘗試解決和攻克的難題。

大數據在科技、知識密集型行業，以及商業流程、產業鏈的優化中，能起到很大的作用，GPS、物流行業便是例證。但對其他領域的應用，包括對其他領域的消費市場都很難做到預測。因此我們在歡迎大數據時代到來的時候，理性的投資者和商業決策者不能摒棄過去傳統的市場分析手段、分析工具以及固有的商業規律。大數據的應用提供了另外一套供決策使用的工具。當然，也可以假想30~50年之後，人工智能進一步突破，完全能夠代替人進行複雜的模型、規律分析和判斷，以後在一定的領域也許大數據加人工智能所做出的商業決定比人更有優勢。

四、大健康行業在大數據時代的新市場機會及趨勢

過去與人體健康疾病相關的數據僅僅停留在見醫生時的檢測、病例、數據、安全性的觀察和研究等，所以才有很多藥物由於不充分的數據以及不準確的數據分析而失敗。例如美國雅培減肥藥諾美婷在上市十多年以後又被美國食品藥物管理局（FDA）責令退出美國市場，原因就是該藥會給服用者帶來患心臟病和中風的風險。在1997年該藥上市後，因其能給服藥者減輕體重，曾一度受到消費者的喜愛，但近年來其銷量逐年下降，此前歐盟也已責令其退市。

臨床大數據能夠實現更長期的觀察、更多人群信息的收集，可以將發生率較低的安全事件或者是治療效果快速地反應和統計出來，為廣大患者和醫生提供藥物的用法、用量以及適用人群的調整，使健康得到更好的管理和保障。所以在大數據時代我們可以借助便攜式的診斷工具、遠程診斷方式以及中心化的智能健康管理系統，給人類健康帶來福祉。

根據麥肯錫的報告以及《福布斯》雜誌的評論，大數據給健康產業帶來的希望有以下三個方面：①提高醫療體系的隱形效率，有助於控制井噴式的醫保費用的增加；②通過大數據，可以為疾病的治療提供更多、更全面、更及時的證據，從而不斷找到更好的治療方案；③通過大數據的分析、搜集找到更多疾病預防的辦法，同時也為更多有效的藥物的開發提供更多的臨床證據，降低藥物的研發成本。

例如美國的HealthTap建立了世界上第一個全球健康診療平臺，通過視頻、文字或語音為用戶提供「24/7」全天候的即時訪問服務，該平臺上已經有超過108,000名頂級醫生（圖9.5、圖9.6）。

第九章　發現新市場與新趨勢

（二維碼官網連結）

圖 9.5　HealthTap 官網首頁截圖

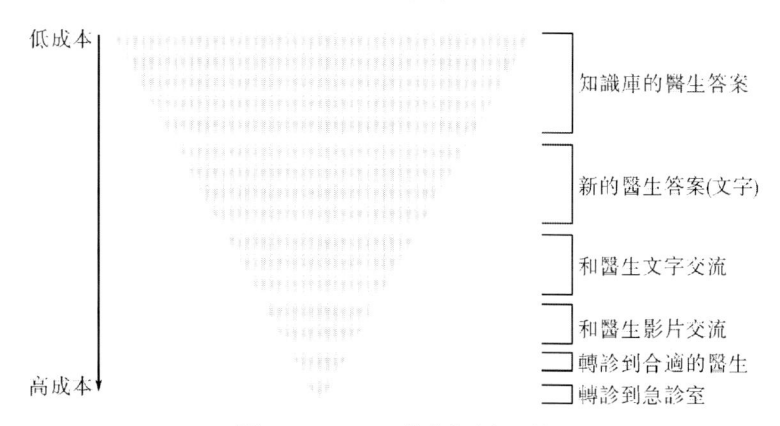

圖 9.6　HealthTap 的專有分類系統

隨著醫學的不斷進步和大量數據的產生，實證醫學在臨床上得到更多的重視。大數據也為防止藥物濫用提供了幫助，美國過度使用麻痺性藥物每年導致的死亡人數超過了交通事故的死亡人數。奧巴馬總統曾經為解決這個問題承諾投入 11 億美元，目前藍十字藍盾（Blue Cross Blue Shield）保險公司已經開始將多年的保險和處方數據進行匯總，模糊邏輯理論（Fuzzy Logic）與 Fuzzy Logix 公司的分析師找出了 742 個風險因子，並且能夠以高準

確率預測某個人是否有濫用藥物的風險。

藥物開發的臨床數據包括藥物使用數據、病人基因數據等，這些數據量大且複雜，也影響著藥物研發的週期和投資金額，而大數據能很好地解決這個問題。一個非常好的例子是斯坦福大學的 Atul Butte 博士和 Julien Sage 博士 2013 年 9 月在《癌症發現》（*Cancer Discovery*）雜誌上發表了一個研究成果：他們通過對小細胞肺癌治療前後基因表達的數十萬條數據進行分析發現，如果一個特別的分子通路被激活的話，那麼癌細胞就會自動被殺死。而已經在市場上銷售的一款抗抑鬱藥物 Imipramine 正好作用於這個分子通路，對治療非小細胞肺癌有可能起到非常重要的作用。雖然如此，現在大數據在藥物開發上的應用還有不少障礙，包括數據系統的不兼容性、病人隱私以及數據擁有方是否有意願將數據與別人共享等。

五、金融行業在大數據時代的新市場機會及趨勢

金融行業與海量數據一直有強連結。過去的金融行業離不開大量調研、數據搜集、盡職調查等。金融行業歷來對先進技術最為敏感，在金融行業中，目前受大數據影響較多的主要有以下領域。

（一）銀行

銀行業經過多年累積，擁有大量的數據。隨著大數據時代的到來，銀行可以就客戶數據進行深度挖掘和分析，對客戶的資金使用狀況、消費習慣、收益風險偏好等信息進行研究，然後針對不同客戶需求提供個性化、精準化的產品行銷和服務。

1. 開展精準行銷

通過客戶的金融數據和行為數據為客戶繪製多維立體的信用畫像。通過消費者的消費記錄等，可以分析消費者行為習慣，有利於推送更合適的理財產品和合作廣告。比如在消費記錄中用戶的團購次數、旅行目的地選擇、日常消費品牌和地點、境外消費品類等，這些看似不相關的數據都可能是用戶信用評估中的一個變量。這些傳統徵信難以覆蓋的領域都被計入了信用畫像的變量之中，而這些變量已經是招商銀行等主流銀行對客戶進行信用畫像並作為信用評估資質的主要憑據。

2. 提高風險管理水準

風險管理一直是銀行的重要工作，風險存在於銀行業務的方方面面、各個環節，風險管理的水準也直接決定著銀行的發展。以大數據平臺建立全面、高效的徵信系統，相比傳統個人盡職調查方式有顯著的效率提高和可信度增強，不僅讓客戶無須再提供繁雜的證明材料，而且讓貸款申請和審批的流程更高效便捷，同時也減少了客戶資料造假的可能。所有的貸款審批都是基於大數據風控模型的分析，使得客戶的流程體驗更好，風險更可控。

3. 優秀的經營管理能力

大數據在很大程度上能夠提高銀行管理者的經營管理能力，通過數據來即時跟進業務進度、產品銷售情況、營業收入等，從內部管理上提高銀行經營管理能力，而銀行未來的發展趨勢也必將是從依賴經驗到依賴數據的轉型。

（二）金融投資

與銀行業相同，大數據可以用於金融行業的徵信、降低風險、精準行銷，同時，對大數據領域本身的瞭解、考察和投資也是金融投資業重點關注的。

1. 提高投資回報率

對於投資公司而言，降低投資風險、提高投資回報率是一個優秀投資人的能力體現，但影響風險和回報率的因素是多元的。通過大數據，我們可以對所考察項目或公司進行多元化的信用畫像，比傳統的考察渠道更客觀、真實、即時。

2. 大數據運用

對所考察項目或公司進行全渠道信息收集、分析、考核。例如，我們可以通過對某創業公司有關聯的業務來往公司進行監測，從其招聘網站的招聘信息估算其人員流失數量、薪酬競爭力等。這些方式不同於傳統考察僅僅停留在官方數據、稅務繳納、企業年報等，而是更多維度地對「細節」進行抓取、匯總、分析。從某種意義上來說，這也是大數據時代從對人的經驗依賴轉向對數據的分析運用的體現。

（三）金融數據服務

金融數據服務實際上是大數據分析公司、諮詢公司、銀行、投資公司、放貸公司等的一個業務板塊，它存在於這些公司的業務流程之中。但因為這種需求的存在，針對性的專業服務公司也已經層出不窮。

BBD——金融數據服務引領者

數聯銘品科技有限公司（Business Big Data，BBD），是一家專注服務於金融行業和政府機構的大數據綜合服務提供商。經過短短4年的發展，公司已在北京、上海、深圳、貴陽、成都、合肥、重慶、倫敦和新加坡設有公司和分支機構，是目前國內發展最快、研發能力最強的大數據技術和應用服務公司之一。BBD主要針對宏觀、中觀經濟研究，致力於為金融、商業和相關商業機構提供可靠的商業數據服務，提升決策效力。集合了數千個公開數據源，致力於讓用戶專注決策本身，只用花10%的時間來整理數據，而把90%的時間用於判斷。已經為金融（為主）、傳媒、旅遊、製造業和體育產業提供具有產業化和產品化能力的領先大數據整體解決方案（圖9.7）。

圖 9.7 BBD 官網首頁截圖

他們的業務主要綁定政府、企業的前端，並提出解決方案。他們為政府提供諮詢、方法論和數據，目前一份調研報告根據深度不同價格從幾十萬元到百萬元，所以通常的創業型小公司不太能承受這種服務的價格，這也是目前這類型公司主要的客戶群體是政府和金融公司的原因。

政府、銀行、投資公司在扶持或者考察公司的時候，需要進行多方調查，傳統方法都需要派人去做盡職調查。而 BBD 的模式是建立大數據模型，將企業基本信息、企業行為、處罰行為、央行授權、稅務數據等作為數據來源，大概 1 秒鐘就能確定這家企業的貸款額度，有效地幫助企業對風險的即時、全面控制。

六、娛樂行業在大數據時代的新市場機會及趨勢

大數據時代下，娛樂消費變得更加多元化和個性化，這種趨勢會對行業產生大的影響，例如對娛樂題材的準備、偏好，甚至是對不同時代人群的消費的偏向、娛樂內容的分析。

利用大數據可以通過不同階段人群的比較，找到之間的規律和社會年齡結構的變化趨勢，找出未來娛樂業的藍海。也可以通過娛樂行業與各種社會經濟事件的關聯和分析，找到在不同的經濟或者政治環境裡的一些規律。隨著網絡的普及、流量、軟文等方式產生的巨大經濟價值和品牌效應，使得娛樂業既要滿足服務的提供，又要滿足對政治經濟提供幫助和輔助的需求。娛樂新聞使更多信息的交換和傳播、題材的製造、話題的製造傳播，跟各個行業緊密相關，又相互影響，然後產生一種引導性的偏向和效應。結合娛樂業的消費者行為和喜好、消費品市場以及市場的分析和對接，也可以找到特定人群，進行市場拓展和精準行銷。

微博的粉絲管理——人人都可以體驗的大數據工具運用

網紅效應、明星效應已經不是陌生的話題，而微博作為最早的個人網絡影響力運用工具之一，幾乎是所有明星、企業、特殊需求傳播者必備的傳播渠道，而人人都可以輕鬆擁

有微博帳號，隨時「@」自己的偶像，與關注對象直接溝通，也讓網絡的力量更加膨脹。一方面讓言論引導力加強，另一方面網絡暴力也成為一個新的現象。這一刻你可能突然「暴紅」，下一刻也可能成為眾矢之的，成為網絡暴力的受害者。所以，如何運用微博等傳播工具，讓自己從中獲益，成為明星、經紀公司、網紅、企業等所必須具備的行銷手段，它不僅跟大眾心理學緊密相關，也與行銷策略息息相關。

而用過微博的人如果仔細研究過微博，就會發現微博具備一個叫「數據助手」的功能板塊（圖9.8）。

圖9.8　微博數據助手頁面

進入管理中心，我們可以發現微博的粉絲管理工具儼然已經是一套非常專業的大數據行銷分析和運用工具（圖9.9）。

圖9.9　微博粉絲管理工具

通過這種工具的運用，可以明確地制定個人行銷策略，發什麼內容更容易得到粉絲的點贊、轉發，什麼時候是粉絲的高度活躍期，什麼內容容易引起粉絲的「取關」（取消關注），等等。而對微博公司而言，這套服務工具也是流量變現的重要產品，隨著對功能要求的增強，微博向用戶收取的服務費也相應增加。您常常聽見的在某些明星事件中購買「熱搜」，其實跟電商在向商家收取「產品搜索置頂」的原理是一樣的，只是這裡的產品變成了「明星」或「事件」。

思考：如果你想成為一名網紅，你如何制定個人行銷策略？你能運用的大數據行銷工具有哪些？

七、電子商務行業在大數據時代的新市場機會及趨勢

大數據時代下電商的發展趨勢是讓產品推薦更加精準、服務更加快捷、競爭更加有優勢。這些情況迫使電商與物流、生產甚至是新媒體傳播的整合以及更有效的宣傳、推廣聯繫更加緊密。

電子商務目前根據行業的不同、所面向群體的不同，與平臺匯總式、企業自主網絡銷售式、技術服務型為主等有較大區別。其利潤來源也普遍呈現出較少部分來自商品提成，也因為不同的市場策略和行業特殊性呈現出不同的利潤模式和利潤結構。

但主要的利潤來源多體現在以下方面：廣告收入和所收取的增值服務費用；網上交易提成或自營產品利潤；提供交易平臺，收取入駐商家的會員費；提供電子商務的基礎技術服務、網絡信息推廣服務等；作為傳統商務活動的輔助手段等；雲服務器、雲計算等服務。

除了耳熟能詳的淘寶、京東、亞馬遜等，一些立足於專業領域、特殊行業、企業服務的電子商務也以其精細化的市場策略贏得了一部分市場，例如農村電商市場。中小企業累積了多年線下渠道、經驗，非常懂得農村人真實心理需求。這讓它們在農村市場仍然有較大的優勢。

映潮科技——電商平臺觀察者

成都市映潮科技股份有限公司是專注於大數據服務的創新型企業，其前身是一家O2O創業企業，2014年開始涉及大數據，主營業務是在電子商務領域為政府和企業提供電商數據和分析報告（圖9.10）。

圖 9.10　映潮科技官網截圖

通過對全國電商平臺的觀測、統計、分析，他們也不斷總結出一些電子商務的規律和經驗，並對大數據時代下如何更好地運用大數據工具提出了建議：

（1）大數據可以幫助企業發現已有數據隱含的規律，發現內部關聯性。以更新、更快的形式，預測趨勢，搶占先機。再根據需求發現應用場景，給每個個體消費者帶來消費意義，以滿足他們的需求。

（2）初創企業運用大數據分析報告的可能性有多大？目前大數據公司主要提供的是政府報告。此類報告趨於同質化、同類化，因而可以設定一個通用報告模板，建立分析模型，大大降低成本。而針對某一家公司的分析報告，分析師加入和挖掘的成本太大，因而分析報告的價格也根據研究深度的不同，從幾萬元到幾十萬元甚至百萬元人民幣不等。目前專業人員非常緊缺，分析成本很難從人工成本上得到削減，分析模型又是大數據公司的核心競爭力，所以不可能開源分享，降低成本非常困難。

對初創公司而言，運用大數據分析報告雖然能更好地幫助企業形成競爭優勢、發現潛在市場和價值，但因為目前大數據分析報告的成本過高，運用大數據分析仍然需要等到合適的時機。但隨著技術的發展、大數據分析人員的增多，未來大數據服務價格的降低指日可待。

初創企業研究大數據的意義又何在？這種研究除了啟發他們對自身數據的重視、自主分析和挖掘數據價值以外，更應該看到行業趨勢，及時做出戰略調整，而映潮科技的轉型，本身就是一個成功的順勢而為的案例。

第二節　從企業發展看新市場與新趨勢

隨著互聯網的發展，人們的生活方式受到多方影響。在互聯網的普及過程中，大數據已成為國家的戰略資源，通過大數據分析我們可以獲取各種事物的同質性、差異性、關聯

性和預測性知識。通常企業的發展需要站在紮實的傳統細分行業基礎之上，同時緊跟市場發展和趨勢變化，這些新的工具和機會不僅可以幫助企業洞察商機，更可以提高工作效率，實現節能減耗。

一、大數據對企業發展的優勢

（一）多維預測客戶需求

大數據的發展和運用，讓企業可以從多維的角度去搜集客戶需求。例如從相關消費網站、用戶關聯企業、用戶金融記錄等渠道，獲得所需研究的客戶群體行為特徵、偏好、信任品牌等，從過去的不全面、低效率、高成本的紙質或郵件市場調研方式，變為更加靈活的全方位的調研方式，因此指導的產品設計、組合方案、產品優化方案、促銷方案等都會促使行銷的成功，甚至實現精準行銷和個性行銷。

（二）降低企業的決策風險和管理風險

企業的決策風險和管理風險主要指產品的成功和經營的成功兩方面所面臨的風險。我們已經知道大數據的運用有利於產品的成功，而企業經營的成功也同樣因為大數據的運用得以提高概率。

企業的商業計劃、策略、財務管理、行政管理信息化、人力資源效率統計、生產流程優化、各部門協同效率等，都可以通過大數據的運用實現優化。例如通過對產品生產流程、成本綜合統計、各環節營運成本統計、競爭環境的信息統計和處理，可以制定更加具備市場競爭力的產品價格，即時安排相應的促銷活動，同時減少相應消耗，降低成本，通過對各方面數據的綜合搜集和統籌管理，再落實到各個環節的改進。這也是過去很多企業管理公司對企業進行管理診斷時所需搜集的信息，他們會通過訪談、財務報表分析、人力資源部署等對企業進行問題查詢和提出解決方案，而此類數據的來源隨著大數據的發展和企業內部大數據管理的完善，能為企業經營者和企業管理諮詢者提供更真實和全面的決策依據，從而降低決策風險和管理風險。

（三）改善客戶體驗

互聯網技術讓企業與客戶的交互更加通暢，管理者和服務人員可以及時地瞭解客戶對公司產品和服務的不滿，並對客戶的投訴即時回應，提升客戶體驗的滿意度。同時通過客戶的投訴和評論數據，分析找出服務過程存在的問題，優化服務體驗，以提升客戶對企業的滿意度和忠誠度，從而建立更好的市場口碑，提高企業競爭力。

二、大數據行銷的4P

大數據時代，線下地理的競爭邊界已經轉為多維渠道的競爭，而大數據時代信息爆發所帶來的挑戰也讓行銷的重點從如何創造知名度、進入公眾視野、產生購買行為變為如何

「更早、更快、更有留存性」地進入公眾視野和留下更深刻、更有偏愛的印象並在用戶極易失去新鮮感的情況下維持用戶黏性。從顧客真實交易的數據中，通過用戶畫像和用戶行為研究，預測下一次的購買時間，唯有大數據能做到如此全面而及時的支持。

大數據下的行銷需要顛覆經典的行銷 4P 理論，建立新的 4P 模型：People，Performance，Process，Prediction（圖 9.11）。

圖 9.11　大數據行銷 4P 模式

（一）客戶（People）

如果能在產品生產之前瞭解潛在消費者的主要特徵以及對產品的期待，那麼產品生產即可投其所好。通過在線平臺用戶數據的大量累積，可以幫助企業篩選重點的目標受眾，進而挖掘用戶的潛在需求，繪製消費者畫像。

（二）成效（Performance）

互聯網時代的網店信用評價、自媒體傳播優勢、產品使用體驗和評論，使企業話語權開始讓渡給消費者。用戶與產品的黏性、用戶消費體驗、用戶對企業的忠誠度時刻都在影響企業的品牌價值和產品的市場口碑。企業利用互聯網的社交屬性與用戶互動，及時瞭解用戶需求和痛點，同時也讓用戶參與到產品和服務的設計中，讓用戶感到被重視，迎合市場的需求，從而構成互動行銷的合作關係。

（三）過程（Process）

企業通過採集和處理、建模分析、解讀數據，運用數據挖掘與分析技術找到產品之間的關聯和用戶的消費習慣，把非結構化的數據以市場行銷的邏輯呈現出來，瞭解消費者在不同決策階段的行為軌跡，來判斷應該在哪個行為階段實施有針對性的行銷策略。例如谷歌通過搜索引擎裡面的關鍵詞檢索日志的時間序列數據成功預測了流感爆發的時間和規模，即是大數據分析的典型案例。

(四) 預測 (Prediction)

大數據預測是大數據最核心的應用。大數據預測是基於大數據和預測模型去預測未來某件事情的概率。讓分析從「面向已經發生的過去」轉向「面向即將發生的未來」，從消費者行為中挖掘相關關係，發現市場趨勢，預測新產品在未來的受歡迎程度。你在網上聽一首歌時，這首歌的類別和時長，是否收藏、下載、評論和點讚，這些軌跡都會成為數據，網易雲音樂通過這些數據分析你的喜好。用戶聽的歌越多，收集的數據也就越多，網易越能夠預測出你的喜好，從而推薦更多你喜歡聽的歌。

三、企業如何利用大數據行銷發現新市場與新趨勢

通過對企業大數據的分析，更準確地瞭解客戶消費習慣，有效地挖掘客戶需求偏好，促使企業在資源有限的情況下，做出正確的決策，實現企業與消費者的效用最大化。大數據行銷的基本流程主要分為：採集和預處理數據、數據存儲、數據分析與挖掘、解讀數據這四個步驟（圖 9.12）。

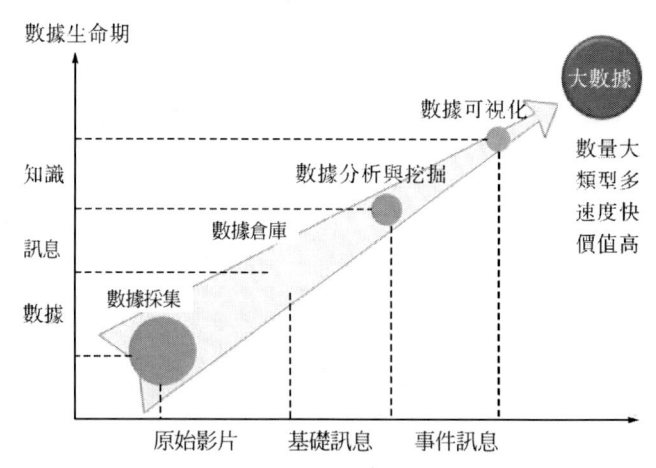

圖 9.12　大數據行銷的基本流程

(一) 採集和預處理數據

數據的採集是指利用多個數據庫來接收發自客戶端（Web、App 或傳感器形式等）的各種類型的結構化（零售、財務、生物信息學、地理數據）、半結構化（Web 日誌、電子郵件、文檔）和非結構化（圖像、視頻、傳感器數據、網頁）的數據，並允許用戶通過這些數據進行簡單的查詢和處理工作。

數據採集的方法包括：①系統日誌採集方法。很多互聯網企業都有自己的海量數據採集工具，這些工具均採用分佈式架構，能滿足每秒數百兆的日誌數據採集和傳輸需求。

②網絡數據——非結構化數據採集法。網絡數據採集是指通過網絡爬蟲或網站公開 API 等方式從網站上獲取數據信息。該方法可以將非結構化數據從網頁中抽取出來，將其存儲為統一的本地數據文件，並以結構化的方式存儲。它支持圖片、音頻、視頻等文件或附件的採集，附件與正文可以自動關聯。

（二）數據存儲

數據的海量化和快增長特徵是大數據對存儲技術提出的首要挑戰。隨著移動互聯網的發展，加上數碼設備的大規模使用，今天數據的主要來源已經不是人機會話了，而是通過設備、服務器、應用自動產生。機器產生的數據正在呈幾何級數地增長，數據以非結構、半結構化為主。對於大數據環境下爆發式增長的數據量，大數據對存儲設備的容量、讀寫性能、可靠性、擴展性等都提出了更高的要求，需要充分考慮功能集成度、數據安全性、數據穩定性、系統可擴展性、性能及成本各方面因素。目前最常用的大數據存儲和管理系統是分佈式存儲系統。

（三）數據分析與挖掘

分類和預測是兩種分析數據的方法，它們可用於抽取能夠描述重要數據集合或預測未來數據趨勢的模型。分類方法用於預測數據對象的離散類別；而預測則用於預測數據對象的連續取值。常用的大數據分析方法有分類算法、迴歸分析法、聚類法、關聯規則法、神經網絡法等。

（四）解讀數據

利用大數據的力量，我們可以直接得到答案。其打破了常規的邏輯思維定式，將大規模數據中隱藏的信息挖掘出來，不需要知道為什麼，直接識別出用戶的需求偏好。可視化技術可以讓用戶直觀地解讀大數據分析和挖掘的結果。可視化技術可以分為三類：

（1）可視化分析：信息可視化與科學可視化領域發展的產物，側重於借助交互式用戶界面而進行的分析推理。

（2）數據可視化：借助於圖形化手段，清晰有效地傳達與溝通信息。

（3）信息可視化：將數據信息和知識轉化為一種視覺形式，充分利用人們對可視模式快速識別的自然能力。

採用可視化分析，可以幫助人們探索和理解複雜的數據；借助信息可視化的手段，有助於用戶剔除噪音數據、識別有價值的數據、開展更深入的數據分析；最後將大數據分析的結果用數據可視化的方式展示出來，實現有效溝通。電商利用大數據的分析結果可以實現精準行銷、為用戶畫像；金融機構可以用來做風控、識別詐騙行為；公安部門可用於尋找線索，提升破案的效率；稅務機關可用來監控企業是否有偷稅漏稅行為。

第三節　從用戶需求看新市場與新趨勢

隨著循環經濟、粉絲經濟和共享經濟的出現，企業管理模式從 CRM 到 CVM（Client Value Management），我們發現，企業正在運用大數據、雲計算和人工智能等前沿科技，對市場、用戶、產品、企業價值鏈乃至整個商業生態進行重新審視。最早提出互聯網思維的是百度公司創始人李彥宏。他說：「我們這些企業家們今後要有互聯網思維，可能你做的事情不是互聯網，但你的思維方式要逐漸從互聯網的角度去想問題。」這也就意味著，企業要從發現用戶、識別用戶出發，發現市場藍海和行業趨勢。

一、用戶行為對市場的影響

用戶行為是指用戶在獲得、使用、廢棄這個產品的過程中形成的一系列偏好和行為規律。用戶行為是一個心理過程，通過這個過程，用戶發現需求，對需求的解決方案進行分析，做出消費和購買的決定。

（一）用戶消費決定的過程

用戶在做出購買決定之前，要經過幾個步驟：首先，對現有問題或者需求的一個認識，例如空調機制冷有問題、電腦無法啟動等。其次，進行解決方案的調研，也就是說針對以上問題找出可以解決的辦法，例如購買一臺新的空調機、搬到有更好的空調的房間、找人維修空調或用其他方法制冷等。再次，對這些解決方案的評估，找出最合理的、可行的、可以讓用戶滿意的首選方案。最後，做出消費決定。

這個消費決定包括：是否進行消費？購買哪個產品？買哪個品牌的產品？到哪裡買？什麼適合買？事實上這個過程也有可能會反覆，如果用戶發現購買回來的產品達不到預期效果，那麼也會返回重新評估其他解決辦法或產品。

（二）市場行銷針對用戶行為的主要考慮方面

1. 市場推廣的關注點在價值而不是功能

對用戶最有吸引力的往往不是簡單的產品的功能，而是最終這些性能所能帶來的價值。例如當消費者到 4S 店購買一輛新車，銷售人員告訴他這輛車有渦輪增壓功能，消費者很少會為這樣簡單的描述動心併購買，但如果銷售人員解釋說這個功能可以使一個更小容量的發動機產生更大的功率，可以使 0~100 千米的增速時間與豪華版寶馬的增速時間相當，這樣的對比描述會讓消費者眼前一亮，並大大地提升購買慾望。當然也有可能銷售人員介紹渦輪增壓的好處是可以在更低的油耗下使得汽車的加速更好，讓環保意識更強的消費者產生強烈共鳴和偏愛。所以一個成功的市場人員，要掌握到用戶的個人理念和價值實

現的需要，將產品的推廣與這些人的價值和理念的實現進行匹配和關聯，這樣就可以實現最大的產品推廣的成功。

2. 電商時代用戶體驗和個性化的要求

電子商務時代，用戶每天都會通過他們手邊的各種電子設備收到大量產品信息，用戶已經習慣於獲得這樣的信息，同時也希望他們在商戶溝通中能夠得到個性化的服務；如果他們通過這些電子設備與商戶的溝通不能及時解決問題，得到滿意的結果，他們就不會花時間繼續停留在這些商戶上。也就是說在這個時代，失去用戶是瞬間的事。

市場人員在這種情況下需要明白品牌的建設不再是單純的宣傳，而是個雙向的溝通。他們要及時掌握用戶的反饋和他們的意見，同時也需要制定更好的策略去影響那些用戶所在的用戶群。在用戶追求個性化服務的同時，越來越多的人更在意對自己數據的保護。2015年已經有超過一半的美國消費者上網時會選擇屏蔽廣告。這除了保護個人的信息以外，也表明消費者越來越不能容忍在上網時被眾多的廣告打擾，同時在歐洲的監管部門也啟動了一系列的行動禁止對消費者的網上行為進行追蹤，除非獲得了用戶的許可。這就給大數據的搜集和個性化的服務帶來了很大的挑戰。最終會演變成消費者與商戶達成一定的交易，用個人的信息去獲得商戶提供的更好的服務以及個性化的優惠。

3. 不同類型的消費的決策差異

通常消費會分為兩大類型：用戶低參與度的消費和用戶高參與度的消費。

在用戶低參與度的決策過程中，用戶通常會在自己的記憶中進行快速搜索，找到並選擇產品和商戶進行消費；在高參與度的產品消費決策中，用戶通常會開展外部調研去尋找例如朋友的意見、專業機構的評估報告，上網進行信息的調研，甚至包括到現場進行考察。所以，成功的市場人員要對自己的產品清晰定位，在大多數的用戶中，他是屬於哪一類型，如果是前一類型，那麼就要嘗試各種辦法進行強化廣告，讓用戶在一想到類似產品時，就會想到自己的產品。而在後一種情況下，市場人員就需要將產品的信息和相關新聞及時地傳播到用戶在做調研時會涉及的地方。

二、大數據時代用戶需求的變化趨勢

大數據時代不同於傳統商業時代，很多新興企業借助於大數據、雲計算等科技創新和商業模式再造，直接擊穿了傳統行業的競爭內核。其中最主要的莫過於大數據時代的用戶思維、平臺思維、免費思維和迭代思維。

（一）產品思維轉向用戶思維

因為聚焦點在產品上，所以傳統企業研發產品，其實跟消費者的關係並不大，推廣品牌也只是單純地對消費者進行教育洗腦；而「用戶思維」切實注重用戶的需求和體驗，通過倒逼的方式研發產品，從各個方面滿足用戶個性化、多樣化的需求，提升消費者的品牌

忠誠度，把客戶轉化為粉絲。

（二）交易思維轉向免費思維

隨著電子商務的普及，企業相對消費者的信息不對稱優勢正在逐步喪失，消費者不再局限於從廣告中獲取信息，還能通過其他用戶對產品的體驗式評價和產品的市場口碑做出正確的決策。傳統企業的話語權逐步減弱，消費者的議價能力正在增強。7天無條件退換貨使得過去的一錘子買賣轉變為有期限的體驗式銷售；有互聯網平臺的第三方支付擔保，可以收到貨物以後才付款或者分期付款。電商時代降低了消費者的購買風險，提升了消費滿意度，然而移動互聯網時代，越來越多的產品加入了免費的行業。免費不是做慈善，其目的在於獲取用戶，通過流量和點擊率將消費者轉化為用戶的比率，遠遠低於免費帶來的轉化率。同時，分析消費者的交易數據和購買行為可以作為企業行銷和創收的方式，最大限度地滿足不同消費者個性化的需求，提升客戶消費體驗。

三、用戶需求的分析方法

用戶需求的分析方法通常分為兩大類：

1. 從定性角度進行用戶的需求分析

通常會從人的需求的五個層次來尋找未滿足的市場，通過問卷、場景的分析、案例的調查對假設的市場機會、行業的決策進行用戶的確認，來試圖證明所要開發的產品、服務是否正好滿足用戶的需求，迫切的程度到什麼水準。

2. 從數據的角度進行分析

數據的來源可以是消費、投訴記錄，產品售後服務的記錄以及行業大的發展趨勢分析，競爭產品、行業的新動態。從這些數據的分析中，決策者希望能夠排除表面的主觀的判斷，尋求問題的本質和第一手的證據。

通常來講，決策者需要把這兩種方法結合，從這個數據裡面，也從客戶的訪談、調研過程中發現他們新的需求及產品和行業目前的不足之處。結合科技的手段和商業模式的改進，提供新的產品和新的解決辦法，再將這些新的產品和服務的設計和想法在推出市場之前向特定的潛在消費人群進行深入的訪談和確認，再次確認這些產品的性能和價格是否達到預期、填補市場的不足，同時也確認推出的時間和方式是否是最合理和優化的方案。在新產品、新服務推出後進一步搜集數據，搜集客戶的反饋，又進入下一步的循環，此時要很好地把握下一個市場機會並做出假設和調研。這樣的循環會一直持續下去，直到這個行業充分地飽和，或者已經進入衰退期。這裡必須指出的是客戶的需求不一定能夠直接幫助產品的開發或者服務的設計，因為客戶的需求是站在用戶的個人角度提出現在的他能夠認識到的不足和建議。決策者需要把眾多的需求各異、訴求紛紜的用戶需求進行有效的提煉、歸納，並結合現在的產品特點，將生產技術轉化成為對產品的需求。比如在可移電話

推出市場之前，很少有客戶能夠說明未來的通信需求是移動手機；在汽車推出市場之前，用戶的需求調查都會集中在馬車的改進上。

◇ 創業問答 ◇

Q：共享經濟正是現在的熱點，也是市場發展、社會發展到一定程度的新趨勢和機遇，那麼任何事只要有共享的需求，有利潤，就可以嘗試去做？

A：這個想法考慮得並不全面。創業不僅是一件需要熱情和頭腦、追求利潤的事，更需要理性地進行長遠規劃和對社會影響的考慮。在我們考慮創業之前，對商業的分析除了用戶需求和利潤來源是否穩定可靠以外，還需要考慮商業倫理、道德要求。因為任何事業發展到一定程度，如果給社會帶來的影響是惡劣的、負面的，那麼受到的阻力會很大，面臨被禁止和轉型的可能性也很大，而其惡劣的影響並不一定能成功地被彌補，這樣的失敗案例比比皆是。作為新時代的公民，在人民素質不斷提高的今天，我們更應該帶著社會責任感來創業。有這份責任感，從長遠看能得到來自用戶和投資人的青睞，帶來的利益才更能保證一家企業的穩健發展。正如亞馬遜創始人杰夫·貝佐斯在普林斯頓大學畢業典禮上發表的演講所言：聰明是一種天賦，而善良是一種選擇，選擇比天賦更重要。是選擇塑造了我們的人生。

◇ 關鍵術語 ◇

大數據行銷 4P 模型：大數據行銷的 4P 模型脫胎於傳統的 4P 理論，但又不是對產品、價格、地點和傳播的簡單總結，而是以用戶思維重構的行銷模型，它以大數據和雲計算為基礎，以經營管理績效為目標，具體包括客戶、成वाद、過程和預測。

智慧醫療：英文簡稱 WIT120，是近年來興起的專有醫療名詞，通過打造健康檔案區域醫療信息平臺，利用最先進的物聯網技術，實現患者與醫務人員、醫療機構、醫療設備之間的互動，逐步實現信息化。在不久的將來醫療行業將融入更多人工智能、傳感技術等高科技，使醫療服務走向智能化。

大數據金融：利用大數據技術突破、革新並發展傳統金融理論、技術和模式的一種全球性趨勢。這一趨勢既是現有技術進步的必然結果，又是未來金融發展的強勁動力。廣度上，大數據金融重塑了銀行業、保險業、證券投資業等金融行業的核心領域。深度上，大數據金融不僅推動了金融實務的持續創新，更催生了金融模式的深刻變革。

◇ 本章小結 ◇

　　過去很多企業對自身經營發展的分析只停留在數據和信息的簡單匯總層面，缺乏對客戶、業務、行銷、競爭等方面的深入分析。在大數據時代，企業通過挖掘大量內部和外部數據中所蘊含的信息，可以預測客戶需求，進行智能化決策分析。大數據的預測能力能幫助人們做出最優的決策，減少浪費，實現資源的最優化配置；將有限的資源用在刀刃上，創造最大化的財富和利潤。工業化思維的企業經營思路是以產品為導向的盈利模式，那麼互聯網思維的企業的經營思路是以客戶為導向的商業模式。而大數據行銷又在互聯網思維的基礎上進一步深化，用大數據驅動商業模式的創新，發現新市場和新趨勢，成功率更高。

◇ 思考 ◇

1. 工業化思維與互聯網思維的區別是什麼？
2. 互聯網思維的概念和基本特徵是什麼？
3. 傳統企業市場預測的局限性是什麼？
4. 大數據預測的優勢是什麼？
5. 大數據行銷的流程是什麼？

第十章　市場預測與分析決策

◇ 學習目標 ◇

學習完本章後，你應該能夠：
- 理解市場預測的概念、步驟和方法
- 理解市場分析的概念、步驟和方法
- 理解決策的概念、步驟和方法
- 運用科學的方法結合大數據進行市場預測、市場分析和管理決策

本章課件

◇ 開篇案例 ◇

《偶像練習生》的「pick」之道

　　在互聯網思維與大數據環境的影響下，作為與民生緊密聯繫的娛樂行業，更是將行銷專業知識與大數據理念迅速運用。隨著科技的進步和人們生活習慣的改變，電視劇行業從過去的只在電視按時播放，轉變為與網絡點播不分伯仲的市場局面，網絡熱劇更是直接通過一個熱點引爆全民熱情，將不知名的演員推上當紅明星的位置（圖10.1）。

　　2014年，愛奇藝在全球範圍內建立起基於搜索和視頻數據理解人類行為的視頻大腦——愛奇藝大腦，用大數據指導內容的製作、生產、營運、消費，並通過強大的雲計算能力、帶寬儲備以及全球性的視頻分發網絡，為用戶提供更好的視頻服務。在技術與內容雙核驅動的新體驗行銷時代，愛奇藝創造性地提出了「iJOY悅享行銷」客戶服務價值觀和方法論。通過多屏觸點、創意內容、技術優化、互動參與、實現購買等路徑全面提升投資回報率（Return on Investment，ROI），讓用戶享受到創新行銷帶來的成功與快樂。

圖 10.1　偶像練習生視頻主頁

《偶像練習生》是愛奇藝重點打造的中國首檔偶像男團競演養成類真人秀，是愛奇藝成功運用其大數據工具的典型項目。節目由金牌團隊打造，從國內外 87 家經紀公司、練習生公司的 1,908 位練習生中推薦選拔了 100 位練習生，並在四個月中進行封閉式訓練及錄製，最終由全民投票選出優勝者 9 人，組成全新偶像男團出道。這顛覆了過去由演藝公司封閉訓練練習生，然後將成功培養出來的成熟藝人直接推上大眾視野的思維，不僅提前預知了尚未成熟的藝人對大眾的吸引力，也提前吸引了大眾的注意力，用新鮮的節目形式提升了大眾關注度（圖 10.2）。

圖 10.2　偶像練習生排名投票

第十章 市場預測與分析決策

為了幫助讀者更好地理解娛樂行業的大數據思維，我們用行銷的思維來看《偶像練習生》。我們可以將每一位練習生比作公司的新產品，過去演藝公司的培養方式是通過經驗來設計和選擇產品，然後制定策略、上市銷售。而現在，愛奇藝的方式是通過對大數據的運用，根據大眾的喜好來設計和選擇產品，並在這個過程中提前行銷。這不僅將產品的銷售成功率提高，而且讓大眾體驗了私人定制一般的精準服務。

當然，要特別說明的是，人不同於產品，所以演藝公司的大數據思維更顯得複雜和特別，接下來，我們將通過本章的學習，讓讀者對市場預測、分析、決策和大數據的運用有一個從理論到實踐的全面認識，希望讀者能靈活運用。

思考：如果你是一個演藝公司的經紀人，你負責的藝人在《偶像練習生》的比賽中處於不溫不火的中間位置，你該怎麼辦？

◇ 思維導圖 ◇

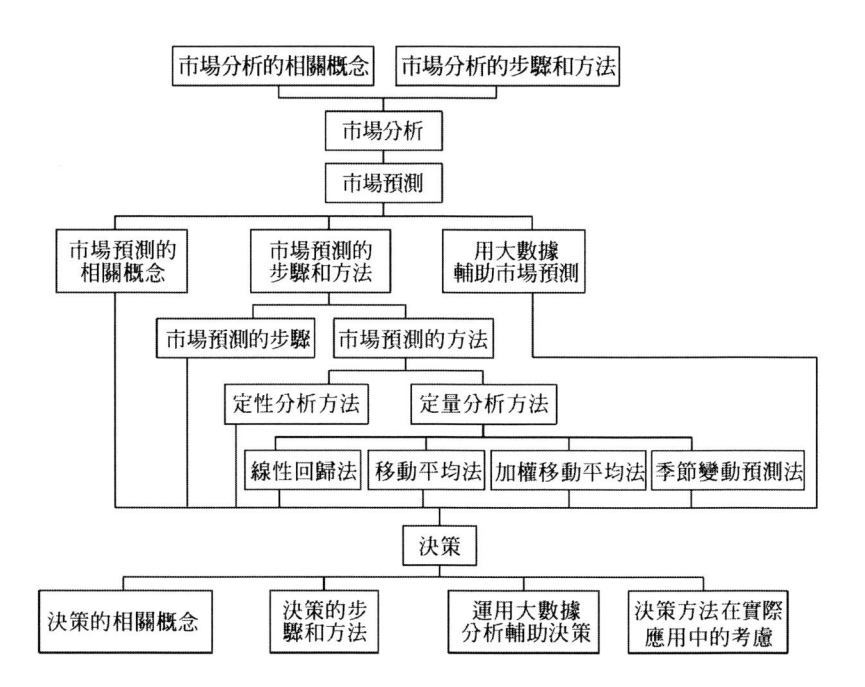

```
                    市場分析的相關概念   市場分析的步驟和方法
                              └──────┬──────┘
                                   市場分析
                                     │
                                   市場預測
                    ┌────────────────┼────────────────┐
              市場預測的          市場預測的          用大數據
              相關概念           步驟和方法          輔助市場預測
                            ┌──────┴──────┐
                        市場預測的步驟   市場預測的方法
                                    ┌──────┴──────┐
                                定性分析方法    定量分析方法
                                    ┌──────┬──────┬──────┐
                                線性回歸法 移動平均法 加權移動平均法 季節變動預測法
                                            │
                                          決策
                    ┌────────────┬────────────┬────────────┐
              決策的相關概念  決策的步驟    運用大數據    決策方法在實際
                            和方法      分析輔助決策   應用中的考慮
```

◇ **本章提要** ◇

通過前面章節的學習，我們已經掌握了行銷的基本理論，同時具備了一定的大數據思維。本章我們將到達一個公司最核心也是最重要的板塊——對市場的預測、分析和決策。一個成功的商業策劃離不開對市場的準確把控，那麼如何實現相對容易成功的市場策略的制定？又如何運用大數據來提高這種策略的成功概率和執行效率呢？本章將通過對市場分析、預測、決策依次進行學習，最後從實際運用過程中應該具備的思維方式結合實際案例進行介紹，以期對讀者有系統性的指導和符合實際的幫助。

第一節 市場分析

一、市場分析的相關概念

市場分析：通過市場調查確定產品或者服務所適合的人群以及潛在的市場容量的分析。

市場機會：指市場上存在的尚未滿足或尚未完全滿足的需求。

市場容量：指市場在一定時間內能夠吸納某種產品或服務的最大量，可以是產品數量、服務次數，也可以是金額。

直接調查：指通過專家的訪問、客戶面試、面談、問卷調查等方式獲得原始數據並進行研究的活動。

間接調查：指通過網絡查詢、行業報告、類似企業或者產品的案例分析以及行業或產品的公認的市場指標（Benchmark）等進行的研究。

市場盈利性：指產品或服務在市場上獲得利潤的能力。

二、市場分析的步驟與方法

（一）市場分析的步驟

（1）對本身產品和服務進行深入分析。

（2）開展直接調查和間接調查。

（3）小範圍市場測試。

（4）對市場容量進行分析。

（5）進行細分市場的分析。

（6）進行市場盈利性分析。

通常市場分析需要回答以下的問題：

（1）產品或服務所在的市場有多大？

（2）市場的增長率是多少？

（3）市場的增長潛力有多大？

（4）對市場產生重大影響的社會、經濟、政治、法規和技術等關鍵因素各有哪些？

（5）現有的競爭者是誰？他們的競爭優勢和差異在哪裡？

（6）品牌和顧客忠誠度對市場有多大的影響？

（7）在某一大市場下，根據客戶需求的差異可以劃分怎樣的細分市場？

（8）客戶會在何時何地購買產品或服務？願意支付怎樣的價格？怎樣的行銷模式才是有效的？

（9）在市場上形成一個長期競爭優勢的潛力有多大？

一個深入、全面的市場分析報告對於後續進行市場銷售的預測，對於新市場的投資、決定都有至關重要的作用；也會極大地支持一個好的行銷策略的制定，並幫助公司制定更好的營運決策。市場分析不應該是一次性的行為，應該定期進行補充、調查、分析，並對市場分析報告進行完善和更新，從而支持市場各種推廣策略的調整。

（二）市場分析的方法

1. 對本身產品和服務的深入分析。

通常會採用 SWOT 分析法（態勢分析）進行產品或服務的分析。也就是從優勢（Strength）、劣勢（Weakness）、機會（Opportunity）和威脅（Threat）進行分析（圖 10.3）。

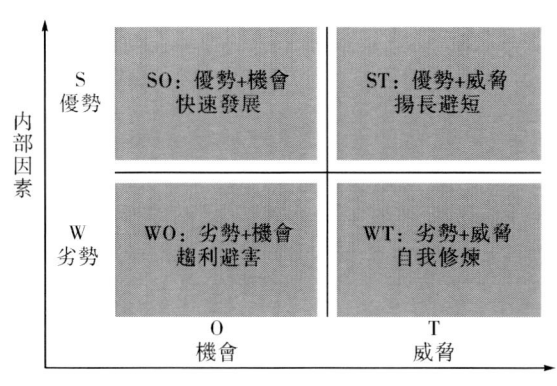

圖 10.3 SWOT 分析模型

運用SWOT分析法我們將與產品或服務密切相關的各種主要內部優勢、劣勢和外部的機會和威脅等，通過調查列舉出來，並依照矩陣形式排列，然後用系統分析的思想，把各種因素相互匹配起來並加以分析，從而對產品或服務有一個系統和相對全面的分析並得出結論，而結論通常能夠輔助決策，幫助制定出相應的發展戰略、計劃以及對策等。SWOT分析法常常被用於制定集團發展戰略和分析競爭對手情況，在戰略分析中，它是流行於全球的最常用的方法之一。

　2. 開展直接調查和間接調查

　　直接調查的目的是獲得對產品以及產品接受度的原始數據，調查的對象通常包括專家、客戶以及關鍵相關人員等。數據搜集通常採用面談、訪問以及問卷調查的方法。

　　在進行訪問和調查的時候，一般會設計一系列的定量和定性的問題來尋求被訪問者的意見。這些問題的設計必須是容易理解的、不帶偏向性的、沒有引導性的、所有答案的選項應該是完整的、答案之間是互相排他的以及與市場分析有直接關聯的封閉性問題。

市場分析案例

　　以下是調查時不好的問題舉例，讀者可嘗試找出其中的問題並進行思考：

（1）X品牌的果汁與市場現有的其他品牌相比，您覺得最大的優勢是什麼？

　　A. X品牌的果汁口感更好　　B. X品牌的果汁的價格更優

　　C. X品牌的果汁是鮮榨品　　D. X品牌的果汁的質量管理更好

（2）如果你有100萬元必須買一個東西，會選擇以下哪項？——關於宇宙旅行的市場前景預估調研

　　A. 買房子　　B. 買車　　C. 環球旅行　　D. 宇宙旅行

　　以下是調查時值得參考的較好的問題，讀者可以嘗試找出問題調研背後所要調查的關鍵信息是什麼：

（1）你通常選擇哪一種廣告媒體？

　　A. 網絡　　B. 電視　　C. 雜志　　D. 廣播　　E. 其他

（2）X品牌的果汁與市場現有的其他品牌相比，您覺得最大的差別是什麼？

　　A. 口感　　B. 價格　　C. 品質　　D. 品牌　　E. 其他　　F. 沒有差別

　　如果以上問題的答案是「有差別」，您認為X品牌的果汁是更優還是更劣？

　　A. 更優　　B. 更劣　　C. 相當

（3）（此問題之前已經有消費者個人經濟實力的調查題）如果您決定去宇宙旅行，在只需要考慮價格的情況下，您覺得多少人民幣是您能夠接受的最大值？

　　A. 100萬元以下　　B. 100萬~500萬元　　C. 500萬~1,000萬元

　　D. 1,000萬元以上

間接調查的數據來源包括書本、雜誌、網絡搜尋、數據庫、市場分析報告等。間接調查的目的是通過已經由第三方分析完成的數據在更大的範圍和更全面的程度對市場進行分析，以避免直接調查過程中因調查樣本數量有限以及調查問卷的設計不夠全面（調查對象、調查問題的限制）等干擾可能對市場產生的誤判。

在大數據時代，我們的調研不可避免地會使用到數據庫。調查中數據庫的使用要特別注意，如果數據已經經過了處理、篩選、解讀甚至是判定的就屬於間接調研，調查者應進一步考察第三方對這個數據進行了哪些處理，或者從第三方獲得這些數據背後的原始數據與該數據庫進行對比，以進一步確認這個數據庫對要開展的市場分析的適用性和公正性。但如果使用的數據是沒有經過加工和分析的，應視為直接調查法。

3. 小範圍市場測試

如果條件允許，在一個小的市場範圍試探性地引進正在進行分析的產品或者服務，通過客戶在購買、使用和售後過程中的反饋來直接確認客戶對這個產品或服務的接受度，這個區域的數據可以作為全國市場分析的重要參考依據。

4. 對市場容量進行分析

第一步是確認目標客戶。目標客戶就是你的產品或者服務能夠滿足他們未滿足的需求，給他們帶來價值的個人或者公司。在確定目標客戶後你應該會形成一個清晰的客戶概況（Customer Profile）。

第二步是預估目標客戶數量。目標客戶明確之後可以通過各種市場調研渠道，包括人口普查的信息、政府相關部門的數據以及市場調研公司的報告，進行目標客戶數量的預估。

第三步是評估市場滲透率（Penetration Rate）。

第四步是計算潛在的市場容量。

市場容量 = 目標客戶的數量×市場滲透率

市場價值 = 市場容量×每個客戶的平均市場價值

5. 細分市場的分析

市場細分（Market Segmentation）是指通過一系列市場調研，找到消費者需求、購買行為和購買習慣等方面的差異，將產品的市場整體劃分為若干消費者群的市場分類過程。通過對細分市場的分析，我們可以更好地制定市場開拓戰略。

6. 市場盈利性分析

我們可以通過五力分析法（Five Forces Analysis）來進行市場盈利性分析，以對一個存在競爭的市場環境進行評估（圖10.4）。

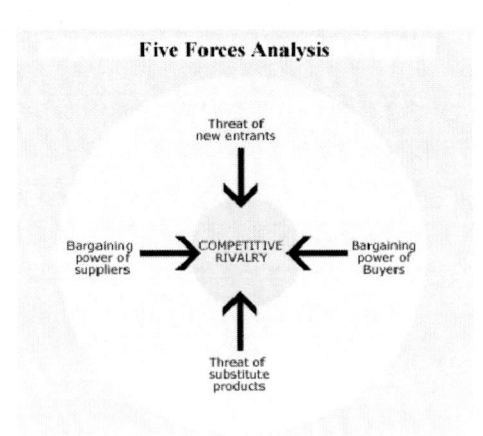

圖 10.4　波特五力模型

　　五力分析法包含五個方面：市場准入的威脅（The threat of entry），買家的力量（The power of buyers），供應商的力量（The power of suppliers），可替代產品的威脅（The threat of substitutes），競爭對手（Competitive rivalry）。

第二節　市場預測

一、市場預測的相關概念

　　市場預測是指通過特定的分析方法，對產品或者服務未來市場需求的變化趨勢或者生產流通銷售等環節的狀態進行的科學預判。市場預測分為近期預測、短期預測、長期預測、即時預測。越是遠期的預測可靠性越差，越是近期的預測可靠性越大。

　　近期預測是對一年以內的市場變化情況進行的預測，短期預測是對一到兩年的時間窗口進行的預測，長期預測是對超過五年的時間窗口進行的預測，即時預測是對6個月以內的時間窗口進行的預測。

　　定性預測是根據一定的經濟規律和實際經驗對市場的未來發展和趨勢做出的市場判斷、預測和估計。定量預測是通過建立數學模型對未來市場的發展趨勢和狀態進行定量化的預測。

二、市場預測的步驟與方法

（一）市場預測的步驟

市場預測通常分為6個步驟：
(1) 確認需要預測的目標；
(2) 確定影響預測目標的各種主要因素；
(3) 搜集、整理資料或者進行調研；
(4) 分析判斷；
(5) 選擇預測方法，建立預測模型，做出預測；
(6) 對預測的結果進行可實現性檢測（Reality Check），確認預測的可靠性。

市場預測完成後，通常應該進行一次可實現性檢測，以確保所做的市場預測符合當前宏觀經濟情況下的市場發展規律，同時確保其他計劃能夠支持這個市場預測的實現。例如，包括對已完成的市場預測數據與所有競爭者的銷售數據進行匯總分析，確定是否符合整個大市場的預測；將某一個特定市場上的預測結果與具有類似特徵的其他市場的結果進行比較；將市場預測的結果與產品產能和供應商的供貨能力進行確認，確保所做的市場預測數據與生產計劃（或產品供應能力、服務覆蓋能力）是匹配的；將市場預測與公司的整體人力資源的策略、市場開發的資源投入計劃等進行確認，看是否匹配。

（二）市場預測的方法

市場預測的方法主要有兩個：

1. 定性預測法

通常會採用專家評估預測、頭腦風暴、德爾菲法（Delphi）以及顧客需求意向分析法。

2. 定量預測法

定量預測法又包括線性迴歸法、移動平均法、加權移動平均法、季節變動預測法以及利用更複雜的數學模型建立的分析方法。

(1) 線性迴歸法

線性迴歸法試圖將一組以時間為序列的歷史數據用一條直線或者一次方程式的形式進行模擬。

如果 $D(t)$ 為我們獲得的歷史數據而 t 為對應的時間點，那麼 $y(t) = a + bt$ 就是在時間點 t 時 $D(t)$ 的模擬值。在這個線性模型中，a 和 b 均為常數而且 a 和 b 是通過求取最小的 $\sum_{t=1}^{n}[D(t) - (a + bt)]^2$ 得到的。

在眾多的作圖工具中，線性迴歸是一個常備的功能，可以輕鬆地獲取模型中的 a 和

b(圖 10.5)。

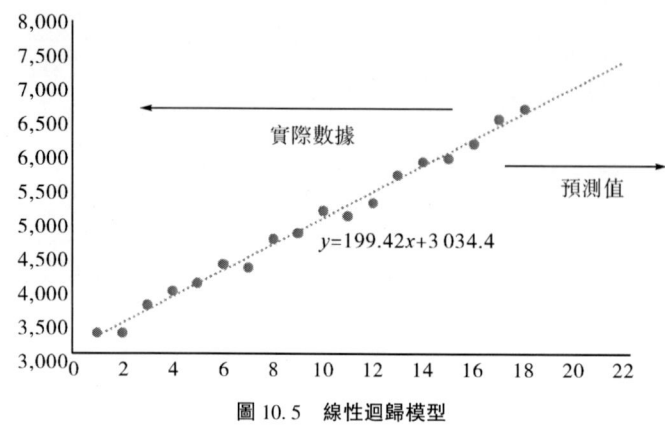

圖 10.5　線性迴歸模型

(2) 移動平均法

移動平均法（Moving Average，MA）是用過去 N 個時間點的所有實際數據 D 的平均值作為下一個時間點預測值 $F(t+1)$。

移動平均法可以選用不同的固定時間間隔來做預測，例如 MA（5）是用每 5 個實際數據來滾動預測下一個值，而 MA（8）則使用每 8 個數據來滾動預測下一個值（表 10.1、圖 10.6）。

表 10.1　　　　　　　　　　　移動平均法測算表

時間（月）	銷售量（件）	MA（5）（件）	MA（8）（件）
1	2,899	—	—
2	2,979	—	—
3	3,215	—	—
4	3,143	—	—
5	3,191	—	—
6	3,266	3,085	—
7	3,238	3,159	—
8	2,997	3,211	—
9	3,374	3,167	3,116
10	3,385	3,213	3,175
11	3,037	3,252	3,226
12	3,228	3,206	3,204

表10.1(續)

時間（月）	銷售量（件）	MA（5）（件）	MA（8）（件）
13	3,298	3,204	3,215
14	3,280	3,264	3,228
15	3,361	3,246	3,230
16	3,185	3,241	3,245
17	3,222	3,270	3,269
18	3,342	3,269	3,250
19（未來預測）	–	3,278	3,244

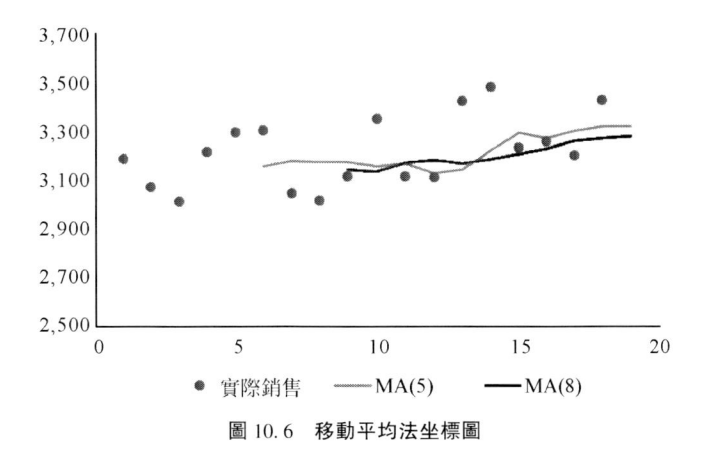

圖10.6　移動平均法坐標圖

（3）加權移動平均法

加權移動平均法類似於前面的移動平均法，但分配給前面 N 個時間點的分量 W_t 是不同的，越靠後的數據分量越重。

在前面的例子中，如果我們選擇固定時間為 4 個月移動平均法，但賦予每個點分量系數如表 10.2 所示：

表 10.2　　　　　　　　　　加權移動平均法測算表

時間	$t+1$（未來）	t（當前）	$t-1$（前1個月）	$t-2$（前2個月）	$t-3$（前3個月）	合計
分量系數 W	–	0.4	0.3	0.2	0.1	1.0

那麼我們就可以得到如表 10.3 中的加權平均值：

表 10.3　　　　　　　　　　　加權平均值表

時間（月）	銷售量（件）	WMA（4）（件）
1	3,185	—
2	3,069	—
3	3,010	—
4	3,215	—
5	3,294	3,121
6	3,303	3,191
7	3,044	3,253
8	3,015	3,189
9	3,115	3,109
10	3,348	3,090
11	3,112	3,181
12	3,108	3,174
13	3,422	3,158
14	3,479	3,258
15	3,233	3,351
16	3,258	3,332
17	3,200	3,311
18	3,426	3,252
19（未來預測）	—	3,305

在實際行銷過程中，我們會遇到不少服務和產品的市場需求受到季節的週期性影響的情況，例如機票和酒店在一年中的旺季和淡季。這些服務和產品的銷售數據在一年中會有很大的上下波動，年復一年，給市場預測帶來了複雜性和很大的挑戰，使用前面的平均法和迴歸法都不能很好地反應這種季節性的變化規律。有幸的是，這樣的波動是很固定和可預測的，使用以下的季節變動預測法就可以做出合理的預測。

（4）季節變動預測法

季節變動預測法分五個步驟來完成：

步驟一，根據數據判定季節性變化的週期長度（T），T 是指在多長的固定時間內季節性的變化會出現一次（表 10.4）。

表 10.4　　　　　　　　　　季節變動預測法原始數據表

月	1	2	3	4	5	6	7	8	9	10
銷量	2,723	4,106	3,786	2,981	2,952	4,713	6,157	7,565	7,252	3,973
月	11	12	13	14	15	16	17	18	19	20
銷量	4,296	7,053	9,972	11,568	10,680	4,574	4,986	8,474	12,933	14,744

我們可以看到每隔6個月銷量的變化趨勢（包括高峰和低谷）就會重複一次，所以在這個例子中，$T = 6$ 個月（圖10.7）。

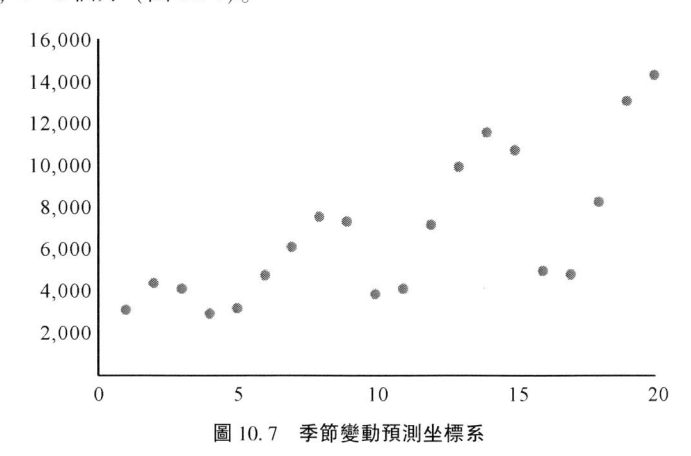

圖 10.7　季節變動預測坐標系

步驟二，計算季節性參數。首先按照週期對數據重新進行排列，然後按照以下的公式計算移動平均值：$\text{CMA}(6)_t = \frac{1}{6}\left(\frac{D_{t-3}}{2} + D_{t-2} + D_{t-1} + D_t + D_{t+1} + D_{t+2} + \frac{D_{t+3}}{2}\right)$。這裡用的是覆蓋整個週期 T 的中心移動平均法（CMA）（表10.5）。

表 10.5　　　　　　　　　　季節移動平均值

每個週期中的月份	銷量	CMA(6)$_t$	銷量	CMA(6)$_t$	銷量	CMA(6)$_t$	銷量	CMA(6)$_t$
1	2,723	–	6,157	5,353	9,972	7,974	12,933	–
2	4,106	–	7,565	5,547	11,568	8,081	14,744	
3	3,786	–	7,252	5,854	10,680	8,257		
4	2,981	3,830	3,973	6,367	4,574	8,622		
5	2,952	4,404	4,296	7,019	4,986	9,134		
6	4,713	4,981	7,053	7,638	8,474	–		

步驟三，對數據進行去季節性處理。使用以下的公式預估週期 T 中每一個月的預估季節性系數 ct'，$ct' = \dfrac{D_t}{CMA(6)_t}$。計算每一個月所有 ct' 的平均值並做微調，就是每個月的季節性系數 ct（表 10.6、表 10.7）。

表 10.6　　　　　　　　　　　季節性系數一

月份	銷量	CMA(6)	ct'	銷量	CMA(6)	ct'	銷量	CMA(6)	ct'	銷量	CMA(6)
1	2,723	-	-	6,157	5,353	1.150	9,972	7,974	1.251	12,933	-
2	4,106	-	-	7,565	5,547	1.364	11,568	8,081	1.431	14,744	-
3	3,786	-	-	7,252	5,854	1.239	10,680	8,257	1.293		
4	2,981	3,830	0.778	3,973	6,367	0.624	4,574	8,622	0.530		
5	2,952	4,404	0.670	4,296	7,019	0.612	4,986	9,134	0.546		
6	4,713	4,981	0.946	7,053	7,638	0.923	8,474	-	-		

表 10.7　　　　　　　　　　　季節性系數二

月份	ct'			ct'平均值	季節性系數 ct
1	-	1.150	1.251	1.201	1.190
2	-	1.364	1.431	1.398	1.386
3	-	1.239	1.293	1.266	1.255
4	0.778	0.624	0.530	0.644	0.638
5	0.670	0.612	0.546	0.609	0.604
6	0.946	0.923	-	0.935	0.926
合計				6.052	6.000

步驟四，對去季節性處理後的數據進行趨勢預測（可以用迴歸法、平均法等）。對原始數據進行去季節性處理，如表 10.8 和圖 10.8 所示。

表 10.8　　　　　　　　　　　去季節性處理數據

每個週期中的月份	銷量 Dt	去季節性銷量（Dt/ct）	銷量 Dt	去季節性銷量（Dt/ct）	銷量 Dt	去季節性銷量（Dt/ct）	銷量 Dt	去季節性銷量（Dt/ct）
1	2,723	2,288	6,157	5,174	9,972	8,380	12,933	10,868
2	4,106	2,964	7,565	5,458	11,568	8,346	14,744	10,638
3	3,786	3,017	7,252	5,778	10,680	8,509		
4	2,981	4,672	3,973	6,227	4,574	7,169		

表10.8(續)

每個週期中的月份	銷量 Dt	去季節性銷量(Dt/ct)	銷量 Dt	去季節性銷量(Dt/ct)	銷量 Dt	去季節性銷量(Dt/ct)	銷量 Dt	去季節性銷量(Dt/ct)
5	2,952	4,887	4,296	7,112	4,986	8,255		
6	4,713	5,089	7,053	7,616	8,474	9,151		

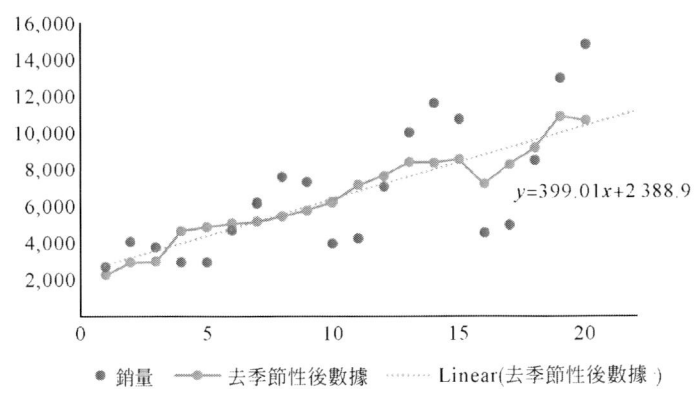

圖10.8 去季節性後的數據坐標圖

$y = 399.01x + 2388.9$

對去季節性處理後的數據進行線性迴歸，即可得到在去季節性條件下的未來預測值（表10.9）。

表10.9　去季節條件下的預測值

月	21	22	23	24
預測銷量（去季節性影響）	10,768	11,167	11,566	11,965

步驟五，對去季節性處理的預測數據進行季節性的修正，得出市場預測值（表10.10、圖10.9）。

市場預測值 Dt = 去季節性影響下的預測值 × ct。

表10.10　市場預測值

月	21	22	23	24
預測銷量（去季節性影響）	10,768	11,167	11,566	11,965
ct	1.255	0.838	0.604	0.926
最終銷量預測	13,514	9,358	6,986	11,080

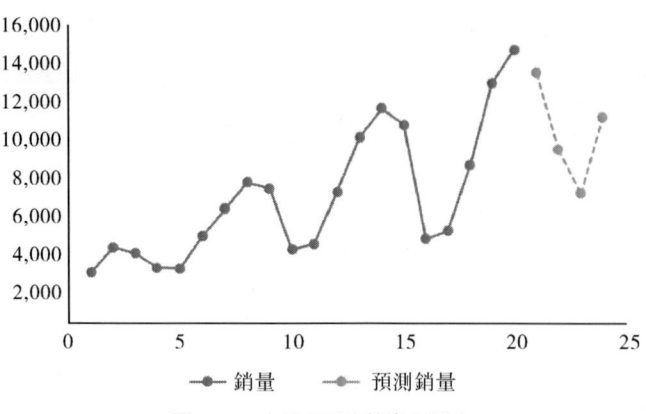

圖 10.9　市場預測值數據坐標圖

三、運用大數據輔助市場預測

（一）大數據在實際運用過程中的考慮

當我們要對一個產品或者服務進行市場預測的時候，需要根據產品或服務的特點來選擇不同的市場分析和預測的路徑以及重點關注的領域。當一個新產品推出的時候，我們並沒有多年的推廣數據，所以以上提到的很多預測方法和手段並不適用。那麼我們更多要從產品和服務的特性進行市場的分析和預測。

案例講解視頻

在我們沒有多年數據的情況下，如果這個產品能為這個行業帶來革命性的影響，我們就要進一步分析這個產品或者服務所帶來的價值是否很突出、是否很容易被理解。如果我們的任務就是如何選擇重點市場，結合 KOL（Key Opinion Leader，關鍵意見領袖）等對用戶的宣傳和教育，採用試用或者優惠的手段，使這個革命性的產品能夠迅速在市場得到推廣。當這個新的產品並沒有達到革命性的程度，但與現有行業內的產品非常類似，或者雖然這個產品帶來革命性的變化，但它能帶來的價值訴求並不非常突出、並不容易被用戶理解和體會，那麼我們就要尋找現在的直接競爭者。如果存在這樣的直接競爭者，我們可以將工作重點放在調研產品之間的差異點和直接競爭者的現有客戶的滿意度，以及市場的飽和度等方面，同時也應該重點考察現有客戶對競爭產品的忠誠度以及評估客戶的轉換成本，從而決定市場推廣的策略是避開現有競爭者來開發新的客戶還是直接與競爭者爭奪現有市場；如果是要競爭現有市場，那麼就採用給予折扣、補償轉換成本等方式快速從現有競爭者手中奪取客戶，參考現有競爭者的市場滲透率和銷售數據，並制定針對競爭產品的更有效的市場策略。

如果該產品沒有直接的競爭者，或者雖然有類似的產品，但是存在著特殊的差異性的價值，一個很重要的行銷策略就是開拓 Niche 市場。這個時候我們應該將重點放在調研 Niche 市場或者細分人群方面的特殊要求，然後針對 Niche 市場和目標人群進行有針對性的市場宣傳和推廣。類似產品的過往銷售數據和市場滲透率可以作為市場預測的參考，但應就 Niche 市場容量和目標人群的特點做出相應的調整。

當然，如果一個產品或者服務已經有多年的推廣數據，那麼我們就可以用前面提到的一系列的市場分析和預測手段進行預測。如果在進一步分析的時候發現市場的增長率領先於行業的增長率，這就表明現有的市場策略和行銷手段都非常有效，進一步的發展空間就會落在對市場的細分上，然後調研細分市場的容量、飽和度和特殊要求，將市場的策略分解到每一個細分市場中。但如果這個產品的成長率低於行業成長率，那麼就應該對現有的市場進行全面的分析和調研，選擇重點的市場首先進行試驗和突破，再將成功的經驗推廣至其他市場（圖 10.10）。

圖 10.10　產品市場評估和銷售策略圖

（二）大數據在市場預測中的運用

在大數據出現後，大多數人相信大數據將會讓我們發現更多的未知市場規律，同時也應該能夠使我們的預測更加有數據的支持。大數據輔助預測機會是多個方面的，一個最簡單也是最成功的例子，就是利用大數據可以獲得更加準確的天氣預報。

EDITED——運用大數據進行產品定位和價格定位

EDITED 公司是一家在倫敦創立的零售行業服務的科技公司。公司的核心業務是幫助全球的領先品牌在正確的時間定位正確的產品設計和相應的價格，它已經具有超過 8,000

萬的數據點（data points），並且每日以數百萬的增量在繼續增加，成為為全球零售商服務的即時數據庫領頭羊。目前公司在紐約、舊金山和倫敦設有辦公點（圖10.11）。

圖10.11　EDITED公司官網首頁

　　EDITED將大數據引入時尚行業的預測中，具體的做法是通過搜集社交媒體中的數據對未來的時尚趨勢進行預測，目前他們已經搜集了3億的數據量。通過社交媒體搜集了超過3億個產品、9萬個品牌和零售商的多年產品數據，給時尚產品設計師和零售商提供更好的決策服務（圖10.12）。

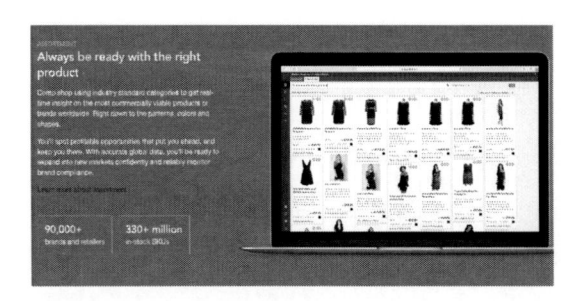

圖10.12　EDITED公司產品定位——永遠準備好正確的產品

　　EDITED保持對時尚趨勢的即時洞察，這種洞察可以達到對產品圖案、顏色和形狀的定位的程度，以幫助商家確保拓展新市場的成功率並可靠地監控品牌的合規性。
　　EDITED提供給其用戶市場上每種產品的完整定價數據，幫助用戶準確瞭解其競爭對手是如何對產品價格進行分層的，以快速發現巨大差異然後轉化為自身的巨大收益。ED-ITED的比較定價體系結構按分類或種類來優化定價，並基於實際需求的MSRP（Manufacture Suggested Retail Price，即製造商建議零售價），而不是簡單通過成本來定價。EDITED通過監控全球現行折扣率，實現戰略性價格的定位並降低降價支出（圖10.13）。

圖 10.13　EDITED 公司產品即時定價——達到銷售更多、折扣更少的目標

雖然大數據應用在市場的潛力是巨大的，但挑戰依然存在，包括：傳統的預測工具沒有辦法應付大數據的規模、速度和複雜性，同時大數據本身也包含了大量的垃圾數據。

第三節　決策

我們不能保證每次都能做出正確的決策，但我們應該每次都正確地去做決策。在現實中，我們會去追求一個所謂正確的決策，以求獲利最大化。但在不少的情形下，我們也必須接受在兩難的局面下盡力將損失控制到最小的決策。在做決策時，我們應該充分瞭解以下的幾個概念以及它們之間的關係。

一、決策的相關概念

（一）決策的內涵

1. 決策

決策是為了解決某一問題或者達到某一個目標而做出的選擇或決定。因此，決策流程的起因必須是一個明確的問題或目標。如果決策要達到的目標是單一的就叫作單目標決策，針對多個目標的決策就叫多目標決策。

2. 決策目標

決策目標是指決策者根據所要解決的問題來確定的希望達到的目的。這個目標必須是明確的、具體的、有時限性的和可實現的，否則決策就會失誤。決策目標的可實現性是指在當前內外部限制條件下，通過一系列的調查、論證和研究後預測可以達到的結果。不明確或者是偏離合理狀態的目標叫作目標「漂移」，再好的狙擊手都無法準確瞄準一個不確定的或者不在視野裡的目標。

3. 決策主體

決策主體又稱為決策者，是指參與及負責對決策的多個可行方案做出最後選擇和決定

的個人或集體。

4. 可選方案

可先方案是指經過專業團隊和管理團隊一系列的調研、試驗和論證後提出的預計可以達到目標的問題解決方案。可選方案應該是明確的、具體的和可執行的，對於方案中還沒有證明的關鍵假設或技術難關應該列明並有相應的確認步驟和時限。方案中除了明確的執行步驟和負責人外，還要包括需要的資源和風險的評估及控制措施。

(二) 決策的類型

1. 確定型決策

確定型決策是指決策可達成的結果完全取決於決策者所採取的行動，也就是說每一個行動方案的狀態都是確定的，對應的損失或利益值可以使用數學函數公式進行計算。這種決策的方案選擇通常會基於利潤最多、成本最小或者耗時最少等最優值。這種決策的例子包括個人的消費的選擇。比如同一款某品牌轎車，在開車半小時的範圍內有三個車行分別報價為20.5萬元、21.3萬元和19.8萬元，考慮到半小時開車的時間成本和油費與不同車行的價格差異比基本忽略不計，因此決策可以基於最少購車費用的考慮來做出。

2. 風險型決策

風險型決策是指決策選項的結果存在一定的風險，是不可控的，雖然結果的達成有一定的不確定性，但概率是可預知的。因此，這種決策要在概率或統計的基礎上進行，必須承擔一定的風險，也被稱為隨機型決策或統計型決策。當你在攜程或其他旅行網站上購買一張從上海飛往北京的機票時，你發現有下午5：00的A航空公司航班，準點率為75%，同時也有B航空公司同一時間段相同價格的另一航班，準點率為80%。估計你很有可能會選B航空公司準點率高一些的航班。但實際的情況是在你起飛的那一天，這兩班飛機到底會不會延誤，哪一班會延誤卻是無法提前確定的，當天的延誤情況與歷史的準點率無關。

3. 不確定型決策

不確定型決策是指決策選項的可能結果是不能完全預知的，每個可能事件的發生概率也是不確定的，甚至沒有主觀的參考值。因此在這種情形下，無法測算出最優化的數值，不能採用最優法則進行決策。

例如：您已經跟一個大的客戶談成了一個初步合作意向，正在離公司100多千米的城市出差，突然接到這個大客戶的一個電話通知，他將會在1小時30分鐘後到達你的公司進行最後的考察，並當面敲定細節。考察時間不多，只有不到半個小時，然後就要趕去機場，這次考察會對是否簽訂最終的合作協議有重大影響。身在100多千米以外的你，現在僅有兩個選擇：一是沿著高速公路迅速返回公司，在不堵車的情況下，1小時10分鐘內可以到達公司，提前安排和迎接大客戶，但不巧的是現在是下午4：30，正是高峰期間，一旦高速公路堵車，你將無法離開選擇其他路線，避開擁堵，當這種情況出現時，你非常有可

能花兩個多小時才能到達公司，也就是會錯過這次重要的會晤；而你的另一個選擇是走普通公路，只要不是大範圍堵車的話你估計將會比客戶晚 10~15 分鐘到達。雖然 GPS 系統顯示高速路現在沒有堵車，但你沒有辦法預估後面 1 個多小時高速公路是否會堵車。同時，你現在也不知道錯過這次會晤是否就意味著徹底丟失這個訂單，也不知道如果遲到了需要花費多少努力去修復客戶的關係，但你知道遲到總比錯過這次會晤好得多。

在這種情況下，又該如何決策呢？這是個兩難的局面，有太多的不確定性。兩種選擇都可能是正確的選擇，而最終的決策更會受到你本人的做事風格、願意承擔風險的程度和未來對這件事是否有遺憾等主觀因素的影響。但無論怎樣，唯一不正確的決策就是驚慌失措或者花大量時間去拼湊一個完美的辦法，聽由時間過去而不做選擇從而錯過所有的機會。

4. 競爭型決策

競爭型決策是指決策的選項和選項的結果受到競爭對手決策的影響，會因為對方的行動而改變。競爭對手的行動既不受我方決策者的控制也沒有概率和可預測性，所以這種決策也不能使用最優值的原則來進行，而且已經進入了對策學的範疇，需要將對方的可能行動和我方的行動聯合加以考慮，找出優選的可執行方案後決策。

二、決策的步驟與方法

（一）決策的步驟

根據著名決策學家西蒙（Simon）的模型，決策大致分為四個階段：情報階段、設計階段、選擇階段和實現階段。

在情報階段，決策者及團隊的任務包括獲取數據，調研所處的實際情況和所面臨的問題，尋找機會，明確需要解決的問題是什麼、決策目標是什麼、決策內容是什麼、決策的時限是什麼，並組成支持團隊開展下一階段的工作。開展一場團隊建設活動，與要進行一次春遊兩個不同的目的所帶來的選擇和最終的決策會不同，但有時候我們會把一場團隊建設活動和一次春遊混淆在一起，在選擇活動方案時才去辯論應該定位為春遊還是團隊建設。

設計階段的主要活動包括：針對問題建立數學模型，考察影響問題的各個變量以及之間的相互關係，必要時，可以對模型進行假設和簡化，使其能支持對問題的深入瞭解和對決策方案的評估。這個階段還需要創建和測試可行的方案，從解決問題的某個或多個因素入手，是制訂可行方案的重要突破口。方案制訂後要評估方案的可能後果及方案實現的概率。在確定型和風險型決策中，備選方案應能滿足決策目的，而且實施的風險和成本應予明確。通常應有兩個或以上的方案供決策者選擇，經過對多個可行方案的制訂、論證、篩選和整合，最終按照優先的順序提供給決策者進行決策。供決策的方案如何進行建模和評估的方法將在後續的段落中詳細描述。

在選擇階段，決策者在各種可能的選擇方案中，針對決策目標選出最後的方案。決策者一般可以根據規範性原則和描述性原則進行決策。規範性原則是在允許的條件下追求一個最優或局部最優的方案，這在確定型和風險型決策中使用較多。描述性原則追求的是一個足夠好的或滿意的方案，這在不確定型和競爭型決策中使用較多。對於不同的選擇原則，會得到不同的選擇結果。

選擇好方案後，就是決策的執行。執行過程中，要將任務落實到位，並需要繼續收集情報，對要解決的問題進行持續的跟蹤和分析，也需要對實施方案中已經明確的風險和新產生的風險進行消除。當發現決策針對的要解決的問題已經發生重大變化或者執行中發現實施方案有重大障礙或偏離，應提請決策者啟動新一輪的評估。在方案實施沒有完成時，可以提出完善的或補充的措施，使做出的決策可以有更大的機會達到更大的目標。

（二）決策的方法

對於確定型決策，方案的制訂和分析相對比較直接，一般會將各方案之間的差異整合轉化到利益最大化或耗時最少（如 GPS 導航）等簡單的量化指標上進行比較，選擇最優者來執行。在利益最大化模型中，一般採用會計行業通用的利潤模型，即：利潤 = 收入 - 成本（包括生產成本、銷售成本、管理成本、稅務成本、研發成本、財務成本等）。

一家公司的產品預計可以占領市場 2 年，帶來 10 萬臺的銷售，每臺售價是 100 元，目前生產成本是 50 元。也就是說未來兩年，該產品會為公司帶來共 10×(100-50) = 500 萬元的毛利潤（不考慮銷售成本、管理成本、稅務成本和財務成本等），現在為了增加利潤，公司要求研發部門改進生產工藝，降低生產成本。研發部門提出了三個可行方案（表 10.11）。

表 10.11　　　　　　　　　　研發部的三個可行方案

方案	預計研發總投入（萬元）	預計成功後的生產成本（萬元）
A	80	30
B	50	40
C	40	45

經過分析，三個方案所帶來的預期利潤如表 10.12 所示：

表 10.12　　　　　　　　　　三個方案預期利潤表

方案	預計研發總投入（萬元）	預計成功後的生產成本（萬元）	預期利潤（萬元） [10×(100-生產成本)-研發投入]
A	80	30	620
B	50	40	550

表10.12(續)

方案	預計研發總投入（萬元）	預計成功後的生產成本（萬元）	預期利潤（萬元）[10×(100-生產成本)-研發投入]
C	40	45	510

根據利益最大化原則，顯然方案 A 能夠帶來最大的利潤，最有吸引力。同時我們也看到以上的 3 個方案都比現在的工藝能創造更多的利益，均為合理的方案（圖 10.14）。

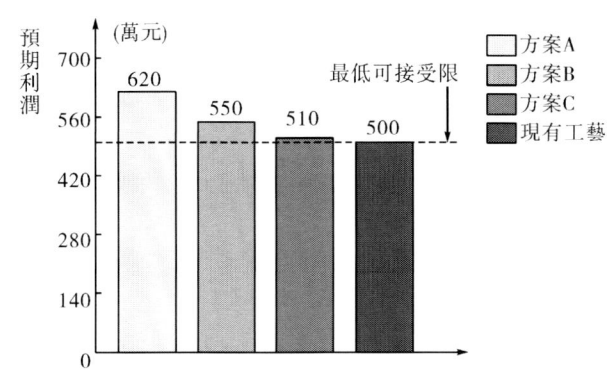

圖 10.14　三個方案與現有工藝的預期利潤對比圖

耗時最少的分析方法在 GPS 導航上已經普遍應用，在實際的商業決策中通常會將一項目標的達成路徑開發出多個方案進行論證和選擇。

雖然耗時最短是一個很重要的商業指標，但很多時候，會出現時間減少和資金投入增加之間的取捨。也就是說，有些路徑的時間節省是需要投入額外的人力和資金並採取特殊的做法才能實現的，在這時我們就需要考慮可能節省的時間是否值得額外投資，最後會轉化成利益最大化問題。

在以上的例子中，如果研發部門提供了更詳細的信息，特別是不同方案的技術難度和不確定性，那麼我們決策的各個最終狀態就不再是唯一的和明確的，我們就要承擔決策的風險了（表 10.13）。

表 10.13　　　　　　　　　三個方案成功概率表

方案	預計研發總投入（萬元）	預計成功後的生產成本（萬元）	技術難度	成功的概率
A	80	30	很難	30%
B	50	40	難	70%
C	40	45	容易	100%（幾乎沒障礙）

在這種情況下，我們就進入了風險型決策的範圍，可採用收益模型結合決策樹的有效分析方法。首先我們把不同選項的不同結果在圖上展開，標明每一個可能結果的利益和成功的概率，然後將風險調整後的利益值（利益×概率）標註在每一個可能的結果上。最後將每一個選項的所有風險調整後的利益值進行累加後比較，取最大值為最終選項。在以上的例子中，如果方案 A、B 或 C 失敗了，那麼我們將會繼續使用現在的生產方式來生產，未來的利益值仍是 500 萬元。嚴格來說，方案 A、B 或 C 在失敗時的利益值應該在 500 萬元的基礎上扣除已投入的研發成本，但通常我們不需要等研發費用全部使用完後才知道某個方案能否成功，在研發的某個關鍵點我們就能判定是否值得繼續，如果已經知道不可能成功，那麼餘下的費用就可以節省。因此，在本案例的後續分析中，為簡潔明瞭，將省略對各方案失敗情況下的利益值進行研發費用的修正（圖 10.15）。

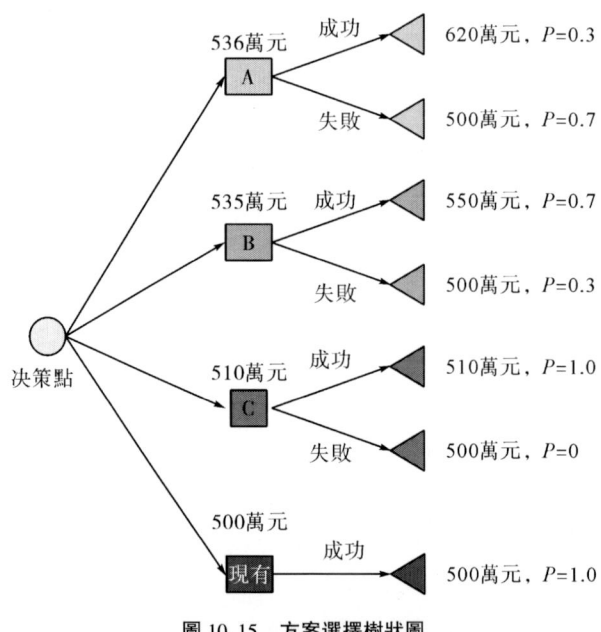

決策點
- A：536萬元　成功 620萬元，$P=0.3$；失敗 500萬元，$P=0.7$
- B：535萬元　成功 550萬元，$P=0.7$；失敗 500萬元，$P=0.3$
- C：510萬元　成功 510萬元，$P=1.0$；失敗 500萬元，$P=0$
- 現有：500萬元　成功 500萬元，$P=1.0$

圖 10.15　方案選擇樹狀圖

從以上的分析可以看到，雖然方案 A 有可能比方案 B 多帶來 70 萬元的收益，但其成功的風險較低，經過風險調整後的利益值只比方案 B 的高 1 萬元，幾乎可以忽略不計。選擇方案 A 和方案 B 在這種情形下幾乎沒有區別了。

在與研發團隊的細緻溝通中發現，不同的專家對幾個方案的技術難度的比較是有分歧的。方案 A 涉及工藝路線的重新設計而且到目前還沒有完成驗證性試驗，因此不確定性很大，但該工藝在相似的產品線上有成功的案例可以借鑑，所以工藝顧問認為 30% 的成功率

過於悲觀，40%比較合理，也有工藝工程師指出雖然有成功案例，但在項目規定的時間內確定工藝路線，工藝參數優化和每個細節確認，在沒有資源衝突和每一步都很順利的情況下才能完成，但在現在研發團隊有多個項目資源衝突的情形下，成功按時完成工藝開發的機會大概只有25%。對於方案 B，團隊也有爭議，認為成功概率為 65%~80%。方案 C 牽涉一種物料的更改以及供應商的整合和價格談判，需要更換設備但沒有技術難題，但這個供應商能否答應以量換價、降低供貨成本還需要進一步磋商，100%的概率太過理想化了，團隊建議 90%~100%的範圍比較合理。更新後的信息匯總如表 10.14 所示：

表 10.14　　　　　　　　　　三個方案成功概率表

方案	預計研發總投入（萬元）	預計成功後的生產成本（萬元）	技術難度	成功的概率
A	80	30	很難	25%~40%
B	50	40	難	65%~80%
C	40	45	容易	90%~100%

現在這個問題逐步接近我們平常遇到的情形了。工作和生活本身就充滿機會和不確定性，我們也常要做不確定型的決策。在這種不確定型的決策中，通常我們可以採取保守型和樂觀型決策取向，也會有其他如最小最大後悔值法等方法。

在保守型決策方法中，我們確認每個選項的最小收益值，然後挑選這些最小收益值中的最大者所對應的選項作為我們的最終選項。按照這種方法，更新後的方案選擇如表 10.15 所示：

表 10.15　　　　　　　　　　三個方案成功概率表

方案	保守估算的成功概率	成功情況下的收益（萬元）	保守估算的失敗概率	失敗情況下的收益（萬元）	風險調整後的收益值（萬元）
A	25%	620	75%	500	530
B	65%	550	35%	500	532.5
C	90%	510	10%	500	509

由此可以看到，在保守的取向下，方案 B 逐步勝出。

與保守取向相反的是樂觀型取向，也就是會確認每個選項的最大收益值，然後挑選這些最大收益值中的最大者所對應的選項作為我們的最終選項。按照這種方法，更新後的方案選擇如表 10.16 所示。

表 10.16　　　　　　　　　　三個方案投資成功概率表

方案	樂觀估算的成功概率	成功情況下的收益（萬元）	樂觀估算的失敗概率	失敗情況下的收益（萬元）	風險調整後的收益值（萬元）
A	40%	620	60%	500	548
B	80%	550	20%	500	540
C	100%	510	0	500	510

由此可以看到，在樂觀型的決策取向下，方案 A 具有優勢。

以上案例在不確定型決策中應該算是比較直接的了。不少情況下，有些選項的概率在決策時還無法獲知，那麼人們會使用等可能性法（又稱拉普拉斯決策準則，假設每個選項的成功概率一致，取風險調整後的收益值最大的方案）、樂觀系數法（也稱赫威斯決策準則，以不同的系數代表不同選項的成功率，例如沒有風險的用 1.0，有風險的用 0.5 等，取風險調整後的收益值最大的方案）或者最小最大後悔值法（又稱薩凡奇決策準則，確認每一選項的最大機會損失，取最大機會損失中的最小者對應的選項，目標是確保避免大的機會損失）等方法幫助決策。

三、運用大數據分析輔助決策

大數據輔助，就是概率事件。大數據不會改變一個決策的方式和流程，但是會對決策的後果進行更充分的論證，由此可以給出更多的選擇方案，或者對決策的後果進行更有效的修正，同時也對每一種選擇方案帶來的影響以及成功的機會也可以給予更好的決策支持。大數據同時也可以利用其廣泛性和及時性的優勢，對決策後的進展評估和基礎數據的更新起到了極大的幫助作用。大數據分析更可避免決策的失誤，同時提供了挽回決策損失的機會。

四、決策方法的實際應用

（一）機會均等假設

很多情況下，經濟價值是比較容易獲得和預估的，但成功率就不一定了。有很大的偶然性在裡面，在這種情況下，我們應該如何決策？一種傳統的方法便是，在不確定的情況下，對出現的概率進行平均分配，也就是百分之百的概率除以所有的選擇方案，進行平均分配。或者用其他類似的平均方法，來預估成功的概率。必須指出這是在沒有辦法的情況下最後一步該做的事情。因為這些選擇的方案有各自不同的限制因素所以成功的概率很難一致，而且成功的概率也取決於我們願意花多大的資源去努力。因此在多數情況下，使用頭腦風暴法結合內外部專業人員的經驗所得出的成功概率的預估還是比均等概率的假設更

貼近實際情況。

另外一種處理辦法是將一個大的決策分解為多個小的決策、階段性的決策。例如，第一個決策可以是我們能用多長的時間、多大的投入去摸索、確認每個方案的可行性和成功概率，第二個決策才是在獲得這些信息後，對可能出現的成功率進行悲觀、樂觀和最有可能的情況分析，做出方案之間的選擇或者排除某些方案。

（二）延後決策

以上已經提到了一個延後決策的例子。其實，延後決策是一種常用的策略。延後的目的是盡量投入更多的時間將各個選項的風險、限制因素、投入估算和成功機會評估得更確切，從而避免過早決策時因數據和信息的不完整和不確定而出現決策的失誤和機會的丟失。

在前面的例子中，我們可以看到選擇方案 A 和方案 B 取決於 A 和 B 的成功概率。決策者可以在決策時加一條概率紅線，例如成功概率小於 50%的方案風險過高不予考慮，也可以認為概率小於 50%但成功後具有重大收益的方案值得繼續探索和論證，直到把握度提高到紅線以上再提交決策者考慮。

現在我們重溫一下前面產品成本降低的幾個方案（表 10.17）。

表 10.17　　　　　　　　　三個方案成功概率表

方案	預計總投入（萬元）	預計成功後的生產成本（萬元）	預期收益（萬元）	成功的概率
A	80	30	620	25%～40%
B	50	40	550	65%～80%
C	40	45	510	90%～100%

決策者目前是很難在方案 A 和方案 B 中進行選擇的，選擇 B 方案時成功機會較大，很有可能實現降低成本的目標（當然方案 C 也能達到目標且機會也非常好，只是收益小於方案 B），但就會失去方案 A 可能帶來更大收益的機會。

因此，如果時間和資源允許，我們應該對方案 A 再進行試驗和論證，試圖提高其成功的把握，這樣我們決策時就會更有信心並避免未來的遺憾。如果這樣做的話，那麼在最終決策前該花多少資源去提高方案 A 的成功率才是合理的呢？從理論上說再投入不超過 70萬元（620-550）的資源將方案 A 的成功率提高到與方案 B 相當或以上的水準都是合理的決策。當然，如果進一步試驗會發現方案 A 在現有條件和時限下不可能實現了，那麼應及時停止試驗，否定方案 A。

（三）期權概念的應用

決策者在遇到兩難的處境時，可以使用上面提到的延後決策的辦法，使在最終決策前

信息能盡可能地確切和完整，寄希望於新數據的補充能打破兩難的局面，使決策能更顯而易見。但能提供這樣寬鬆的時間窗口的情形也是有限的，不少的決策需要短時間內做出，而且在信息還在更新時就要決定後續工作方案，這時我們可以引入期權概念來彌補決策中的遺憾，使機會最大化。

期權（Option）是一種合約，賦予持有人在特定的日期或者日期之前擁有以固定價格買入或賣出一定數量的某種特定資產的權利（而不是義務）。在以上的例子中，我們可以這樣來決策：現階段選擇方案 B 作為研發的方向。因為其把握較大，而且收益也很可觀（雖然不如方案 A），方案 B 的實現能達到決策的目標，同時，就方案 A 的開發與團隊以外的合作方簽訂協議合作進行，決策者可以以一個提前約定的價格（例如 50 萬元）向合作方引進開發成功後的方案 A 技術，這樣就既不影響在公司現階段做出最終的決策，同時也留下一個可以爭取更大利益的權利或者機會。當然，期權作為有價合約必須付出成本，但該成本通常會遠低於這個商品的資產價值（例如，在此情況下開發成功的方案 A 的價值需要高於其期權的成本）。正確合理地利用期權手段來輔助決策會實現降低風險、集中資源以及追求收益最大化的目的。

（四）規範性原則和描述性原則的合用

前文提到，在做決策時會使用規範性原則或者描述性原則。規範性原則是在允許的條件下追求一個最優或局部最優的方案，這在確定型和風險型決策中使用較多。描述性原則追求的是一個足夠好的或滿意的方案，這在不確定型和競爭型決策中使用較多。在實際應用中也將一個大的決策分成多個小的決策，在不容易量化或者對項目的投入或者最終的結果不會構成重大影響的情況下，可以用簡單的描述性原則，找到一個令人滿意的方案，既可以往下推進，不需要大量的時間去詳細測算各個方案間的利益和投入，而對於可以量化的和對項目的投入和最終的結果構成重大影響的那部分決策，還是盡量去使用量化的評價指標，使用規範性原則進行決策。對於不同的選擇原則，會得到不同的選擇結果。

◇ 創業問答 ◇

Q：在瞬息萬變的市場情況下，對我們大學生來說，很難全面又及時地判斷並進行決策，那是不是就盡量多問有經驗的老師、前輩等，然後再進行決策會更好？

A：在你決定創業前，你應該多問、多學、多累積經驗，運用科學的知識和大量的調研、策劃、風險管理來確保你的項目可行性。但當你已經在創業的時候，你應該結合自己在一線的判斷訓練自己的決斷力，然後定期總結經驗教訓，向經驗豐富的創業者學習和請教。在創業這條路上，本身就是九死一生，別人沒有在每一個具體的事情上親自參與，其

判斷不一定比你的判斷更適合你的公司，而且眾說紛紜會讓你迷茫和錯失最佳執行期。很多情況下，作為創始人，你需要相信自己的判斷力，哪怕錯了，也是對自己的決斷力的訓練，這些經驗會幫助你提高創業成功的可能性，這也是連續創業者更受投資人青睞的原因。尤其是互聯網行業，有一種說法是「朝令夕改」式的決策和執行，這些決策需要動態地在執行過程中不斷決定並執行。總之，大學生創業者需要多累積經驗，保持熱情和謙虛之心，同時更要相信自己，具體的決策情況因實際情況的不同而不同，這份判斷力需要時間的累積和經驗的總結，但我們可以通過類似本書這類實戰演練的學習來提高理論基礎和做好前期鋪墊，提高創業的成功率。

◇ 關鍵術語 ◇

市場容量：由使用價值需求總量和可支配貨幣總量兩大因素構成，是在不考慮產品價格或供應商的前提下市場在一定時期內能夠吸納某種產品或勞務的單位數目。市場容量是由使用價值需求總量和可支配貨幣總量兩大因素構成的。

波特五力模型：由邁克爾・波特於20世紀80年代初提出。它認為行業中存在著決定競爭規模和程度的五種力量，這五種力量綜合起來影響著產業的吸引力以及現有企業的競爭戰略決策。五種力量分別為同行業內現有競爭者的競爭能力、潛在競爭者進入的能力、替代品的替代能力、供應商的討價還價能力、購買者的討價還價能力。

決策西蒙模型：由美國西蒙教授提出的決策過程模型，該模型以決策者為主體的管理決策過程經歷以下三個階段：情報、設計和選擇。

◇ 本章小結 ◇

當我們需要對一個產品制定市場策略時，如何進行有效的市場分析、預測、決策需要一系列的方法和專業知識，並且具備對市場的敏銳觸覺以及對機會的識別與把控。大數據時代有其特有的特點，但最有效的方式應該是我們需要在對傳統方法的把握之上，加入運用大數據進行輔助預測和決策的方法，以制定出最佳的策略。本章從市場分析、市場預測、決策的基本概念、方法入手，加入目前已經被使用的加入了大數據進行輔助的方法和案例，讓讀者能在已經被證實有效的方式中找到正確運用大數據進行創新創業的思維方法。

◇ 思考 ◇

1. 在大數據時代，我們能夠運用哪些工具進行市場預測？
2. 市場分析的步驟有哪些？
3. 市場決策的類型有哪些？
4. 請列舉三個生活中運用大數據思維進行行銷的產品，並分析運用大數據思維的優點。
5. 請選擇任意一種品類的新產品制定一個市場行銷策略。

參考文獻

［1］從社區產品看用戶心理［EB/OL］.（2017-08-09）［2018-05-06］. https://www.jianshu.com/p/6ce5ceda00e5.

［2］你真以為腦白金是靠廣告做成的？［EB/OL］.（2017-07-21）［2018-06-06］. http://www.sohu.com/a/159004682_618348.

［3］盤點國內外主流用戶行為分析工具［EB/OL］.（2017-10-25）［2018-06-06］. http://www.kejixun.com/article/171025/384237.shtml.

［4］產品經理如何做用戶行為分析［EB/OL］.（2017-12-18）［2018-06-06］. http://www.sohu.com/a/211180014_554380.

［5］武冠芳,崔鴻雁. 基於大數據的用戶特徵分析［D］. 北京：北京郵電大學, 2017.

［6］阿里巴巴數據技術及產品部. 大數據之路：阿里巴巴大數據實踐［M］. 北京：電子工業出版社, 2017.

［7］王超. 互聯網時代下的中小企業行銷創新思考［J］. 中國市場, 2018（3）：90-91.

［8］石一涵. 移動互聯網時代紅牛活動行銷策略研究［D］. 保定：河北大學, 2016.

［9］陳子嬋.「互聯網+」時代社群行銷模式研究——以小米手機為例［J］. 新聞研究導刊, 2017（8）：44-45.

［10］馬智萍. 移動互聯網時代社群行銷案例分析——以邏輯思維和大V店為例［J］. 現代商業, 2016（18）.

［11］李杰. 品牌審美與管理［M］. 北京：機械工業出版社, 2014.

［12］李杰. 戰略性品牌管理與控制［M］. 北京：機械工業出版社, 2012.

［13］餘明陽,劉春章. 品牌危機管理［M］. 武漢：武漢大學出版社, 2008.

［14］菲利普·科特勒,弗沃德. B2B品牌管理［M］. 樓尊,譯. 上海：格致出版社,上海人民出版社, 2008.

［15］王海忠. 品牌管理［M］北京：清華大學出版社, 2017.

［16］胡俊. 新媒體環境下的企業品牌危機管理研究［D］. 蘭州：蘭州商學院, 2012.

[17] 楊正良. 央視「國家品牌計劃」：彰顯主流媒體的廣告導向 [J]. 中國廣告, 2018 (1)：122-124.

[18] 馬守貴. 別了，彩卷！重生，樂凱 [J]. 化工管理, 2012 (10)：73-75.

[19] 聚焦 3/15. 央視 3/15 晚會曝光七大問題 [J]. 品牌與標準化, 2017 (3)：26-29.

[20] 程宵. 從危機公關 5S 原則看「海底撈事件」[J]. 視聽, 2018 (2)：172-173.

[21] 馬小飛. 小罐茶：以極致細節打造高端中國茶品牌 [J]. 食品安全導刊, 2017 (11)：34-36.

[22] 蔡建軍, 岑長鳳. 初創企業互聯網行銷策略分析——以小罐茶品牌為例 [J]. 戲劇之家, 2017 (17)：221-222.

[23] 徐健. 廣告中的女性形象分析——以臺灣 PayEasy 女性購物網站為例 [J]. 新聞世界, 2011 (7)：172-173.

[24] 王磊. 小小 Zipcar 的成功之道 [J]. 中國報導, 2009 (11)：69.

[25] 任軼. 需求驅動的用戶體驗優化策略研究及應用 [D]. 杭州：浙江大學, 2015.

[26] 劉浩然. 基於大數據分析的用戶體驗設計研究 [D]. 長春：吉林大學, 2016.

[27] 陳可倪. 大數據背景下的移動社交型 App 用戶體驗設計研究 [D]. 長沙：湖南師範大學, 2016.

[28] 康波, 劉勝強. 基於大數據分析的互聯網業務用戶體驗管理 [J]. 電信科學, 2013 (3).

[29] 陸麗芳. 基於大數據的電商活動頁面設計策略研究 [J]. 計算機時代, 2017 (4).

[30] 陳星海, 何人可. 大數據分析下網絡消費體驗設計要素及其度量方法研究 [J]. 包裝工程, 2016 (4).

[31] 張劍林, 沈千里. 互聯網產品用戶體驗 [M]. 北京：清華大學出版社, 2013.

[32] Sauro, J., Lewis, J. R. 用戶體驗度量：量化用戶體驗的統計學方法 [M]. 殷文婧, 等譯. 北京：機械工業出版社, 2014.

[33] 國家統計局. 2017 年國民經濟行業分類（GB/T 4754—2017）[S]. 2017.

[34] 布拉德·斯通. 一網打盡：貝佐斯與亞馬遜時代 [M]. 北京：中信出版社, 2014.

[35] 中華人民共和國國務院.「十三五」旅遊業發展規劃 [Z]. 2016.

[36] Nadine S. Jahchan, Joel T. Dudley, Pawel K. Mazur, et al. A Drug Repositioning Approach Identifies Tricyclic Antidepressants as Inhibitors of Small Cell Lung Cancer and Other Neuroendocrine Tumors [J]. Cancer Discovery, 2013, 3 (12)：1364-1377.

後　記

　　1945年第一臺電子計算機的誕生，標志著人類社會進入信息時代。計算機技術的發展帶來了互聯網；智能手機帶來了移動互聯網；互聯網和移動互聯網帶來了大數據；大數據的下一階段也許是人工智能……在這個以新技術引領商業模式創新的科技時代，以雲計算和大數據為基礎的生產資料，以區塊鏈技術為新型的生產關係，以人工智能為社會生產力的前進方向，大眾創業，萬眾創新正當其時。

　　目前大數據行業還處於初級階段，專業性很強，人才缺口很大。本書可作為大數據行銷的啟蒙教材，幫助讀者理解大數據行銷的思維方式，用於指導創業實踐。因此，書中沒有具體說明大數據在智能製造領域的運用，也沒有詳細講解大數據採集、儲存、分析等具體操作方法，而是側重闡述大數據行銷的基礎理論與實踐應用，對如何解決傳統行銷的缺陷、降低行銷成本、提高行銷效率、提升ROI的有效途徑做出探索。

　　現在各種各樣與大數據有關的論壇和峰會很多，大家都意識到大數據很重要，有人曾經把大數據比喻為石油，但現在大數據行業缺少的是像發動機一樣把化石能源轉化為動能的載體。中國有條件、有資本做大數據的企業其實不多，初創公司更是負擔不起大數據建設的高昂成本，那麼應該如何運用大數據指導創業呢？未來的大數據服務公司，能否為創業者提供創業項目選擇和商業計劃可行性的精準分析評估，以降低創業者的試錯成本，提高創業的成功率呢？這也許是未來大數據行業商業化的發展方向。

　　鑒於大數據行銷的理論體系還不完善，加之筆者學識有限，本書在撰寫過程中未發現的一些紕漏和不足之處，歡迎各位專家和讀者批評指正。

曾心　吳妮徽

四川大學商學院

2018年·夏至

國家圖書館出版品預行編目（CIP）資料

大數據行銷與創業實戰 / 張藜山、廖田甜、吳妮徽、曾心 主編. -- 第一版. -- 臺北市：崧博出版：崧燁文化發行, 2019.05
　面；　公分
POD版

ISBN 978-957-735-818-9(平裝)

1.網路行銷 2.營銷管理

496　　　　　　　　　　　　　　　　108006138

書　　名：大數據行銷與創業實戰
作　　者：張藜山、廖田甜、吳妮徽、曾心 主編
發 行 人：黃振庭
出 版 者：崧博出版事業有限公司
發 行 者：崧燁文化事業有限公司
E - m a i l：sonbookservice@gmail.com
粉 絲 頁：　　　　　　　網　址：
地　　址：台北市中正區重慶南路一段六十一號八樓 815 室
8F.-815, No.61, Sec. 1, Chongqing S. Rd., Zhongzheng Dist., Taipei City 100, Taiwan (R.O.C.)
電　　話：(02)2370-3310 傳　真：(02) 2370-3210
總 經 銷：紅螞蟻圖書有限公司
地　　址：台北市內湖區舊宗路二段 121 巷 19 號
電　　話:02-2795-3656 傳真:02-2795-4100　　網址：
印　　刷：京峯彩色印刷有限公司（京峰數位）

　本書版權為西南財經大學出版社所有授權崧博出版事業股份有限公司獨家發行電子書及繁體書繁體字版。若有其他相關權利及授權需求請與本公司聯繫。

定　　價：420元
發行日期：2019 年 05 月第一版
◎ 本書以 POD 印製發行